Collegium Metaphysicum

9

Chun-Fa Liu

Die metaphysische Grundlage der Kontroverse um den Kraftbegriff zwischen Descartes und Leibniz

Mohr Siebeck

Chun-Fa Liu, geboren 1969; 1997–2004 Studium der Philosophie, der Musikwissenschaft und der Sinologie; 2012 Promotion; derzeit Assistant Professor für Philosophie an der Fu Jen Catholic University, Taipeh.

Gedruckt mit freundlicher Unterstützung der Geschwister Boehringer Ingelheim Stiftung für Geisteswissenschaften in Ingelheim am Rhein.

ISBN 978 3-16-152618-3
ISSN 2191-6683 (Collegium Metaphysicum)

Die Deutsche Nationalbibliothek verzeichnet diese Publikation in der Deutschen Nationalbibliographie; detaillierte bibliographische Daten sind im Internet über *http://dnb.dnb.de* abrufbar.

Das Buch wurde von Computersatz Staiger in Rottenburg aus der Stempel Garamond gesetzt, von Laupp & Göbel in Nehren auf alterungsbeständiges Werkdruckpapier gedruckt und von der Buchbinderei Nädele in Nehren gebunden.

Vorwort

Bei der vorliegenden Studie handelt es sich um die leicht überarbeitete Fassung einer Arbeit, die im Wintersemester 2012 von der Fakultät für Philosophie, Wissenschaftstheorie und Religionswissenschaft der Ludwig-Maximilians-Universität München als Dissertation angenommen wurde.

Mein erster Dank geht zunächst an meinen wissenschaftlichen Betreuer Prof. Dr. Thomas Buchheim. Durch seine herzliche Unterstützung in allen Bereichen während meines Studiums in München hat die Arbeit erst entstehen können. Er ist für mich ein lebendiges Beispiel, wie man in der Gegenwart auf würdige Weise Metaphysik enthusiastisch betreiben kann. Herrn Prof. Wilhelm Jacobs danke ich für die freundliche Übername des Zweitgutachtens. Besonderen Dank schulde ich auch Herrn Professor Dr. Christoph Kann. Seine großzügige Geduld und Hilfsbereitschaft ermöglichte mir, meine Studie während der Assistenzarbeit in Düsseldorf weiter zu entwickeln. Selbstverständlich danke ich auch herzlich allen Freunden und Bekannten, die mir bei der inhaltlichen und sprachlichen Prüfung der Arbeit geholfen haben.

Außerdem danke ich der Geschwister Boehringer-Ingelheim Stiftung für die Gewährung eines Druckkostenzuschusses.

Mein herzlicher Dank gilt vor allem meinen Eltern, die mich während meines langjährigen Studiums in Deutschland immer unterstützt haben. Nicht zuletzt sei meiner Frau Beata und meinen zwei Kindern Emma-Klara und Marcel, die während der Verfassung der vorliegenden Arbeit in München geboren wurden, herzlich gedankt. Ohne den Wunsch, eine eigene Familie auf einer festen Basis zu gründen, wäre diese Arbeit nie fertig geworden. Ihnen ist sie daher gewidmet.

New Taipei City, im März 2014 Chun-Fa Liu

Inhaltsverzeichnis

Einleitung

Der universale Kraftbegriff leitet sich offensichtlich aus der inneren Erfahrung des Menschen her. Die Kraft ist ursprünglich entweder ein physiologisches Erlebnis der Muskelanstrengung oder die mentale Erfahrung der Willensstärke, die uns deutlich spüren lässt, dass wir auf Andere einwirken oder Anderen gegenüber Widerstand leisten können. Dieses innere Erlebnis projizieren wir auf die materielle Natur, d. h. auf die Dinge, die durch unsere äußerlichen Sinne erfahrbar sind, und wir meinen zugleich, dass es hinter den Naturerscheinungen eine Naturkraft gebe, welche die Veränderungen des Naturgeschehens bewirkt, weil die Natur selbst auf eine solche kausale Geordnetheit hinweist. Der sich auf die Naturerscheinungen beziehende Kraftbegriff ist daher nichts anderes als eine metaphysische Annahme – eine Annahme der allgemeinen kausalen Beziehung nämlich, durch welche wir die Naturphänomene zu begreifen und zu prognostizieren versuchen. Das Forschungsergebnis der auf dem Kraftgedanken fußenden Naturwissenschaften ist also eines, das uns die Naturwissenschaftler spätestens seit dem 17. Jahrhundert anhand jenes metaphysischen Begriffs präsentieren. Es scheint jedoch, dass wir mit jener metaphysischen Annahme so großen Erfolg erzielt haben, dass sie für unser Verständnis des Naturgeschehens bis heute unabdingbar ist. Der Einfluss des mathematisch bestimmbaren Kraftbegriffs in der Mechanik auf unser alltägliches Leben ist so enorm, dass uns der universale Kraftbegriff, wie beispielsweise die Anziehungskraft der Erde, heute ganz selbstverständlich erscheint und von uns ohne Weiteres akzeptiert wird.

Mit dieser Eigenart des Kraftbegriffs, die stets vor Augen geführt werden muss, möchte die hier vorliegende Studie eine historische Kontroverse über den Kraftbegriff zwischen René Descartes (1596–1650) und Gottfried Wilhelm Leibniz (1646–1716) untersuchen. Damit ist zugleich die Erörterung metaphysischer Aspekte des modernen Kraftbegriffs bei seiner Entstehung verbunden. Bei jener Kontroverse handelt es sich hauptsächlich darum, ob die von Leibniz postulierte „lebendige Kraft“ (*vis viva*)[1], welche sich wie das Quadrat der Geschwindigkeit des bewegten Körpers verhält, als die wahre Größe der bewegenden Kraft in der Natur gegeben ist. Dabei ist erstens zu konstatieren, dass sowohl Leibniz als auch Descartes an dem Gedanken festhalten, dass einem bewegten Körper eine bewegende Kraft als die Ursache der Bewegung unter-

[1] SD, I in GM, VI, 238. Für die hier und im Folgenden verwendeten Siglen für die Schriften und Werkausgaben von Descartes und Leibniz siehe unten S. 167.

stellt ist. Auf Grund einer bestimmten Kraftstärke wird ein Körper dementsprechend bewegt. Der kausale Zusammenhang eines Naturgeschehens wird nicht bezweifelt. Außerdem vertreten sie insofern die gleiche Meinung, als der Krafteinfluss nur durch die Berührung der Körperoberfläche, d.h. nur durch Stoß oder Druck auf die Körper, ausgeübt werde. Die Kraft aus einer fernen Distanz, wie die Idee des Kraftfelds in der modernen Physik, war sowohl Descartes als auch Leibniz undenkbar und als okkulte Eigenschaft (*qualitas occulta*) zu verwerfen.[2] Das physikalische Geschehnis sei allein durch die mechanische Erklärung verständlich. Auch glaubten die beiden, dass die gesamte Kraft im Universum konstant bleiben müsse, obzwar die Bewegung des einzelnen Körpers nach dem Zusammenstoß in der Wirklichkeit stärker oder schwächer wird. Die gesamte Kraft bzw. die Summe der Bewegung im Universum dürfte weder vermehrt noch vermindert werden. Denn es gebe einerseits aus theologischer Sicht keinen Grund für einen allmächtigen Gott, die Ursache aller Bewegungen in der Welt, die gesamte Kraft in der Natur nämlich, die er bei der Schöpfung der Welt angesetzt hat, zu korrigieren.[3] Bekanntlich hat Leibniz Gott mit einem Uhrmacher verglichen und dabei gemeint, dass Gott die Welt wie eine perfekte Uhr geschaffen habe, die er nicht von Zeit zu Zeit aufziehen müsse.[4] Andererseits sei die Vermehrung oder Verminderung der gesamten Kraft im Universum sowohl aus rationalen Gründen absurd als auch empirisch nicht bestätigt.[5] Weder die immer steigende Bewegung des ganzen Universums noch das Ruhigerwerden desselben sei denkbar oder zu erfahren. Leibniz hat diesbezüglich besonders auf das Prinzip des Grundes hingewiesen. Die Kraft als Ursache der Bewegung kann also nicht ohne Grund im ganzen Universum vermindert oder vermehrt werden.[6] Das ganze materielle Universum unterliegt einer strengen Kausalität. Die gesamte bewegende Kraft des Universums muss nach dem Prinzip der Gleichheit von Ursache und Wirkung konstant bleiben. So weit scheint Leibniz mit Descartes übereinzustimmen. Der Meinungsunterschied liegt aber vor allem in der richtigen Kraftmessung. Leibniz war der An-

---

[2] Vgl. NE, Vorwort in GP, V, 53–58; GP, VII, 343 f.

[3] So argumentiert Descartes in PP, II, § 36 in AT, VIII-1, 61 f. Leibniz scheint damit übereinzustimmen. Vgl. GP, IV, 370.

[4] Vgl. Leibniz' erstes und viertes Schreiben an Clarke vom November 1715 in GP, VII, 352, 375 f. Den Grund der Krafterhaltung auf die Beständigkeit bzw. die Vollkommenheit Gottes zurückzuführen, ist Leibniz jedoch ein ziemlich schwacher Beweis der Krafterhaltung. In seinem Brief an Heinrich Oldenburg vom 15./25. Oktober 1671 hat er dies geäußert: „Nec a Cartesio demonstratum est, eandem semper quantitatem motus in universo a Deo conservari; ratiocinatio enim ab immutabilitate Dei valde infirma est" (A, II,1^2, 272). In seinem Brief an Des Bosses vom 1. September 1706 hat Leibniz sogar bestritten, die Erhaltung der gesamten Kräfte im Universum aus der Beständigkeit Gottes abzuleiten (vgl. GP, II, 313).

[5] Vgl. *Essay de Dynamique* in GM, VI, 214.

[6] Vgl. GM, VI, 219; A, VI,3, 568. Descartes scheint dies auch auf ähnliche Weise zu behaupten, siehe PP, II, § 37 in AT, VIII-1, 62 oder in seinen *Meditationes*: „nec posse aliquid a nihilo fieri" (AT, VII, 41).

sicht, dass die wahre Kraftmessung eines bewegten Körpers durch das Produkt aus der Masse[7] und dem Quadrat der Körpergeschwindigkeit (mv^2) zu gewinnen sei. Dies nennt er die „lebendige Kraft". Sie sei eine reale und wesentliche Bestimmung des physischen Körpers im Körper selbst. Leibniz' Auffassung von der Kraftmessung geriet jedoch in Konflikt mit derjenigen der Cartesianer. Diese glaubten nämlich, dass die Bewegungsgröße, das Produkt aus der Masse und der Geschwindigkeit, das richtige Maß sei, um die Größe der bewegenden Kraft zu berechnen. Dieser Meinungsunterschied hatte so großen Einfluss, dass die Naturwissenschaftler im Bereich der Mechanik bis ins 18. Jahrhundert hinein grundsätzlich in zwei Gruppen geteilt werden können.[8] Selbst bei Immanuel Kant war jene Streitfrage angelangt. In seiner Erstlingsschrift *Gedanken von*

---

[7] Der Fachausdruck „Masse" ist anachronistisch. Es ist aber nicht so, wie einige Kommentatoren oft meinen, dass Descartes keine klare Vorstellung von der Masse hatte, die sich von der extensionalen Größe oder Schwere unterscheidet (siehe beispielsweise Aron Gurwitsch, *Leibniz. Philosophie des Panlogismus*, Berlin/New York 1974 [= *Leibniz*], 377 f. und Max Jammer *Concepts of Mass in Classical and Modern Physics*, New York 1997 [= *Concepts of Mass*], 60 f.). Bei Descartes' Formulierung der Bewegungsgesetze ist der Körper kein alltäglich erfahrbarer Körper, sondern es wird allein ein idealer, homogener Körper vorausgesetzt. Daher wird die materielle Größe allein von der extensionalen Größe bestimmt. Leibniz hat dagegen einen dynamischen Massebegriff entwickelt. Allerdings ist er beim Gebrauch des Terminus „Masse" nicht immer konsequent verfahren. Mit den Ausdrücken „*massa*" oder „*moles*" im Lateinischen oder „*masse*" im Französischen bezeichnet er sowohl besonders, ähnlich wie bei Newton, die bestimmte *quantitas materiae* eines physikalischen Körpers (z.B. in GP, II, 251: „Vires quae ex massa et velocitate oriuntur, derivativae sunt"; 262: „Motum seu quod resultat ex mole et celeritate, esse ais vires derivativas"; III, 43; SD, I, in GM, VI, 239; GM, VI, 297: „Moles est quantitas materiae in mobili contentae"; 345 f., 398) als auch allgemein die metaphysische, ursprüngliche Materie (*materia prima*), welche den Raum kontinuierlich erfüllt und nur durch die Ausdehnung und Undurchdringlichkeit charakterisiert ist. Da jene ursprüngliche Materie überall homogen sein soll, sei ihre Quantität nur unbestimmt. (Vgl. den Brief an Jacob Thomasius vom 29./30. April 1669 in GP, I, 17 f.; IV, 165: „Materia prima est ipsa Massa in qua nihil aliud quam extensio et ἀντιτυπία seu impenetrabilitas; extensionem a spatio habet quod replet; natura ipsa materiae in eo consistit quod crassum quiddam est et impenetrabile, et per consequens alio occurrente (dum alterum cedere debet) mobile. Haec jam massa continua mundum replens, dum omnes ejus partes quiescunt, materia prima est, ex qua omnia per motum fiunt, et in quem per quietem resolvuntur, est enim in ea in se spectata nulla diversitas, mera homogeneitas nisi per motum. […] quantitatem quoque habet materia, sed interminatam, ut vocant Averroistae, seu indefinitam, dum enim continua est, in partes secta non est, ergo nec termini in ea actu dantur: extensio tamen seu quantitas in ea datur.") Später bezeichnet Leibniz jedoch die sekundäre Materie (*materia secunda*), womit er das körperliche Aggregat gekennzeichnet hat, als „*massa*" (vgl. GM, III, 537; Brief an Des Bosses vom 31. Juli 1709 in GP, II, 379; Brief an Bierling vom 12. August 1711 in GP, VII, 501 f.: „Massa est aggregatum substantiarum corporearum"). Zur Problematik des Massebegriffs in Schriften Leibniz' siehe Jammer, *Concepts of Mass*, 76–80 und Ernst Cassirer, *Leibniz' System in seinen wissenschaftlichen Grundlagen*, Darmstadt ²1962, 515 (= *Leibniz' System*). Auf die dynamische Bestimmung der Materie von Leibniz werde ich im 3. Kapitel noch näher eingehen.

[8] Vgl. Larry Laudan, „The Vis viva Controversy, a Post-Mortem", *Isis* 59/2 (1968), 131–143 (= „Vis viva Controversy"), 131.

der wahren Schätzung der lebendigen Kräfte von 1747 hat er bestätigt, dass der Streit um die lebendige Kraft „eine der größten Spaltungen" sei, „die itzo unter den Geometrern von Europa herrscht",[9] und daraufhin versucht, jenen Streit durch die Verbesserung von Leibniz' Kraftmaß beizulegen.

Die lange Dauer des Streits über dieses Thema in der Geschichte der Mechanik zeigt sich aber als ein einzigartiges Phänomen. Denn in der Physik wird eine Theorie gewöhnlich entweder durch Experimente bestätigt und allgemein akzeptiert oder abgelehnt und gerät dann schnell in Vergessenheit. Auf Grund der Tatsache, dass der Streit so lange gedauert hat, ist es von Interesse zu fragen: Was hat die Entscheidung so erschwert, das Kraftmaß der Bewegung richtig zu berechnen? Der Versuch, diese Frage zu beantworten, führt jedoch zu einer anderen Frage, die wir ebenfalls beantworten müssen: Was ist eigentlich der Gegenstand des Streits für Leibniz und Descartes? Haben die Cartesianer und die Leibnizianer das gleiche Verständnis hinsichtlich der zugrunde liegenden Faktoren, die jene bedeutende Kraftberechnung bestimmen? Der Gegenstand des Streits, die Kraftberechnung nämlich, ist vermutlich den Naturphilosophen von so großer Bedeutung, dass sie darum lange streiten. Woran liegt aber die Bedeutsamkeit des Kraftbegriffs?

Die Antwort auf diese Fragen, so meine Auffassung, liegt nicht allein in den physikalischen Berechnungen. Die metaphysische Grundlage für den Begriff des Körpers und der Kraft muss dabei eine sehr wichtige Rolle gespielt haben, sodass die Grunddifferenz derart enorm gewesen war, dass die beiden Parteien einander nicht so leicht verstehen konnten. Das Ziel der vorliegenden Studie liegt besonders darin, die metaphysische Grundlage, die bei der Kontroverse um die lebendige Kraft (der *Vis-viva*-Kontroverse) mitgewirkt hat, herauszuarbeiten.

Im Folgenden werden wir im 1. Kapitel die anfänglichen Momente des historischen Streits, den Leibniz veranlasst hat, darstellen, um sowohl die physikalische Perspektive als auch die metaphysische Tiefe jenes Streits hervorzuheben. Dies ist besonders ersichtlich in den öffentlichen Kontroversen zwischen Leibniz einerseits und sowohl Abbé Catelan als auch Denis Papin (1647–1712) andererseits. In diesen Auseinandersetzungen können wir leicht feststellen, dass die beiden Kontrahenten gegen Leibniz eindeutig die Cartesische Vorstellung der Natur als allgemein anerkannt angenommen haben, ohne sie als problematisch zu betrachten. Leibniz musste öffentlich darlegen, was eigentlich die Bewegung an sich sei, um Descartes' Kraftmaß als fehlerhaft zu erweisen und sein eigenes Kraftmaß zu rechtfertigen. Der Meinungsunterschied hinsichtlich des Kraftmaßes zwischen Leibniz und Abbé Catelan oder Denis Papin ist damit letztendlich auf die unterschiedlichen Sichtweisen der Natur, d. h. auf die Naturmetaphysik, zurückzuführen. Dieser Streit um das Kraftmaß erscheint

[9] AA, I, 14.

daher nicht mehr sinnvoll, nachdem die Naturwissenschaftler seit dem 18. Jahrhundert die spekulative Metaphysik aus der Naturwissenschaft immer weiter hinausgedrängt haben, oder anders gesagt, nachdem sie eine bestimmte Sichtweise der Natur als grundlegend vorausgesetzt und alle anderen Möglichkeiten der Naturmetaphysik von der quantitativen, berechenbaren Physik ausgeschlossen haben. Ohne die metaphysischen Aspekten zu berücksichtigen, wird aber die *Vis-viva*-Kontroverse leicht zum Wortstreit degradiert. Sogar die modernen Wissenschaftshistoriker nehmen bis heute die metaphysischen Hintergründe der *Vis-viva*-Kontroverse nicht wahr. Deren Sinn ist seit langem in Vergessenheit geraten. Daher stellt sich die vorliegende Studie die Aufgabe, den verloren gegangenen Sinn der Kraftmaßkontroverse durch sein Verhältnis mit den verschiedenen metaphysischen Gedanken wiederzugewinnen.

Nachdem wir sowohl die physikalische als auch die metaphysische Perspektive jener Kontroverse in ihren anfänglichen Stadien in groben Zügen in den Blick genommen haben, untersuchen wir im 2. Kapitel das Wesen des Cartesischen Körpers und der Cartesischen physikalischen Kraft. Descartes hat den Kraftbegriff in seiner Naturlehre oft verwendet. Er begründete diese Terminologie aber nicht. Der ontologische Status des Kraftbegriffs bleibt in seinen Schriften unbestimmt. Der Kraftbegriff in seiner Naturlehre scheint aber als ein funktionaler Begriff der bereits bekannten Idee der Ursache, durch welche eine besondere Wechselwirkung erklärt wird, zu fungieren. Da der Kraftbegriff auf diese Weise als eine Idee nur im Ursache suchenden Geist und nicht wahrhaft in der Natur vorhanden sei, verhaftet jene Idee kein Moment in der von Descartes vorgestellten Natur. Sie existiert nur im Augenblick der Wirkung und befindet sich nicht im Prozess der kontinuierlich entstehenden und vergehenden Natur. Ihre Größe, die nach Descartes durch Körpergröße und Bewegungsgeschwindigkeit gemessen werden soll, ist vor allem intuitiv vorgestellt. Sie wird als ein sicheres Wissen behauptet, ohne dass es wahrhaft rational begründet wird.

Es folgt danach im 3. Kapitel die Analyse der wesentlichen Vorstellungen von Körper und Kraft nach Leibniz. Jene Analyse hängt sehr vom Verständnis seines Substanzbegriffs ab. Anders als beim Cartesischen Kraftbegriff liegt bei Leibniz die lebendige Kraft wesentlich im Körper selbst. Sie ist abgeleitet von einer ursprünglichen Kraft in der Substanz. Und nicht nur die körperliche Kraft und die Bewegung, sondern auch die Ausdehnung und Undurchdringlichkeit, welche die Cartesianer als die nicht mehr rückführbaren Attribute des Körpers betrachten, sind nach Leibniz Ausdruck der ursprünglichen Kraft der Substanz. Im Gegensatz zur Cartesischen Metaphysik, welche die Gewissheit des Wissens als den Ausgangspunkt ihrer Methodik betrachtet und damit die Natur zur bloßen Zusammensetzung aus der bruchstückhaften, momentanen Materie degradiert, strebt Leibniz nach der harmonischen, begründeten Einheit zwischen der mithilfe des Substanzbegriffs konstruierten Naturmetaphysik und den bei den Wechselwirkungen erfahrbaren Naturphänomenen. Die

Natur wird nicht aus der mathematischen Vernunft ideal konstruiert, sondern von innen als lebendig und vielfältig angeschaut. Die materiellen Phänomene resultieren aus jenen vielfältigen, inneren Tätigkeiten der natürlichen Substanzen selbst. Obwohl jene Resultate unter die mathematischen Prinzipien subsumiert werden können, gründen sie sich auf die inneren Tätigkeiten der geordneten Natur und nicht auf die Forderung nach sicherem Wissen des anschauenden Geistes. Der Streit um das richtige Kraftmaß ist auf Seiten Leibniz' tief verwurzelt in seinem Glauben an die Begründbarkeit der geordneten Natur.

Erst nach dieser Untersuchung des Körper- und Kraftbegriffs der beiden Protagonisten werden einige Schwierigkeiten sichtbar. Beispielsweise ist es schwer, bei den folgenden Fragen eine einheitliche Antwort unter verschiedenen metaphysischen Voraussetzungen zu bekommen: Auf welche Weise wird ein besonderes Naturphänomen erkannt? Wie wird ein bestimmtes Naturphänomen anhand eines Naturgesetzes erfasst? Mit welchem Fachausdruck soll man ein solches Phänomen bezeichnen? Wie wird jener Ausdruck angemessen in einer mathematischen Formel abgebildet? Auf Grund der Vorarbeit möchten wir im 4. Kapitel anschließend in die Untersuchung des metaphysischen Einflusses bei der Kontroverse um die lebendige Kraft einsteigen. Damit bezwecken wir, dass der metaphysische Einfluss jener historischen Kontroverse sichtbar wird. Es sollte hier entdeckt werden, dass die historische Kontroverse um das Kraftmaß in der Tat die verschiedenen Naturverständnisse involviert. Vor allem wird der Begriff „Tätigkeit" von den Kontrahenten unterschiedlich verstanden.

Der moderne Erfolg der Naturwissenschaft und zugleich die Krise der Wertvorstellung in unserer technischen Welt resultieren wohl aus der Newton'schen Sichtweise der Natur, die von der Cartesischen Naturmetaphysik maßgebend bestimmt ist. Der lebendige Streit um die im Hintergrund stehende Naturmetaphysik zwischen Leibniz und den Cartesianern liegt längst hinter uns. Wir können aber überlegen, ob die Krise der modernen Welt mithilfe der gleichen, bereits vertrauten Naturmetaphysik gemeistert werden kann. Oder hat uns die Auseinandersetzung um die Naturmetaphysik bei der *Vis-viva*-Kontroverse nicht gerade auf eine Möglichkeit hingewiesen, wie man die Krise durch eine revidierte Naturmetaphysik überwinden könnte? Bedarf die Krise nicht nur einer wissenschaftlichen, sondern auch einer metaphysischen Revolution, um ihr zu entkommen? Zur Beantwortung dieser Fragen hofft die vorliegende Studie einige Hinweise geben zu können. Denn mit Sicherheit kann man aus der wahren Geschichte der Vis-viva-Kontroverse noch einiges lernen.

1. Die Kontroverse um die Kraftmessung

1.1. Der Anfang der Kontroverse – Leibniz' *Brevis demonstratio* von 1686

Im März 1686 veröffentlichte Leibniz einen Artikel in den *Acta eruditorum* mit dem folgenden Titel: *Brevis demonstratio erroris memorabilis Cartesii et aliorum circa legem naturalem, secundum quam volunt a Deo eandem semper quantitatem motus conservari, qua et in re mechanica abutuntur.*[1] Darin bestreitet Leibniz erstens, dass die Bewegungsgröße (*quantitas motus*) nach Descartes eine unveränderliche Summe im Universum sei, zweitens, dass die bewegende Kraft (*vis motrix*) mit der Bewegungsgröße berechnet werden könne. Die erste Kritik über die Erhaltung der Bewegungsgröße ist in diesem Artikel nicht mit mathematischen Berechnungen oder anderweitigen Erklärungen begründet. Die Erhaltung der Bewegungsgröße wurde bereits zuvor von Christiaan Huygens (1629–1695) bestritten.[2] Leibniz versucht hier lediglich, für seine Gegenmeinung, dass die bewegende Kraft nicht anhand der Bewegungsgröße berechnet werden könne, einen Beweis zu führen. Dies tut er wie folgt:

> Um zu zeigen, wie groß der Unterschied zwischen beiden [der bewegenden Kraft und der Bewegungsgröße] tatsächlich ist, nehme ich erstens an, dass ein Körper, der aus einer bestimmten Höhe herabfällt, dadurch die Kraft erlangt, die notwendig ist, um ebenso hoch wieder emporzusteigen, sofern er daran nicht von außen gehindert wird. So würde z.B. ein Pendel genau zu der Höhe, aus der es herabgefallen ist, wieder zurückkehren, wenn nicht der Widerstand der Luft und ähnliche kleine Hindernisse der Art, von de-

---

1 A, VI,4, 2027–2030; GM, VI, 117–119.

2 In den von der Londoner Royal Society herausgegebenen *Philosophical Transactions*, April 1669, hat Huygens insgesamt sieben Stoßgesetze aufgestellt. Im fünften Stoßgesetz hat er den Erhaltungssatz der Cartesischen Bewegungsgröße deutlich abgelehnt. Nur die Bewegungsgröße nach ein und derselben Seite soll erhalten bleiben, während die nach der entgegengesetzten Seite gerichtete Bewegungsgröße abgerechnet werden muss. Damit hat Huygens den Erhaltungssatz des Impulses der klassischen Mechanik formuliert. Leibniz war auf diese Veröffentlichung im August desselben Jahres bei seinem Kuraufenthalt in Bad Schwalbach aufmerksam geworden und versuchte anschließend, seine Theorie der Bewegung auszuarbeiten. Die sieben Stoßgesetze von Huygens hat er in seiner Schrift *De rationibus motus* (1669), welche er noch in Bad Schwalbach niedergeschrieben hat, exzerpiert. Dabei lautet das fünfte Stoßgesetz von Huygens: „Quantitas motus duorum corporum augeri minuive potest per eorum occursum, at semper ibi remanebit eadem quantitas versus eandem partem, ablata inde quantitate motus contrarii" (A, VI,2, 158). Vgl. Hans Stammel, *Der Kraftbegriff in Leibniz' Physik*, Mannheim 1982 (= *Kraftbegriff*), 70 f., 190 f.

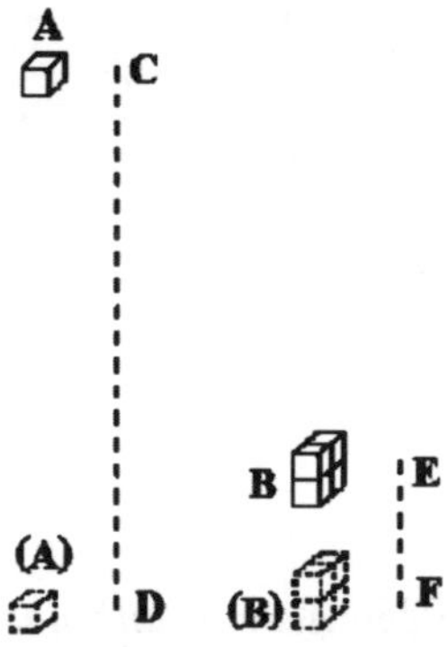

nen wir jetzt jedoch einmal absehen wollen, etwas von seiner Kraft absorbierten. Zweitens nehme ich an, dass eine gleich große Kraft nötig ist, um den Körper A von einem Pfund zur Höhe CD von vier Ellen oder aber den Körper B von vier Pfund zur Höhe EF von einer Elle zu heben. Dies alles wird von den Cartesianern wie auch von anderen zeitgenössischen Philosophen und Mathematikern zugegeben. Hieraus folgt, dass der aus der Höhe CD herabfallende Körper A genauso viel Kraft erhält wie der aus der Höhe EF herabfallende Körper B. Denn ist der Körper (A) durch seinen Fall von C nach D gelangt, so hat er dort, nach Voraussetzung 1, die Kraft, wieder bis zu C emporzusteigen, das ist die Kraft, einen Körper von einem Pfund (sich selbst nämlich) auf die Höhe von vier Ellen emporzuheben. Ebenso hat der Körper (B), nach seinem Fall von E nach F, dort, nach Voraussetzung 1, die Kraft, wieder bis E emporzusteigen, das ist die Kraft, einen Körper von vier Pfund (also sich selbst) auf die Höhe von einer Elle zu heben. Somit sind nach Voraussetzung 2 die Kraft des Körpers (A) in D und die Kraft des Körpers (B) in F einander gleich.

Sehen wir nun zu, ob auch die Bewegungsgröße auf beiden Seiten dieselbe ist. Hier zeigt sich in der Tat wider Erwarten ein gewaltiger Unterschied, was ich folgendermaßen erkläre: Galilei hat bewiesen, dass die Geschwindigkeit, die durch den Fall von C nach D erreicht wird, das Doppelte der Geschwindigkeit ist, die sich durch den Fall von E nach F ergibt. Multiplizieren wir also den Körper A = 1 mit seiner Geschwindigkeit = 2, dann wird das Produkt bzw. die Bewegungsgröße gleich 2 sein; multiplizieren wir hingegen den Körper B = 4 mit seiner Geschwindigkeit = 1, dann wird das Produkt bzw. die Bewegungsgröße gleich 4 sein. Also ist die Bewegungsgröße des Körpers (A) in Punkt D die Hälfte der Bewegungsgröße des Körpers (B) in Punkt F, und dennoch sind, wie sich soeben ergeben hat, die Kräfte auf beiden Seiten gleich. Es besteht somit ein großer Unterschied zwischen der bewegenden Kraft und der Bewegungsgröße, sodass das eine sich nach dem anderen nicht berechnen lässt, was zu zeigen wir unternommen haben. Hieraus ergibt sich, wie die Kraft nach der Größe der Wirkung zu beurteilen ist, die sie hervorbringen kann, z. B. nach der Höhe, zu der sie einen schweren Körper von gegebener Größe und Gestalt emporheben kann, nicht jedoch nach der Geschwindigkeit, die sie ihm hineindrücken kann. Denn es bedarf nicht nur der doppelten, sondern einer größeren Kraft, um ebendiesem Körper eine doppelte Geschwindigkeit mitzugeben. Allerdings ist es kein Wunder, dass bei den gebräuchlichen Maschinen, dem Hebel, dem Schwungrad, der Winde, dem Keil, der Schraube und ähnlichem, ein Gleichgewicht besteht, sofern die Größe des einen Körpers die Geschwindigkeit des anderen, die man entsprechend der Konstruktion der Maschine erhalten würde, aufwiegt – sei es, weil ihre Größen (die Gleichartigkeit der Körper angenommen) und Geschwindigkeiten reziprok sind, sei es, weil auf beiden Seiten dieselbe Bewegungsgröße erscheint. Hier ergibt sich nämlich, dass auch die Größe der Wirkung oder die Höhe des Ab- oder Aufstiegs auf beiden Seiten dieselbe ist, nach welcher Seite des Gleichgewichts auch die Bewegung erfolgen mag. Es ergibt sich daher hier nur zufällig, dass die Kraft sich nach der Bewegungsgröße berechnen lässt. In anderen Fällen als diesen, wie wir oben angeführt haben, fällt beides nicht zusammen.[3]

Fassen wir die Beweisführung von Leibniz zusammen: Er nimmt erstens an, dass die Kraft eines aus einer bestimmten Höhe frei herabfallenden Körpers genauso groß ist wie die Kraft, die man braucht, um denselben Körper wieder in die gleiche Höhe nach oben zu bringen. Dies kann vor allem bei der Pendelbewegung beobachtet werden.[4]

---

[3] A, VI,4, 2028 f.: „Ego vero ut ostendam quantum inter haec duo intersit, suppono primo, corpus cadens ex certa altitudine acquirere vim eousque rursus assurgendi, si directio ejus ita ferat, nec quicquam externorum impediat: exempli causa, pendulum ad altitudinem ex qua demissum est, praecise rediturum esse, nisi aëris resistentia similiaque impedimenta exigua alia nonnihil de vi ejus absorberent, a quibus nos quidem nunc animum abstrahimus. Suppono item secundo, tanta vi opus esse ad elevandum corpus A unius librae usque ad altitudinem CD quatuor ulnarum, quanta opus est ad elevandum corpus B quatuor librarum, usque ad altitudinem EF unius ulnae. Omnia haec a Cartesianis pariter ac caeteris Philosophis et Mathematicis nostri temporis conceduntur. Hinc sequitur, corpus A delapsum ex altitudine CD, praecise tantum acquisivisse virium, quantum corpus B lapsum ex altitudine EF. Nam corpus (A) postquam lapsu ex C pervenit ad D, ibi habet vim reassurgendi usque ad C, *per suppos. 1*, hoc est vim elevandi corpus unius librae (corpus scilicet proprium) ad altitudinem quatuor ulnarum. Et similiter corpus (B) postquam lapsu ex E pervenit ad F, ibi habet vim reassurgendi usque ad E, *per suppos. 1*, hoc est vim elevandi corpus quatuor librarum (corpus scilicet proprium) ad altitudinem unius ulnae. Ergo *per suppos. 2* vis corporis (A) existentis in D, et vis corporis (B) existentis in F, sunt aequales.

Videamus jam, an et quantitas motus utrobique eadem sit. Verum ibi praeter spem discrimen maximum reperietur. Quod ita ostendo. Demonstratum est a Galilaeo, celeritatem acquisitam lapsu CD, esse duplum celeritatis acquisitae lapsu EF. Multiplicemus ergo corpus A quod est ut 1, per celeritatem suam quae est ut 2, productum seu quantitas motus erit ut 2; rursus multiplicemus corpus B quod est ut 4, per suam celeritatem, quae est ut 1, productum seu quantitas motus erit ut 4. Ergo quantitas motus quae est corporis (A) existentis in D, est dimidia quantitatis motus quae est corporis (B) existentis in F, et tamen paulo ante vires utrobique inventae sunt aequales. Itaque magnum est discrimen inter vim motricem et quantitatem motus, ita ut unum per alterum aestimari non possit, quod ostendendum susceperamus. Ex his apparet, quomodo vis aestimanda sit a quantitate effectus, quem producere potest, exempli gratia ab altitudine, ad quam ipsa corpus grave datae magnitudinis et speciei potest elevare, non vero a celeritate quam corpori potest imprimere. Non enim dupla sed majore vi opus est ad duplam eidem corpori dandam celeritatem. Nemo vero miretur in vulgaribus machinis, vecte, axe in peritrochio, trochlea, cuneo, cochlea et similibus aequilibrium esse, cum magnitudo unius corporis celeritate alterius, quae ex dispositione machinae oritura esset, compensatur; seu cum magnitudines (posita eadem corporum specie) sunt reciproce ut celeritates; seu cum eadem alterutro modo prodiret quantitas motus. Ibi enim evenit etiam eandem utrobique futuram esse quantitatem effectus, seu altitudinem descensus aut ascensus, in quodcunque aequilibrii latus motum fieri velis. Itaque per accidens ibi contingit, ut vis a motus quantitate possit aestimari. Alii vero casus dantur, qualis is est quem supra attulimus, ubi non coincidunt." Alle Zitate auf Deutsch in der vorliegenden Arbeit sind angelehnt an die Übersetzungen, die am Ende der Arbeit angeben werden.

[4] Der Hinweis auf die Pendelbewegung ist nach Stammel offensichtlich eine Anregung aus Huygens' *Horologium oscillatorium* (1673). Vgl. Stammel, *Kraftbegriff*, 118 f.

Die zweite Annahme besagt, dass genauso viel Kraft gebraucht wird, um einen Körper von einem Pfund zu einer Höhe von vier Ellen hochzuheben, wie einen Körper von vier Pfund zu einer Höhe von einer Elle.

Anhand dieser zwei Annahmen folgt, dass der aus einer Höhe CD von vier Ellen frei herabfallende Körper A von einem Pfund genauso viel bewegende Kraft erlangt wie der aus der Höhe EF von einer Elle herabfallende Körper B von vier Pfund. Berufen wir uns nun auf das Galileische Fallgesetz, nämlich das proportionale Verhältnis der Fallhöhe zum Quadrat der Geschwindigkeit, so folgt, dass der Körper A doppelt so viel Geschwindigkeit wie der Körper B erlangen muss, da die Höhe CD vierfach größer ist als die Höhe EF:

$$\frac{CD}{EF} = \frac{V^2_A}{V^2_B} = \frac{4}{1}$$

$$\frac{V_A}{V_B} = \frac{2}{1}$$

Daraus wird geschlossen, dass die Bewegungsgröße (mv) von Körper A halb so groß ist wie die Bewegungsgröße des Körpers B:

$$M_A V_A : M_B V_B = (1 \cdot 2) : (4 \cdot 1) = 1:2$$

Trotz dieser Ungleichheit der Cartesischen Bewegungsgröße ist die bewegende Kraft des Körpers A nach den zwei obigen Annahmen genauso groß wie die des Körpers B. Von daher behauptet Leibniz, dass die Cartesische Annahme, die bewegende Kraft könne mithilfe der Bewegungsgröße festgestellt werden, fehlgeschlagen ist. Die bewegende Kraft darf also nicht nach der Bewegungsgröße berechnet werden, sondern sie errechnet sich dem obigen Beweis zufolge aus dem Produkt aus der Masse und dem Quadrat der Geschwindigkeit. Dass die Kräfte bei den fünf gebräuchlichen Maschinen dennoch durch die Cartesische Bewegungsgröße berechnet werden können, weist Leibniz auf ein akzidentelles Phänomen („*per accidens ibi contingit*") hin, wobei er an der Stelle nicht weiter erklärt, wie jenes „Zusammenkommen" („*contingere*") der Cartesischen Kraftberechnung mit der Seinigen möglich ist. Auf diese Frage wird im 4. Kapitel, nachdem der Kraftbegriff bei Descartes und Leibniz aufgezeigt wurde, näher eingegangen.

Die leitende Idee, die hinter der obigen Beweisführung von Leibniz steht, ist offensichtlich, dass die bewegende Kraft nicht durch die phänomenale Erscheinung des bewegten Körpers, wie z. B. seine Geschwindigkeit und Ausdehnung, direkt gemessen werden kann. Allein durch die Wirkung des bewegten Körpers soll Leibniz zufolge die bewegende Kraft berechnet werden. Dies setzt wiederum die Deckungsgleichheit der Wirkung und der Kraft als dem Grund der Wirkung voraus. Wäre dies nicht der Fall, würde die gesamte Kraft des Universums nicht erhalten bleiben. Demzufolge würde entweder ein mechanisches *perpetuum mobile* ermöglicht, wonach eine Maschine Bewegungen erzeugen kann, ohne einen Impuls von außen zu bekommen, oder die gesamte Bewegung des Universums ginge verloren und käme endlich zum Stillstand. Laut dem Satz des Grundes, welchen Leibniz festhält, seien die beiden Fälle unmöglich. „Nichts kann ohne Grund geschehen, oder jede Wirkung setzt eine Ursache voraus."[5] Daher soll die Kraft allein nach der Wirkung gemessen werden und nicht, wie Descartes intuitiv erfasste, nach der Geschwindigkeit und der geometrischen Größe des Körpers.[6] Im obigen Beispiel erkennt Leibniz allein die Höhe, welche ein Körper durch seine freie Fallbewegung wiedererlangen kann, als die von der bewegenden Kraft erzeugte Wirkung an. Diese steht wiederum im Verhältnis mit der Masse und dem Quadrat der Geschwindigkeit.

1.2. Die Entgegnungen von Abbé Catelan und Denis Papin

1.2.1. Die Kontroverse mit Abbé Catelan

Um den weiteren Verlauf der Kontroverse und Leibniz' Gedanken über die Kraft darzustellen, sollen einige Textauszüge betrachtet werden, die Reaktionen auf die Veröffentlichung der *Brevis demonstratio* widerspiegeln und aus der Feder von Abbé Catelan und Denis Papin stammen.[7] Direkt nach der Veröffentlichung der *Brevis demonstratio* erfuhr Leibniz die Kritik eines gewissen Cartesischen Anhängers namens Abbé Catelan. Sie ist im September desselben Jahres (1686) in der Fachzeitschrift *Les Nouvelles de la République de Lettres* zusammen mit der französischen Übersetzung der *Brevis demonstratio* unter dem Titel *Courtre remarque de M. l'Abbé C. où l'on montre à M. G. G. L. le paralogisme contenu dans objection précédente* erschienen.[8] Darin hat Abbé Catelan die Beweisführung von Leibniz wie folgt kritisiert:

> Ich wundere mich, dass Herr Leibniz den Widerspruch in diesem Beweis nicht bemerkt hat, denn wo ist der Mann, der, wenn er nur ein wenig in der Mechanik bewandert ist, nicht versteht, dass das Prinzip der Cartesianer, welches sich auf die fünf gebräuchlichen Maschinen bezieht, nur von gleichzeitig wirkenden Kräften gilt oder von Bewegungen,

---

[5] *Principia Logico-Metaphysia* (Frühjahr bis Herbst 1689 [?]) in A, VI,4, 1645: „Nihil est sine ratione, seu nullum effectum esse absque causa."

[6] Vgl. GM, VI, 118, 243 f.

[7] Gleich nach der Veröffentlichung der *Brevis demonstratio* fing Leibniz an, öffentliche Diskussionen mit Abbé Catelan, Nicolas Malebranche und später mit Denis Papin zu führen. Über den Verlauf der Kontroverse mit Abbé Catelan und Denis Papin siehe Max Zwerger, *Die lebendige Kraft und ihr Maß*, München 1985 (= *Die lebendige Kraft*), 4–30 sowie Stammel, *Kraftbegriff*, 147–188. Über die Auseinandersetzung mit Malebranche siehe André Robinet, *Malebranche et Leibniz. Relations personelles*, Paris 1955 (= *Malebranche et Leibniz*), 243–265.

[8] GP, III, 40–42.

die in derselben Zeit mitgeteilt werden, wenn man zwei Gewichte miteinander vergleicht. Denn man zeigt in den Elementen, dass zwei Körper, ungleich an Volumen wie 1 und 4, aber gleich an Bewegungsgröße 4, proportionale Geschwindigkeiten haben im reziproken Verhältnis ihrer Massen, also wie 4 zu 1 und dass sie folglich in derselben Zeit Wege durchlaufen, welche ihren Geschwindigkeiten proportional sind. Zudem zeigt Galilei, dass die Wege, welche von den Körpern durchlaufen werden, sich wie die Quadrate der Zeiten verhalten. Also würde im Beispiel Leibniz' der Körper von 1 Pfund in der Zeit 2 zu einer Höhe von 4 Ellen steigen und der Körper von 4 Pfund in der Zeit 1 zu einer Höhe von 1 Elle. Und da ferner die Zeiten ungleich sind, ist es kein Wunder, dass er in diesem Falle die Bewegungsgrößen ungleich findet, obwohl sie gleich gefunden worden wären in dem Falle, welchen die Gleichheit der Zeiten zu einem von diesem ganz verschiedenen gemacht hätte. Nehmen wir einmal an, dass die beiden Körper sich in derselben Zeit bewegen, d.h. dass sie an derselben Waage aufgehängt sind und in Entfernungen, welche ihren Größen reziprok sind, so werden wir die Größen, welche sich ihren Bewegungen widersetzen, oder die Kräfte ihrer Gewichte gleich finden, sei es nun, dass wir ihre Massen mit ihren Entfernungen oder mit ihren Geschwindigkeiten multiplizieren. Die Sache wird aber anders, wenn die Zeiten ungleich sind.[9]

Um Kritik an Leibniz' Kraftberechnung zu üben, nimmt Abbé Catelan wiederum die fünf gebräuchlichen Maschinen als Beispiel und vertritt die Meinung, dass die zweite Annahme in Leibniz' Darstellung nur akzeptiert werden könne, wenn die Wirkungen innerhalb der gleichen Zeitspanne auftreten sollten. Mit anderen Worten, die Zeitdauer muss als ein entscheidender Faktor bei der Wirkung der bewegenden Kraft berücksichtigt werden. Nun ist die Zeitdauer der Hebung des Körpers A zur Höhe C nach dem Galileischen Fallgesetz zweimal so groß wie diejenige der Hebung des Körpers B zur Höhe E in Leibniz' Darstellung. Daher ist es nicht verwunderlich, dass die Bewegungsgrößen in der Fallbewegung bei der Darstellung von Leibniz ungleich sind. Beim freien Fall ist das Verhältnis der Bewegungsgrößen zwischen Körper A und B:

[9] GP, III, 41 f.: „J'admire que M. Leibnits n'ait pas aperçu le paralogisme de cette preuve, car où est l'homme un peu habile dans les Méchaniques qui n'entende que le principe des Cartésiens touchant les 5. machines vulgaires, regarde les puissances isochrones, ou les mouvemens imprimés en tems égaux, lorsque l'on compare deux poids ensemble? Car on démontre dans les Elémens, que 2 mobiles inégaux en volume comme 1 et 4, mais égaux en quantité de mouvement comme 4 ont des vitesses proportionelles en raison reciproque de leurs masses, comme 4 à 1 et par conséquent qu'ils parcourent toûjours en même tems des espaces proportionnels à ces vitesses. Outre cela Galilée montre que les espaces décrits par les corps qui tombent, sont en même raison entre eux que les quarrés des tems. Ainsi dans l'exemple de M. Leibnits le corps d'une livre monteroit à la hauteur de 4 aunes dans un tems comme 2, et le corps de 4 livres monteroit à la hauteur d'une dans un tems comme 1. Puis donc que les tems sont inégaux, il n'est pas étrange qu'il trouve inégales dans cette chûte les quantités du mouvement, quoiqu'elles eussent été trouvées égales dans une chûte que l'égalité de tems rendoit tout-à-fait différente de celle cy. Supposons présentement que ces deux corps ne se meuvent qu'en même tems, c'est-à-dire, qu'ils sont suspendus à une même balance et à des distances reciproques à leur grosseur, nous trouverons égales les quantités opposées de leurs mouvemens, ou les forces de leurs poids, soit que nous multipliions leurs masses par leurs distances, soit que nous le fassions par leurs vitesses. La chose arrive autrement lorsque les tems sont inégaux."

$$M_A V_A : M_B V_B = (1 \cdot 2) : (4 \cdot 1) = 1:2.$$

Beim Aufsteigen braucht der Körper A doppelt so lange wie der Körper B. Also impliziert Abbé Catelan, dass die Bewegungsgrößen von beiden sich wie folgt verhalten:
wobei T_A und T_B die Zeitdauer angeben, die die Körper A und B brauchen, um zur Höhe CD und EF aufzusteigen.

Das Verhältnis der Bewegungsgrößen bzw. der bewegenden Kräfte zwischen den Körpern A und B nach der Cartesischen Kraftberechnung bleibt auf diese

$$M_A V_A : M_B V_B = M_A \frac{CD}{T_A} : M_B \frac{EF}{T_B} = 1 \cdot \frac{4}{2} : 4 \cdot \frac{1}{1} = 1:2,$$

Weise nach Abbé Catelan unverändert. Und er beharrt weiter darauf, dass die bewegende Kraft ausgehend von der Bewegungsgröße berechnet werden solle. Sie könne aus dem Produkt der Masse und der zurückgelegten Strecke nur bestimmt werden, wenn die Zeitdauer der Bewegung gleich ist, wie es bei den fünf gebräuchlichen Maschinen beobachtet werden kann.

Auf jene Kritik von Abbé Catelan antwortete Leibniz im Januar 1687 in einem Brief an Pierre Bayle (1647–1706), den Herausgeber der *Nouvelles de la République de Lettres.* Diese Entgegnung wurde im Februar des folgenden Jahres in derselben Zeitschrift unter dem Titel *Réplique de M. L. à M. L'Abbé D. C. contenue dans une lettre écrite a l'Auteur de ces Nouvelles le 9. de Janv. 1687. Touchant ce qu'a dit M. Descartes que Dieu conserve toujours dans la nature la même quantité de mouvement*[10] veröffentlicht. Dabei erwiderte Leibniz, dass zum einen die Bestimmung der Bewegungsgröße an sich von der Zeit, die ein bewegter Körper braucht, um eine bestimmte Geschwindigkeit zu erlangen, unabhängig ist. Man könne beim Messen der Cartesischen Bewegungsgröße „über den gegenwärtigen Zustand urteilen, ohne die Vergangenheit zu wissen (*on peut juger icy sur l'estat present sans sçavoir le passé*)“[11]. Die Cartesische Kraftmessung nach der Bewegungsgröße berücksichtigt nicht die vergangene Zeitdauer. Andererseits nimmt Leibniz die Mechanik der schiefen Ebene als Beispiel: Man kann zwei Körper aus der gleichen Höhe herunterfallen lassen. Einer fällt senkrecht nach unten, ein anderer eine schiefe Linie entlang. Die zwei Körper erlangen immer dieselbe Geschwindigkeit auf der gleichen Höhe, obwohl der Körper, der eine schiefe Linie entlangläuft, mehr Zeit braucht. Man kann den Winkel der schiefen Linie beliebig verändern, so hat der diese Linie beschreibende Körper unendlich viele Möglichkeiten für die Zeitdauer des Fallens. Anhand dieses Beispiels belegt Leibniz, dass die Zeitdauer, anders als Abbé Catelan glaubt, kein entscheidender Faktor sei, den man bei der Kraftmessung berücksichtigen müsse.

---

[10] GP, III, 42–49.
[11] GP, III, 44.

Diese Entgegnung betreffend, fragen wir, ob die Behauptung von Leibniz, dass die Kraftmessung von der Zeitdauer unabhängig sei, für korrekt zu halten ist. Dies scheint aber nicht immer zuzutreffen. Wenn wir beispielsweise zwei Körper in eine gleiche Höhe hochheben, dabei den einen eine senkrechte Linie entlang, den anderen eine schiefe Ebene entlang, so würde Leibniz behaupten, dass es die gleiche Kraft koste, um jene zwei Körper auf dieselbe Höhe zu bringen, ungeachtet der unendlichen Möglichkeiten des Winkelwechsels der schiefen Ebene, da die Höhe, auf die sie gebracht werden sollen, gleich ist. Doch verhält es sich nicht so, dass man durch die schiefe Ebene weniger Kraft aufwenden muss, um einen schweren Körper hochzuheben? Liegt der Sinn einer solchen mechanischen Apparatur nicht gerade darin, Kraft zu sparen? Leibniz' Meinung ist nur dann nachzuvollziehen, wenn wir die Idee der momentanen Kraft von der Idee der gesamten Kraft, die für eine bestimmte Arbeit benötigt wird, genau unterscheiden. Denn obwohl der momentane Kraftaufwand bei der schiefen Ebene geringer ist, wird die gesamte Arbeit doch nicht weniger. Man braucht also mehr Zeit, die Strecke auf der schiefen Ebene zu durchlaufen, um einen Körper in eine bestimmte Höhe zu bringen. Damit ist deutlich zu erkennen, dass Leibniz' physikalischer Kraftbegriff nicht am alltäglichen Sprachgebrauch orientiert ist. Er möchte den physikalischen Kraftbegriff allein auf einem „metaphysischen" Prinzip aufbauen, was er in der *Brevis demonstratio* bereits angedeutet hat. Dies besteht nämlich darin, dass die Größe der gesamten Kraft allein anhand der zukünftigen Wirkung bei ihrer vollständigen Errechnung berechnet werden muss, und die Wirkung im obigen Beispiel ist seiner Meinung nach allein die Höhe ohne die Mitberücksichtigung der Zeitdauer.

> Ich glaube, dass man anstelle des Cartesischen Prinzips ein anderes Naturgesetz festlegen könnte, welches ich für höchst universell und unantastbar halte, nämlich dass immer eine vollkommene Gleichung zwischen der vollen Ursache und der gesamten Wirkung besteht. [...] Und obwohl dieses Axiom metaphysisch ist, hört es nicht auf, eines der nützlichsten zu sein, was man in der Physik anwenden könnte, und dies gibt Mittel, die Kräfte auf eine Rechnung der Geometrie zurückzuführen.[12]

Das Prinzip der Kraftberechnung liegt nämlich darin, dass die Kraft als die volle Ursache die gesamte Wirkung gänzlich abdecken muss. Die Cartesische Kraftberechnung nach der Bewegungsgröße folgt nach Leibniz nicht jenem Prinzip, da die unterschiedlichen Bewegungsgrößen die gleiche Wirkung erzeugen können. Dazu kommt noch das Problem, dass die Bewegungsgröße bereits

---

[12] GP, III, 45 f.: „je crois qu'au lieu de Principe Cartesien, on pourrait establir une autre Loy de la nature que je tiens la plus universelle et la plus inviolable, scavoir qu'il y [a] tousjours une parfaite Equation entre la cause pleine et l'effect entier. [...] Et quoyque cet Axiome soit tout à fait Metaphysique, il ne laisse pas d'estre des plus utiles qu'on puisse employer en Physique, et il donne moyen de reduire les forces à un calcul de Geometrie."

durch Huygens in seiner Abhandlung von 1669 als eine nicht erhaltene Größe dargestellt worden ist. Nur eine Bewegungsgröße, die die Richtung berücksichtigt, verletzt nicht das Erhaltungsgesetz.[13] Leibniz zeigt hier seine Kenntnis von Huygens' Kritik an der Erhaltung der Cartesischen Bewegungsgröße. Er fügt jedoch die Anmerkung hinzu, dass die die Richtung berücksichtigende Bewegungsgröße, der Impuls in der modernen Physik nämlich, nicht als die gesamte bewegende Kraft angesehen werden dürfe, sondern als eine „Kraft", die gerade auf eine bestimmte Richtung fortschreitet.

Aber an dem Ort könnte man den Unterschied zwischen der Kraft und der Richtung nützlich einsetzen oder vielmehr zwischen der absoluten Kraft, die nötig ist, um irgendeine feststehende Wirkung hervorzubringen (z.B. um ein soundso großes Gewicht auf eine soundso große Höhe hochzuheben oder um eine Feder bis zu einem soundso großen Grad zu spannen), und der Kraft, die auf eine bestimmte Richtung fortschreitet oder die seine Richtung erhält. Denn ein Körper 2 mit einer Geschwindigkeit 1 und ein Körper 1 mit einer Geschwindigkeit 2 bringen einander zum Stehen oder hindern einander fortzuschreiten. Dennoch, wenn der erste Körper ein Pfund auf zwei Fuß Höhe hochheben kann, könnte der zweite Körper ein Pfund auf vier Fuß Höhe hochheben. Dies ist widersprüchlich, aber unzweifelhaft nach dem, was wir gerade gesprochen haben. Man könnte doch dem Prinzip der Bewegungsgröße irgendeine neue Interpretation geben. Nach dieser Verbesserung mag es universell bleiben, aber es ist nicht leicht, es zu bemerken.[14]

Die Erhaltung der Bewegungsgröße als Vektor, d.h. unter Berücksichtigung der fortschreitenden Richtung, war Leibniz bekannt. Aber selbst wenn die Bewegungsgröße als vektoriell bestimmt wird, darf sie dennoch nicht als die physikalische Kraft erkannt werden. Denn die Wirkungen werden nicht dieselben bleiben, obwohl die Bewegungsgrößen in den Fällen des fallenden Körpers, $m = 1$, $v = 2$ und $m = 2$, $v = 1$, gleich sind. Außerdem bedarf eine reale Wirkung eines „absoluten" Grunds. Eine vektorielle Größe, welche von der Richtung abhängig ist, ist keine absolute Größe, die eine reale, feststehende Wirkung hervorbringen kann. Damit deutet Leibniz an, dass ein realer Grund in der Natur selbst vorhanden sein muss, um eine reale Wirkung zu erzeugen. So leitet Leibniz von

---

[13] Siehe Anm. 11. In dem von Gerhardt genannten *Essay de Dynamique*, welchen Leibniz wahrscheinlich 1692 verfasst hat, bezeichnet er die die Richtung berücksichtigende Bewegungsgröße, $m\vec{v}$, als „progrès" (GM, VI, 227). Damit hat er aus der Cartesischen momentanen Bewegungsgröße den eine bestimmte Richtung entlang im Raum „fortschreitenden" Impuls erarbeitet.

[14] GP, III, 48: „Mais c'est icy qu'on auroit pû employer utilement la distinction qu'il y a entre la force et la direction, ou plustost entre la force absolue qu'il faut pour faire quelque effect subsistant (par exemple pour elever un tel poids à une telle hauteur, ou pour bander un tel ressort à un tel degré) et entre la force d'avancer d'un certain costé, ou de conserver sa direction. Car quoyqu'un corps 2 avec une vistesse 1, et un corps 1 avec une vistesse 2 s'arrestent ou s'empechent mutuellement d'avancer, neantmoins si le premier peut elever une livre à deux pieds de hauteur, le second pourra elever une livre à quatre pieds de hauteur. Ce qui est paradoxe, mais indubitable, apres ce que nous venons de dire. On pourroit cependant donner quelque interpretation nouvelle au principe de la quantité de mouvement, et apres cette correction il demeureroit universel, mais il n'est pas aisé de s'en aviser."

einem physikalischen Problem hin zur ontologischen Grundforschung der Natur und fügt am Ende dieser Schrift noch eine Anmerkung hinzu:

Ich würde eine Anmerkung über die Konsequenzen für die Metaphysik hinzufügen. Ich habe gezeigt, dass die Kraft nicht durch die Zusammensetzung der Geschwindigkeit und der Größe berechnet werden darf, sondern durch die zukünftige Wirkung. Dennoch scheint es, dass die Kraft oder das Vermögen etwas Reales in der Gegenwart ist, die zukünftige Wirkung aber nicht. Daraus folgt, dass man in den Körpern etwas anderes als Größe und Geschwindigkeit annehmen muss, wenn man nicht jegliches Vermögen des Bewirkens in den Körpern ablehnen will.[15]

Demnach ist die Kraft etwas Reales im Körper, wie Leibniz im *Discours de métaphysique* (1686) auch betont hat.[16] Sie ist keine intuitive Zusammensetzung der extensionalen Größe und Geschwindigkeit des Körpers, sondern wird nur vermittels eines geometrischen Kalküls berechnet. M. Guéroult hat dies mit folgenden Worten zutreffend erklärt: „Das Eingreifen der Erfahrung ist notwendig [...], und man muss das einbeziehen, was die geometrische Intuition radikal übersteigt, nämlich die *zukünftige Wirkung*."[17] Die zukünftige Wirkung entzieht sich insofern radikal der geometrischen Intuition, als sie noch nicht real in der Gegenwart ist. Dennoch ist sie nicht weniger eingeschlossen im von der lebendigen Kraft „animierten" Körper. „Die abgeleitete Kraft ist der gegenwärtige Zustand selbst, sofern er einem folgenden zustrebt oder diesen im Voraus involviert, wie denn alles Gegenwärtige das Zukünftige in seinem Schoß trägt."[18] Damit hat die Kraft als etwas Reales in

[15] GP, III, 48: „J'adjouteray une remarque de consequence pour la Metaphysique. J'ay monstré que la force ne se doit pas estimer par la composition de la vistesse et de la grandeur, mais par l'effect futur. Cependant il semble que la force ou puissance est quelque chose de reel dès à present, et l'effect futur ne l'est pas. D'où il s'ensuit, qu'il faudra admettre dans les corps quelque chose de different de la grandeur et de la vistesse, à moins qu'on veuille refuser aux corps toute la puissance d'agir." Dabei verwendet Leibniz hier den neutralen Ausdruck „grandeur" anstatt des Materialität implizierenden Ausdrucks „masse", den er am Anfang der gleichen Schrift benutzt hat, um eine Assoziation der Cartesischen Ausdehnung hervorzubringen, wie Stammel richtig bemerkt hat (vgl. Stammel, *Kraftbegriff*, 165). Diese Assoziation wird vor allem dadurch bestätigt, dass Leibniz an einer anderen Stelle in der Handschrift desselben Artikels das Wort „*grandeurs*" durchgestrichen und stattdessen „*étendues*" hinzugefügt hat (vgl. Robinet, *Malebranche et Leibniz*, 250). Er scheint hier geahnt zu haben, dass der Massebegriff wichtig für die Formulierung des Kraftmaßes ist. Der auf der geometrischen Ausdehnung basierende Massebegriff von Descartes ist streng genommen gegenüber der Bewegung indifferent, was Leibniz auch zu Recht bemerkt hat (vgl. SD, I in GM, VI, 240). Nur eine träge Masse, welche der Bewegung widersteht, ist der zutreffende Massebegriff für die Formulierung des Kraftmaßes. Leibniz kannte die träge Masse. Er nannte sie „inertie naturelle" (GP, III, 94; IV, 464, 466; VI, 120; VII, 447). Jedoch hat er sie bei der Formulierung des Kraftmaßes der lebendigen Kraft nicht genug hervorgehoben.

[16] Vgl. DM, XIII in GP, IV, 444.

[17] Martial Guéroult, *Dynamique et métaphysique leibniziennes*, Paris 1934, 47: „Il faut l'intervention de l'expérience, [...] et inclure dans la formule mathématique mv^2 ce qui dépasse radicalement l'intuition géométrique, c'est-à-dire l'*effet futur*".

[18] Leibniz' Brief an De Volder vom 21. Januar 1704 in GP, II, 262: „Vis autem derivativa est

der Gegenwart einen ontologischen Status, der primärer als ihre mathematische Kalkulation ist. Leibniz eröffnet hier mit dem Gedanken der Kraft samt ihrer Verbundenheit mit der Zukunft einen Aspekt, welcher die Mechanik mit der Metaphysik zusammenbindet. Dies ist das, was sich ein ernsthafter Philosoph wünscht, worauf ein heutiger Naturwissenschaftler aber nicht unbedingt Rücksicht nehmen muss. Die Naturwissenschaftler errichten ein für sich geschlossenes Natursystem, welches durch die Erfahrung bestätigt werden muss, ohne jedoch wissen zu wollen, wie dieses System metaphysisch begründet werden soll. Dies sei nun nicht mehr die Aufgabe der „Wissenschaft". Andererseits ist aber eine physikalische Lehre, die metaphysisch unbegründet ist, für einen Philosophen gemäß der rationalen Überlegung mystisch oder zumindest unvollständig. Der Hinweis auf die Metaphysik, die Leibniz in seinen Streitschriften um das Kraftmaß immer wieder hervorhebt, zeigt gerade, dass sein Interesse an der Naturerklärung viel weiter reicht als das eines Naturwissenschaftlers. In seiner Kontroverse mit Denis Papin, den Leibniz als ehemaligen Assistenten von Huygens während seines Parisaufenthalts bereits kennengelernt hatte[19], findet man wieder eine Vielzahl an metaphysischen Forderungen, die der gleichen Problematik der Kraftberechnung entspringen. Dies soll im folgenden Abschnitt aufgezeigt werden. Die Auseinandersetzung mit Abbé Catelan in den *Nouvelles de la République de Lettres* dauerte nur bis September 1687, danach war sie beendet, da Abbé Catelan zu Leibniz' zweiter Entgegnung schwieg.

1.2.2. Die Kontroverse mit Denis Papin

Die Kontroverse mit Papin fing erst drei Jahre nach der Veröffentlichung der *Brevis demonstratio* an. Im April 1689 erschien in den *Acta eruditorum* zu Leipzig ein Artikel von Papin unter dem Titel *De gravitatis causa et proprietatibus observationes.*[20] In dieser Schrift, deren Zweck eigentlich nicht die Kritik an Leibniz' Kraftberechnung war, meint Papin, dass, ähnlich wie schon bei der Kontroverse zwischen Leibniz und Abbé Catelan, die bewegende Kraft nicht, wie Leibniz selber glaubt, nach dem Fall- oder Steigweg berechnet werden solle, sondern nach der Fall- oder Steigzeit. Sein Argument gründet sich auf die Cartesische Wirbeltheorie. Er versucht zunächst, einen Ausweg aus einer Schwierigkeit bei dieser Theorie zu finden. In ihr hat Descartes nämlich die Gravitation dadurch erklärt, dass die feine, wirbelnde Materie die festen Körper zum Erdzentrum drücke, während sie durch die Drehung der Erde hinweggetrieben werde. Die Schwierigkeit liegt darin, dass die schweren Körper seiner Theorie

ipse status praesens dum tendit ad sequentem seu sequentem prae-involvit, uti omne praesens gravidum est futuro."

[19] Vgl. A, III,5, XXXVI.

[20] *Acta eruditorum*, April 1689, 183–188.

zufolge nicht zum Erdzentrum, sondern zur Erdachse hin getrieben werden müssten, da die Erde sich um ihre eigene Achse dreht. Die feine, wirbelnde Materie werde nach der Cartesischen Theorie nicht vom Erdzentrum weggetrieben, sondern von der Erdachse. Daher stellt Papin seine Hypothese auf die folgende Weise dar, um die Schwierigkeit zu lösen: Wenn die wirbelnde Materie sich mit einer unverhältnismäßig größeren Geschwindigkeit bewegen würde, als die Erde sich um ihre Achse dreht, sodass die Erde als ruhend betrachtet werden könnte, würden die schweren Körper zum Erdzentrum hingetrieben, was die Erfahrung bestätigt. Damit knüpft er zugleich an der Kritik von Leibniz' Kraftberechnung an: Wenn nun die Geschwindigkeit der wirbelnden Materie unverhältnismäßig groß sei, dann erhalte ein Körper immer gleich viele Stöße innerhalb einer bestimmten Zeit, ungeachtet dessen, ob der Körper sich in Ruhe oder in Bewegung befindet, weil die Geschwindigkeit der feinen Materie unverhältnismäßig größer sei als die möglichen Bewegungen des Körpers. Das bedeutet zugleich, dass die Zeit der einzig entscheidende Faktor für die Menge der Anstöße der Feinmaterie sei. Außerdem glaubt Papin, dass beim Beispiel in der *Brevis demonstratio* die bewegende Kraft nach der Überwindung jener wirbelnden Feinmaterie berechnet werden müsse. Denn ein gegen die Gravitation gehobener Körper muss nach der Cartesischen Hypothese immer die Anstöße der Feinmaterie überwinden. Der Widerstand der Feinmaterie ist wiederum von der Menge ihrer Stöße abhängig. Damit verhält sich die bewegende Kraft wie die Zeit, nicht wie die Strecke. Denn die Menge der Stöße ist allein von der Zeit abhängig, nicht von der Strecke, wie es sich oben in seiner Theorie ergibt. Die Zeit verhält sich nach dem Galileischen Fallgesetz wiederum wie die Geschwindigkeit. Daher meint Papin, dass die Cartesische Bewegungsgröße die richtige Kraftberechnung sei.

Auf Papins Einwand antwortete Leibniz im März 1690 mit einem Artikel in den Leipziger *Acta eruditorum* unter dem Titel *De causa gravitatis et defensio sententiae autoris de veris naturae legibus contra Cartesianos.*[21] Er erwiderte zum einen, dass sein Beweis über die richtige Kraftberechnung sich nicht auf irgendeine Hypothese stütze, sondern absolut auf die Wahrheit selbst. Außerdem weist er darauf hin, dass er einen apriorischen Beweis, der direkt auf Vernunft gegründet sei und damit auch die Wahrheit beanspruche, in den *Dynamica* geben werde, welche er bereits 1689 während seines Romaufenthaltes geschrieben hatte, die aber zu seinen Lebzeiten nicht zum Druck gekommen sind.[22] So schreibt er in seiner Erwiderung zu Papin: „Einen absoluten Beweis dieser Wahrheit werden wir in unsrer Dynamik apriorisch geben, und zwar ohne Hypothese."[23] Auf den apriorischen Beweis der Kraftmessung

21 GM, VI, 193–203.

22 Vgl. A, VI,4, 2077; Pierre Costabel, *Leibniz et la Dynamique*, Paris 1960 (= *Leibniz*), 19.

23 GM, VI, 195: „Absolutam autem hujus veritatis demonstrationem dabimus a priori in Dynamicis nostris, nulla hypothesi adhibita."

soll im 4. Kapitel eingegangen werden. Hier geht es darum zu zeigen, dass Papin Leibniz zufolge die wahre Kraftberechnung nicht anhand einer hypothetischen Theorie beweisen oder widerlegen dürfe. Zum anderen warnte Leibniz, dass es eine freie Entscheidung sei, auf Grund welcher Wirkung die physikalische Kraft zu definieren sei. Man gerät leicht in einen Wortstreit, wenn man nicht auf die gemeinsame Annahme achtet, dass die Kraft im Universum erhalten bleiben muss. Um den Wortstreit eventuell zu vermeiden, so glaubt Leibniz, würde ja nichts Einfacheres zu tun sein als zu zeigen, dass durch die falsche Annahme der Kraftbestimmung ein mechanisches *perpetuum mobile* entstünde, nämlich dass die Bewegung in einem geschlossenen System ohne Einfluss von außen zunehmen könne, was nach Leibniz absurd ist.

Aber vor allem muss die Gelegenheit zu einem Wortstreit ausgeschlossen werden; denn es wird welche geben, die sich erlauben zu sagen, dass die Kraft durch die Bewegungsgröße bestimmt sei und dass, wenn die Geschwindigkeit des Körpers verdoppelt wird, seine Kraft auch verdoppelt ist; ich verneine jemandem diese Freiheit nicht, von der ich forderte, dass sie mir selbst gestattet wird. Weil die Kontroverse für uns jedoch eine sachliche ist, ob die Bewegung erhalten bleibt oder vielmehr dieselbe Größe der Kraft im Sinne, wie sie von mir aufgefasst wird, d.h. nicht im Verhältnis der Schwere und Geschwindigkeit, sondern von Schwere und Höhe, bis zu welcher ein Körper von einem Kraft besitzenden und hintreibenden Körper hochgehoben werden kann, so sind wir leicht über die Wortstreitigkeiten hinauszuführen. Daher werde ich die ungleiche Kraft zu haben an diesem Ort definieren, wenn der eine Körper an die Stelle des anderen gesetzt werden dürfte und eine mechanische, immerwährende Bewegung daraus entstehen könnte.[24]

Um ein Beispiel für die Absurdität der Entstehung eines mechanischen *perpetuum mobile* zu geben, konstruiert Leibniz sodann ein Gedankengebäude, in dem die Kraft nach der Cartesischen Bewegungsgröße berechnet wird und ein *perpetuum mobile* unvermeidlich ist.[25] Auf diese Weise beweist Leibniz durch die Methode der *reductio ad absurdum* die Unmöglichkeit der Cartesischen Kraftberechnung. Die genaue gedankliche Konstruktion und das Problem, welches Papin darin gefunden hat, werden hier nicht weiter verfolgt. Dies haben bereits andere getan.[26] Für die vorliegende Studie sind die Anmerkungen wichtig,

---

[24] GM, VI, 199: „Sed ante omnia logomachiae excludenda occasio est; erunt enim, qui sibi permissum dicent vim definire per quantitatem motus, et duplicata corporis dati celeritate, vim ejus duplicatam dicere; neque hanc ego libertatem cuiquam nego, quam mihimet concedi postulo. Sed cum controversia nobis sit realis, utrum scilicet motus conservetur, an vero potius eadem quantitas virium eo sensu, prout a me accipitur, id est in ratione composita non ponderis et celeritatis, sed ponderis et altitudinis, per quam corpus ab agente vim habente attolli potest, facile de verbis transigemus. Itaque vim inaequalem habere hoc loco definiam, quorum unum si surrogare liceret in alterius locum, oriri posset motus perpetuus mechanicus."

[25] Zu diesem Gedankengebäude siehe Szabó, *Geschichte der mechanischen Prinzipien*, 67 f.

[26] Siehe die Arbeiten von Zwerger, *Die lebendige Kraft*, und Stammel, *Kraftbegriff.*

die Leibniz am Ende jener Schrift hinzugefügt hat. Darin versucht er zu erklären, woher der Irrtum der Cartesischen Kraftberechnung stammt.

Aber die meisten Gelehrten hat das Vorurteil, das sie von der Schule mitgenommen haben, getäuscht, wo man Bewegung und Geschwindigkeit (Bewegungsgrade) gleichsam als eine gewisse reelle und absolute Entität in den Dingen auffasst [...]. Deshalb scheint es ihnen erstaunlich, dass die Bewegungsgröße ohne ein Wunder des schaffenden oder vernichtenden Gottes vermehrt oder vermindert werden kann. Aber die Bewegung besteht in einer gewissen Hinsicht. Sie existiert streng genommen niemals, und sie ist wie die Zeit, wie alle anderen Ganzen, deren Teile nicht zugleich existieren können. Daher darf es weniger verwunderlich sein, dass ihre Größe sich nicht erhält. Aber die bewegende Kraft selbst (oder der Zustand der Dinge, aus welchem der Ortswechsel entsteht) ist ein gewisses Absolutes und Feststehendes, für dessen Größe die Natur nicht zu sorgen braucht. Daher lernen wir noch, dass irgendein Anderes in den Dingen sei als Ausdehnung und Bewegung, was von so großer Bedeutung ist, wie die Kundigen wissen. Und wenn es auch auf den ersten Blick scheint, als werde mit der Verdopplung der Geschwindigkeit eines Körpers auch seine Kraft verdoppelt, so kann es doch nicht zugelassen werden.[27]

Leibniz war der Meinung, dass die Bewegungsgröße von vielen irrtümlicherweise als etwas Unveränderliches im Universum gedacht werde, weil ihnen die Bewegung selbst als ein Feststehendes gilt. Die Bewegung wurde nämlich als ein *per se* Existierendes betrachtet, welches nur durch die Schöpfung Gottes hervorgebracht wurde oder durch ihn vernichtet werden könne. Dagegen glaubte Leibniz, dass die Bewegung, ähnlich wie die Zeit, ein Relativum ist, da ihre Teile nicht zugleich existieren können.[28] Sie existiert in jedem Zeitmoment nicht als ein Ganzes und besteht nur unter der Berücksichtigung der vorherigen und zukünftigen Teile.[29] Andererseits ist die Bewegung bekanntlich dadurch

---

[27] GM, VI, 202: „Plerosque autem doctissimos alioqui Viros decepit praejudicium ex schola, quo concipiunt motum et celeritatem (motus gradum) tanquam realem quandam et absolutam in rebus entitatem [...]. Unde mirum ipsis videtur, augeri vel minui posse quantitatem motus sine miraculo Dei creantis vel annihilantis. Sed motus in respectu quodam consistit, quin et cum rigide loquendo nunquam existat, non magis quam tempus, aliaque tota, quorum partes simul esse non possunt, eo minus mirum esse debet, quantitatem ejus eandem non conservari. Sed vis ipsa motrix (seu status rerum, unde mutatio loci nascitur) est absolutum quiddam et subsistens, ejusque adeo quantitatem a natura non curari. Unde etiam discimus aliquid aliud in rebus esse, quam extensionem et motum, quod quanti momenti sit, sciunt intelligentes. Etsi autem prima specie videatur, duplicata celeritate ejusdem corporis, duplicare et vim ejus, admitti tamen hoc non potest."

[28] Vgl. SD, I, in GM, VI, 235: „Nam motus (perinde ac tempus) nunquam existit, si rem ad *ἀκρίβειαν* revoces, quia nunquam totus existit, quando partes coexistentes non habet"; A, VI,4, 1638: „Motum non esse absolutum quiddam, sed relativum Aristoteles et Cartesius consentiunt"; Leibniz' Fünftes Schreiben an Clarke in GP, VII, 402.

[29] Bereits 1671 in der *Theoria motus abstracti* wies Leibniz darauf hin, dass die Teile der Bewegung immer auch Bewegungen sind, da die Bewegung an sich ein Kontinuum ist. Die Analyse einer Bewegung kann unendlich weitergeführt werden. Es gibt kein minimales Teil in einer Bewegung. Wenn man die Bewegung in jedem Augenblick betrachtet, gibt es also keine Bewegung. Da aber die Zeit streng genommen nur im Augenblick präsent ist, meint daher Leibniz, dass die Bewegung niemals im Augenblick der Gegenwart existiert. Jedoch

relativ, dass sie sich immer auf ein Objekt bezieht. Innerhalb eines geschlossenen physikalischen Systems ist es unmöglich, die Bewegung irgendeinem Körper mit Sicherheit zuzuschreiben, da das Bezugsobjekt im System beliebig ist. Wir können nur mit Sicherheit sagen, ob innerhalb eines Systems die Bewegung stattfindet. Das Subjekt der Bewegung ist nicht das individuelle Objekt im System, sondern das System selbst.[30] Aus diesen Gründen könne die Größe (*quantitas*) der Bewegung Leibniz zufolge nicht wie die Größe eines Feststehenden im ganzen Universum erhalten bleiben. Sie ist nicht wie z. B. ein Haus oder irgendwelche ähnlichen Körper, deren Größe sich nicht verändert, wenn nichts zu ihnen hinzugefügt oder von ihnen weggenommen wird. Diese scheinbare Schlussfolgerung ist auf den ersten Blick nicht unproblematisch. Denn die Cartesische Bewegungsgröße (*quantitas motus*) bezeichnet schließlich nicht die „Quantität" der Bewegung als die gesamte Summe eines Feststehenden, sondern durch die Anwendung dieses Begriffs soll allein die Stärke einer Bewegung quantitativ bestimmt werden. Sie wird mithilfe einer mathematischen Größe festgestellt, genau wie die Formel mv^2 auch eine mathematische Größe ist, durch welche die bewegende Kraft nach Leibniz' Berechnung quantitativ bezeichnet wird. Aus welchem Grund könnte es dann sein, dass die Cartesische Bewegungsgröße nicht erhalten wird, die Leibniz'sche Kraftberechnung hingegen durch die Formel mv^2 eine Größe sein muss, die erhalten bleibt?

Die Antwort auf diese Frage liegt offensichtlich allein darin, dass die Kraftberechnung durch die Leibniz'sche Formel mv^2 keine Berechnung der Größe der Bewegung selbst ist, die ja niemals koexistierende Teile hat, sondern die Berechnung der Größe der Wirksamkeit im Körper, die durch die Stärke der Wirkung, die sich aus der gesamten Bewegung ergibt, gemessen wird. Daher muss sie sich als etwas Feststehendes und Absolutes im Universum erhalten. Was ist nun aber der eigentliche Grund dafür, dass die Cartesische Bewegungsgröße sich nicht erhalten kann? Was ist die Bewegungsgröße überhaupt hinsichtlich der Bewegung? Zur Beantwortung dieser Frage muss man im Prinzip das Wesen der Cartesischen Bewegungsgröße erforschen. Dies ist auch das Ziel der vorliegenden Arbeit. Um es vorwegzunehmen, möchte ich hier nur darauf hinweisen, dass Leibniz den Cartesischen Fehler in der Abhandlung *Specimen dynamicum*, die er 1695 veröffentlicht hat, noch klarer dargelegt hat. Wir können die obige Betrachtung mit der Darlegung im *Specimen dynamicum* verbinden. Die Bewegungsgröße von Descartes stellt nämlich dort nach Leibniz die Intensität der momentanen bzw. gegenwärtigen Bewegung dar, welche Leibniz,

---

glaubt er gleichwohl, dass die Bewegung einen Anfang und ein Ende in der Zeit haben kann. Sie werden anhand des Begriffs „*conatus*" als ein Drang zur Bewegung erklärt. Jener „*conatus*" geht durch die ganze Bewegung hindurch, sodass bei keinem ihrer Moment die Aktivität fehlt. Vgl. A, VI,2, 265.

[30] Vgl. A, VI,4, 1968, 1970.

im Unterschied zu der gesamten Bewegung (*motus*), *motio* nennt.[31] Somit erfasst die Bewegungsgröße nur die Intensität der gegenwärtigen Bewegung als ein bloßes Element der ganzen Bewegung. Dies entspricht der Sichtweise, dass die Bewegung als ein Relativum in der Zeit keine zugleich existierenden Teile hat. Sobald das nächste Moment der Bewegung entsteht, existiert das vorherige Moment der Bewegung nicht mehr. Man kann daher nur die Größe der momentanen Bewegung intuitiv erfassen oder ermessen, nicht aber die gesamte Bewegung, die während der ganzen Zeit abgelaufen ist. Der Grund, warum die Bewegungsgröße sich nicht erhalten kann, lässt sich schließlich also darauf zurückführen, dass der rationale Grund für die Erhaltung der Bewegungsgröße fehlt. Sowohl die Bewegung selbst, die Leibniz als ein „streng genommen niemals Existierendes" bezeichnet, als auch ihre momentane Größe haben keine rationale Grundlage, um eine universale Erhaltung zu erlangen. Allein wenn man in der Bewegung den kausalen Grund der realen Wirkung sieht, könnte eine bewegende Kraft als ihr realer Zustand (*status*) in den Dingen festgestellt werden, welche die Ursache jener Wirkung sein muss.[32] Sie gleicht einem absolut Feststehenden und kann daher in ihrer Größe im ganzen Universum erhalten bleiben. Selbst die Bewegung ist dann erst aus jener bewegenden Kraft heraus möglich. Damit wird die Bewegung nicht mehr als eine bloße Illusion gesehen, die eines *Deus ex machina* bei jedem Zeitmoment bedarf, um sie als einen phänomenalen Schein zu bewirken. Die reale, bewegende Kraft verändert die lokalen Zustände des Körpers kontinuierlich in der Zeit, sie kann als ein feststehender Moment (*subsistens*) des Körpers angesehen werden, und außerdem muss sie wesentlicher als die Ausdehnung und die Bewegung selbst sein, weil sowohl die Ausdehnung als auch die Bewegung in gewisser Weise relativ und nur scheinbare Phänomene sind. Auf die Kritik Leibniz' an der Ausdehnung und Bewegung als etwas Absolutes wird später noch näher eingegangen. Hier geht es darum, die Auseinandersetzung zwischen Papin und Leibniz weiterzuverfolgen, um einige Differenzen zwischen der Cartesischen und der Leibniz'schen Position über die Kraftberechnung noch deutlicher vor Augen zu führen.

Nach der obigen Antwort von Leibniz erschien nun Papins zweite Entgegnung im Januar 1691 unter dem Titel *Mechanicorum de viribus motricibus sententia, asserta a D. Papino adversus Cl. G. G. L. objectiones* in der gleichen Zeitschrift.[33] Er verdeutlichte darin seine Ansicht, dass die Wirkung der bewegenden Kraft weder durch den zurückgelegten Weg noch durch die Zeit-

---

[31] Vgl. SD, I, in GM, VI, 237: „ita possemus praesentaneum seu instantaneum motus elementum ab ipso motu per temporis tractum diffuso discernere et appellare Motionem; atque ita quantitas motionis discetur, quae vulgo motui tribuitur."

[32] Vgl. GP, IV, 523: „Et quant au mouvement, ce qu'il y a de reel, est la force ou la puissance, c'est à dire, ce qu'il y a dans l'estat present, qui porte avec soy un changement pour l'avenir. Le reste n'est que phenomenes et rapports."

[33] *Acta eruditorum*, Januar 1691, 6–13.

dauer, sondern allein durch den Widerstand, den ein bewegter Körper überwinden muss, gemessen werden sollte. Beim Leibniz'schen Beispiel in der *Brevis demonstratio* sei der Widerstand eines gehobenen Körpers nach der Cartesischen Wirbeltheorie, welche er als richtig postuliert, der Steigzeit jenes gehobenen Körpers proportional. Daher hält Papin die Cartesische Kraftberechnung für richtig. Außerdem verneint er die reale Möglichkeit der vollständigen Kraftübertragung bei Leibniz' Gedankenexperiment. Diese Widerlegung hat Leibniz in seiner nächsten Entgegnung, die im September 1691 unter dem Titel *De legibus naturae et vera aestimatione virium motricium contra Cartesianos. Responsio ad rationes a Dn. Papino mense Januarii anni 1691 in Actis eruditorum propositas*[34] erschien, als unzureichend und irrelevant zurückgewiesen. Dazu unterstrich Leibniz wieder den metaphysischen Aspekt seiner Kraftberechnung.

Ich berechne aber [...] die Größe des Widerstands oder der Wirkung nicht nach den Geschwindigkeitsgraden, d. h. nach den modalen oder unvollständigen Entitäten, sondern nach den Substanzen oder realen absoluten Entitäten; sodann glaube ich, dass der Grundirrtum der Gegenpartei in der Vernachlässigung dieses Umstandes besteht. [...] Bei dieser Beurteilungsargumentation werden die Kräfte auf ein Maß zurückgeführt, das sich immer gleich bleibt und bloß wiederholt, und es wird sich ergeben, dass die Berechnung, welche nach einem beliebigen Maß gemacht wurde, auch nach irgendeinem anderen Maß sich ergibt. Andernfalls gibt es in der Natur kein Gesetz. Das ergibt sich aber nicht, es kämpft vielmehr gegen sich bei der Berechnung nach Geschwindigkeitsgraden, von der ich gezeigt habe, dass sie mit anderen unter sich übereinstimmenden Arten zu messen unmöglich übereinstimme; der wahre und tiefste Grund besteht darin, dass man so, genau gesprochen, gar kein wahres und reelles Maß anwendet. [...] Daher ist offenkundig, dass die Geschwindigkeit von der Aufgabe, die Kräfte zu messen, von mir nicht ausgeschlossen wird. Ich zeige nämlich, dass, was erst zu ihrer Bestimmung beigebracht wird, wie eine Feder von gegebener Spannung, ein Gewicht von gegebener Größe und Erhebung, ein Körper von gegebener Masse und Geschwindigkeit usw. von der Wirkung ebenso geleistet werden kann wie von der Ursache und umgekehrt. Und wenn ich erst dann ein reelles Maß der Kräfte annehme, so finde ich doch mit den übrigen eine Übereinstimmung. Sobald aber nur ein modales Maß angenommen wird, z. B. der Geschwindigkeitsgrad, welcher wiederhergestellt wird ohne eine Wiederherstellung der Körper (freilich ist gemeint, dass die Kräfte zweier gleicher Körper sich wie ihre Geschwindigkeiten verhalten), kommen wir zu Absurditäten und verlieren oder gewinnen einen Teil der Kraft ohne Ursache.[35]

---

[34] GM, VI, 204–211.

[35] GM, VI, 209–211: „Ego vero [...] quantitatem resistentiae seu effectus non aestimo gradibus velocitatis, hoc est entibus modalibus sive incompletis, sed substantiis seu realibus absolutis; atque in hoc neglecto *πρῶτον ψεῦδον* adversae partis consistere arbitror [...]. Hac aestimandi ratione vires reducuntur ad quandam mensuram, semper sibi congruam tantumque repetendam, et eveniet ut aestimatio, facta secundum unam mensuram pro arbitrio electam, succedat etiam secundum aliam quamcunque; alioqui natura careret legibus. Ast haec non succedunt, sed invicem pugnant in aestimatione per gradus velocitatis replicatos, quam ostendi cum aliis irrefragabilibus et semper inter se consentientibus aestimandi modis non consentire; cujus rei vera atque intima causa est, quod sic nulla, accurate loquendo, vera et realis mensura adhibetur. [...] Unde patet, velocitatem ab aestimandarum virium officio a me non

Leibniz wiederholt hier sein metaphysisches Hauptargument, dass die Kräfte in der Natur ohne Verlust oder Vermehrung wiederholt werden müssten. Sie werden auf verschiedene Weise wieder erzeugt, wie z.B. durch aus einer bestimmten Höhe fallende Körper oder durch eine gespannte Feder. Daher haben wir auch verschiedene Möglichkeiten, die Kräfte zu messen. Dennoch müssen sie miteinander austauschbar sein. Außerdem müssen Wirkung und Ursache äquivalent sein. Mit anderen Worten, die von einer bestimmten Ursache hervorgebrachte Wirkung muss die ursprüngliche Ursache wiederherstellen können.[36] Wichtig ist hier zu sehen, dass die metaphysischen Argumente, ausgehend von der ersten, an Abbé Catelan gerichteten Entgegnung bis zu der obigen, letzten öffentlichen Entgegnung gegenüber Papin immer reicher sind und genauer aufgebaut werden. Leibniz zeigt immer deutlicher, dass sein Kraftmaß ein reelles und absolutes Maß ist, das Cartesische dagegen ein „modales" oder „unvollständiges"[37]. Er wiederholt seine Meinung, wie in den Schriften gegen Abbé Catelan bereits zu sehen war, dass sowohl die Cartesische Ausdehnung als auch die Geschwindigkeit und die Bewegung selbst modale und unvollständige Entitäten seien. Dagegen fußt seine Kraftberechnung auf einer realen Basis. Sie kann aber auf die Geschwindigkeit zurückgeführt werden. In der Tat ist diese Rückführung die „einzige Zuflucht"[38], wodurch wir die Kraft messen können. Dies ist der metaphysische Hintergrund der Unvereinbarkeit überhaupt zwischen seiner und der Cartesischen Kraftberechnung. Daraus ist zu ersehen, dass die Kontroverse um das Kraftmaß nicht allein ein Problem des physikalischen Kraftbegriffs war, sondern dass es Leibniz darum ging, die Bewegungsabläufe der Natur metaphysisch bzw. rational zu begründen. Dieses Interesse reicht viel weiter als dasjenige der damaligen Naturwissenschaftler. Die Differenz in der Betrachtungsweise scheint zumindest ein wichtiger Grund zu sein, warum diese Uneinigkeit über so lange Zeit bestand. Hierauf soll auch das Augenmerk der

---

excludi: ostendo enim, quicquid demum ad ipsarum determinationem afferatur, ut elastrum datae tensionis, pondus datae magnitudinis et elevationis, corpus datae molis et velocitatis etc. unum vel plura, si a causa possint praestari aut exhiberi, posse etiam exhiberi ab effectu, et vicissim. Et quamcunque demum realem virium mensuram assumo, semper consensum reperio etiam pro reliquis. Sed ubi modalis quaedam mensura assumta est, gradus verbi gratia velocitatis replicandus sine replicatione corporis (statuendo nimirum duorum corporum aequalium vires esse ut velocitates), illico induimur in absurditates, et sine causa vel amittimus partem potentiae vel lucramur."

[36] Vgl. Brief an Des Billettes vom 11./21. Oktober 1697 in GP, VII, 455: „Ma maxime fondamentale des Mecaniques tirée de la Metaphysique est, que la cause et l'effect entier sont tousjours equivalens, ensorte que l'effect, s'il y estoit tourné tout entier, pourroit tousjours reproduire sa cause precisement, et ny plus ny moins."

[37] Vgl. Brief an Arnauld vom 14. Januar 1688 in A, II,2, 274: „Mais la force est quelque chose de reel et d'absolu, et son calcul estant different de celuy du mouvement, comme je demonstre clairement, il ne faut pas s'étonner que la nature garde la même quantité de la force et non pas la même quantité du mouvement."

[38] Brief an De Volder vom 1. September 1699 in GP, II, 191: „unice recursus".

weiteren Teile der vorliegenden Studie liegen. Bevor weitere Überlegungen über den Kraftbegriff von Descartes und Leibniz noch eingehend angestellt werden, erscheint es von Nutzen, die naturwissenschaftliche Betrachtungsweise und ihren Lösungsvorschlag hinsichtlich der Kontroverse von damals bis heute kurz zusammenzufassen. Anschließend wird über den aktuellen Forschungsstand berichtet. Die Kontroverse zwischen Leibniz und Papin wurde nicht etwa im Jahr 1691 beendet, sondern danach noch privat bis 1696 fortgesetzt, ohne dass jedoch eine Einigung zwischen den beiden Kontrahenten erreicht worden wäre.

1.3. Die naturwissenschaftlichen Betrachtungsweisen der Kontroverse, ausgehend von D'Alembert bis heute

Die Beilegung der Kontroverse über die Kraftberechnung wird traditionell der Arbeit von Jean d'Alembert (1717–1783) zugeschrieben.[39] Im Vorwort zum *Traité de dynamique*, welcher im Jahr 1743 erschien, schreibt D'Alembert, dass der Disput zwischen den Leibnizianern und den Cartesianern nichts anderes als ein bloßer Wortstreit („une dispute de mots"[40]) sei. Sich mit einem derartigen Streit zu befassen, sei der Philosophen absolut unwürdig. So lautet auch heute die vorherrschende Meinung vieler Physiker und der sich mit der Mechanik befassenden Historiker.[41] Nach der neuen historischen Forschung wird jedoch der Einfluss von D'Alembert überschätzt. Denn einerseits war die Kontroverse bereits zuvor als Wortstreit bezeichnet worden, andererseits war sie nach D'Alemberts Äußerungen auch nicht beendet.[42] Das Gewicht seines Beitrags liegt vielmehr darin, dass er kontinuierlich eine besondere Aufmerksamkeit auf die Bei-

---

[39] Vgl. unter anderem Ernst Mach, *Die Mechanik*, Darmstadt 1963, 289. Mach folgt der Meinung von D'Alembert und bezeichnet die Kontroverse als „Missverständnisse"; siehe dazu Laudan, „Vis viva Controversy", 131.

[40] Jean D'Alembert, *Traité de dynamique*, Paris 1743, XXI.

[41] Vgl. Max Jammer, *Concepts of Force. A Study in the Foundation of Dynamics*, New York 1999 (= *Concepts of Force*), 165: „[...] it was essentially a mere battle of words, since the disputants discussed different concepts under the same name"; Norbert Schirra, *Die Entwicklung des Energiebegriffs und seines Erhaltungskonzepts*, Frankfurt am Main 1991 (= *Entwicklung des Energiebegriffs*), 63; István Szabó, *Geschichte der mechanischen Prinzipien und ihrer wichtigen Anwendungen*. Zweite, neubearbeitete und erweiterte Auflage, Basel ²1979 (= *Geschichte der mechanischen Prinzipien*), 70.

[42] Vgl. Laudan, „Vis viva Controversy", 131; Carolyn Iltis, „D'Alembert and the Vis viva Controversy", *Studies in History and Philosophy of Science* 1/2 (1970), 135–144 (= „D'Alembert"), hier 135; Thomas L. Hankins, „Eighteenth-Century Attempts to Resolve the Vis viva Controversy", *Isis* 56/3 (1965), 281–297, hier 287 f., 291. Daniel Bernoulli (1700–1782) und Roger Boscovich (1711–1787) hatten beispielsweise bereits zuvor durch rein mathematische Analyse, unvermengt mit einem metaphysischen Interesse, gezeigt, dass sowohl die Leibniz'sche als auch die Cartesische Kraftmessung legitime Größen sind. Ihr Beitrag zur Beilegung der Kontroverse hatte jedoch nur einen beschränkten Einfluss im Vergleich zum bekannten Diktum von D'Alembert. Zu diesem Thema siehe Schirra, *Entwicklung des Energiebegriffs*, 64.

legung der Kontroverse lenkte. Nicht nur im *Traité de dynamique* bezeichnete er die Kontroverse als sinnlos, sondern er verfasste auch als einer der Mitarbeiter der bekannten *Encyclopédie*, die zwischen 1751 und 1780 unter der Leitung von Diderot veröffentlicht wurde, im 7. Band den Artikel „force“, in dem er die Kraftbegriffe hinsichtlich ihrer Anwendung in der Physik ausführlich erklärte.

Will man den Inhalt jenes Versuchs, den Streit beizulegen, den D'Alembert und viele andere Naturwissenschaftler unternommen haben, zusammenfassen, so könnte man ihn etwa wie folgt wiedergeben: Nehmen wir einerseits die Zeitdauer, die ein bewegter Körper braucht, um seine Bewegung unter einer gleichmäßigen Hemmung anzuhalten, als das Maß für die Kraft der Bewegung, so ist sie der ursprünglichen Geschwindigkeit proportional. Damit haben die Cartesianer recht. Die Bewegungsgröße (mv) ist nun das Maß für die Kraftberechnung. Nehmen wir andererseits die Distanz, welche ein bewegter Körper braucht, um seine Bewegung unter einer gleichmäßigen Hemmung anzuhalten, als das Maß für die Kraft der Bewegung, so ist sie dem Quadrat der ursprünglichen Geschwindigkeit proportional. So haben die Leibnizianer ebenfalls recht.[43] Auf diese Weise scheint es, dass beide Parteien in ihrem Recht bestätigt werden können. Der Grund des langen Streits scheint daher nur in einer Begriffsverwirrung zu liegen. Sowohl durch die Geschwindigkeit als auch durch das Quadrat der Geschwindigkeit kann eine bestimmte, messbare Wirkung der Bewegung quantitativ bestimmt werden. Der Streit fußte nämlich auf der Äquivokation des Kraftbegriffs. Solange die Möglichkeit, die Kraftwirkung zu messen, zweierlei ist, wird die Kraftberechnung auch zweifach sein. Daher entstanden in der Geschichte der Mechanik parallel zueinander zwei legitime Kraftbegriffe – „*vis motrix*“ (die sich nach Cartesischer Bewegungsgröße orientierende, Newton'sche Variante der momentanen Kraftberechnung) und Leibniz' „*vis viva*“ –, ohne jedoch die Entstehung des Konflikts durch die unterschiedlichen metaphysischen Grundideen zu hinterfragen. Sie wurden ohne wesentliche Probleme parallel in der Mechanik bis in die Mitte des 19. Jahrhunderts anerkannt. Erst als der Begriff der universellen „Energie“ durch die For-

---

[43] Eine moderne mathematische Darstellung, welche die beiden Kraftberechnungen als zulässige Methoden der Wirkungsmessung darlegt, ist in Jammer, *Concepts of Force*, 165; Szabó, *Geschichte der mechanischen Prinzipien*, 70 und Stammel, *Kraftbegriff*, 149 f. zu finden. Man kann das Problem durch die Newton'sche Definition der Kraft mathematisch wie folgt lösen, damit die beiden Messungen berechtigt sind. Die Cartesische Kraftmessung verhält sich zur Newton'schen Kraft $\vec{F}$ durch eine Integration über die Zeitdauer:

$$\int \vec{F} d\vec{t} = \int m \frac{d\vec{v}}{dt} dt = \int m d\vec{v} = \mathrm{mv}.$$

Die Leibniz'sche verhält sich zur Newton'schen Kraft durch eine Integration über den zurückgelegten Weg:

$$\int \vec{F} d\vec{s} = \int m \frac{d\vec{v}}{dt} d\vec{s} = \int m\vec{v} d\vec{v} = (1/2)\mathrm{mv}^2.$$

schung auf dem Gebiet der Chemie und des Elektromagnetismus in die Physik eingeführt wurde, wurde Leibniz' lebendige Kraft mit einem hinzugefügten Proportionalitätsfaktor „$\frac{1}{2}$" in „kinetische Energie" umbenannt. Sie ist, wie Leibniz dargestellt hat, eine unzerstörbare Größe in der Natur, wenn sie auch nur in eine andere Form umgewandelt werden kann (z. B. in Wärme etc.), sodass sie verändert zu sein scheint. Durch diese Aufdeckung des so genannten Energieerhaltungsgesetzes verschwand die *Vis-viva*-Kontroverse endgültig aus der Diskussion in der Mechanik. Wenn wir mit dem heutigen Verständnis der Mechanik auf die Kontroverse um *vis viva* zurückblicken, so erscheint sie innerhalb der Mechanik nichts anderes als ein merkwürdiger, unsinniger Wortstreit.

Eine derartige abwertende Darstellung der Kontroverse zwischen Descartes und Leibniz ist dennoch unseres Erachtens der Sache selbst unangemessen, und man tut auch den damaligen Wissenschaftlern unrecht. Mit der neuen Veröffentlichung der historischen Dokumente gibt es nun wieder Versuche, jene Kontroverse anders zu beurteilen. Beispielsweise zeigt Marshall Spector in seinem Artikel „Leibniz vs. the Cartesians on Motion and Force", dass Leibniz' Argumente physikalisch gut begründet sind. Es war also kein bloßer Streit um die nominale Definition der Kraft. Leibniz' Verständnis der dynamischen Prinzipien reichte nach Spector viel tiefer als das von Descartes. Sein Hauptargument, um Leibniz zu verteidigen, wird von Leibniz selbst bereits in seiner ersten Entgegnung auf Abbé Catelans Widerlegung angedeutet, nämlich, dass sich die Cartesische Bewegungsgröße in der Tat nicht erhalten kann, wenn die Geschwindigkeit des Körpers nicht in eine vektorielle Größe umgeändert wird. Dies bleibt aber angesichts des Kraftbegriffs ungereimt. Denn die bewegende Kraft als der Grund der Bewegung muss eine absolute Größe sein. Es ist nämlich absurd zu behaupten, dass die gesamte Kraft beim Zusammenstoß zweier mit großer Geschwindigkeit aufeinanderprallender gleichartiger Körper gleich null sei. Also darf die Kraft keine vektorielle Größe sein. Sie kann nicht von der Bewegungsrichtung beeinflusst werden.[44]

Auch David Papineau war der Meinung, dass die Kontroverse keinesfalls nur ein Wortstreit war. Seiner Meinung nach war er ein Konflikt zwischen den verschiedenen Reaktionen auf Descartes' fehlerhaft entworfene Bewegungslehre. Unmittelbar nach der Veröffentlichung der *Principia philosophiae* von Descartes wurde die darin enthaltene Bewegungslehre oft als problematisch kritisiert. Schließlich forderte im Jahr 1668 die Royal Society in London die Gelehrten auf, die korrekten Stoßgesetze zu bestimmen. Auf diese Anregung hin legten Christopher Wren (1632–1723) and John Wallis (1616–1703) noch im selben Jahr ihre Arbeiten vor, und im Januar des darauffolgenden Jahres wurde eine weitere, oben bereits erwähnte Abhandlung von Huygens eingereicht. Alle

---

[44] Vgl. Marshall Spector, „Leibniz vs. the Cartesians on Motion and Force", *Studia Leibnitiana* VII/1 (1975), 135–144, hier 141–143.

drei belegen einerseits, dass die von Descartes vorgestellte Bewegungsgröße sich tatsächlich nicht erhält. Andererseits wird die Körperqualität von ihnen näher betrachtet, da die Elastizität der Körper als unumgänglicher Faktor in der Bewegungslehre mit berücksichtigt werden muss, indem Huygens und Wren den elastischen Stoß behandelten, Wallis den unelastischen.[45] Auf Grund jener Fehlbetrachtung in der Cartesischen Bewegungslehre versuchten also sowohl Leibniz als auch Descartes' Anhänger, eine verbesserte Bewegungslehre zu erarbeiten, in welcher die Fehler korrigiert und die Naturgesetze korrekt dargestellt werden sollten. In Anbetracht der Tatsache, dass nicht nur Leibniz seine neu bearbeitete Bewegungslehre samt der Kritik an Descartes, sondern auch die Cartesianer ihre verbesserte Bewegungslehre rational begründen konnten, brauchten die Wissenschaftler länger, um die Entscheidung zu treffen. Sie benötigten nämlich die Zeit, um die zwei verschiedenen Lösungsmöglichkeiten der ursprünglichen, fehlerhaften Bewegungslehre von Descartes zu prüfen. Auf diese Weise bezeichnet Papineau den langen Streit als einen positiven Prozess, in dessen Verlauf sich die Wissenschaftler bemüht haben zu entscheiden, welche der beiden Revisionen der Bewegungslehre am besten geeignet ist, das Phänomen der Bewegung zu beschreiben.[46]

Die Widerlegung der allgemeinen, negativen Vorstellung über die Kontroverse durch Spector und Papineau hat jene historische Kontroverse gut erklärt. Dennoch haben sie offenbar zum einen die Tatsache vernachlässigt, dass sowohl Descartes als auch Leibniz bis einschließlich Newton nicht nur Naturwissenschaftler, sondern zugleich Naturphilosophen waren.[47] Oder vielmehr waren die Naturphilosophie und die Naturwissenschaft überhaupt noch nicht zwei verschiedene Fachgebiete mit einer jeweils eigenen Forschungsmethode, wie wir sie heute zu betrachten gewohnt sind. Für die Denker des 17. Jahrhunderts gab es keine scharfe Grenze zwischen der Naturphilosophie und der Naturwissen-

---

[45] Beim elastischen Stoß geht es darum, dass zwei miteinander kollidierende Körper nach dem Zusammenprall auf Grund der Wiederherstellung der verformten Körperoberfläche wieder voneinander abprallen. Beim unelastischen Stoß kehrt dagegen die verformte Körperoberfläche nicht in ihre ursprüngliche Form zurück. Die kollidierenden Körper haften nach dem Stoß aneinander. Zum Hinweis auf die Arbeiten von Wallis, Wren und Huygens siehe Stammel, *Kraftbegriff*, 65–73.

[46] Vgl. David Papineau, „The Vis Viva Controversy", in: Roger S. Woolhouse (ed.), *Leibniz. Metaphysics and Philosophy of Science*, Oxford 1981, 139–156, hier 141: „The explanation of the longevity of the controversy will not be that the participants were talking about different things […], but simply that it required time to find which of the alternative frameworks could best be developed to cope with the totality of relevant empirical data."

[47] Zu Newtons Naturphilosophie siehe Richard Samuel Westfall, *Force in* Newton*'s Physics. The Science of Dynamics in the Seventeenth Century*, London/New York 1971 (= *Force*), 323 f. Es ist aber zugleich festzustellen, dass das Interesse an der rationalen Begründung der Natur bei Newton viel schwächer als bei Descartes oder Leibniz war. Vgl. Werner Strombach, „Der Kraftbegriff. Seine Bedeutung von der Antike bis zum Ausgang des 17. Jahrhunderts", *Philosophia naturalis* VIII/3 (1964), 307–347 (= „Kraftbegriff"), hier 335.

schaft. Was Descartes und Leibniz gemeinsam versucht haben, ist, die Naturphänomene so zu erklären, dass keine okkulten Eigenschaften in die Naturerklärung eingeführt werden mussten. Die Natur ist mathematisch-mechanisch erklärbar. In den körperlichen Erscheinungen der Natur gibt es eine mechanische Gesetzmäßigkeit, die durch die Mathematik dargestellt werden kann. Dies war ihre gemeinsame Überzeugung. Es kommt nur darauf an, welches Erklärungsmodell sich für die Naturphänomene am besten eignet, welches von beiden der Vernunft am besten entspricht. Bei der hier zu untersuchenden Kontroverse stritten die Cartesianer und die Leibnizianer, welche messbare Wirkung in der Bewegung die bewegende Kraft am besten darstellt. Dies ist kein sinnloser Streit wegen der Konfusion des Kraftbegriffs, sondern dadurch wird erst die Möglichkeit gegeben, den Kraftbegriff mathematisch zu bestimmen. Die Kontroverse war deswegen eine würdige Diskussion in der Geschichte der Mechanik. Dies haben Spector und Papineau auf Grund der physikalischen Notwendigkeit und der historischen Bedingungen zum Teil aufgedeckt. Es scheint jedoch, dass vor allem die metaphysische Basis, der Boden jener Uneinigkeit um die Kraftmessung nämlich, bisher noch nicht ausreichend untersucht worden ist. Sowohl Spector als auch Papineau betrachten jene Kontroverse, die aus mechanisch-mathematischen Gründen notwendig geführt werden musste, nur als eine historische Tatsache. Eine vollständige Erklärung und Beurteilung der Kontroverse ist aber nicht möglich, wenn der ontologische Status der Kraft sowohl bei Descartes als auch bei Leibniz nicht gründlich untersucht wird. Denn der Kraftbegriff muss sowohl mechanisch als auch metaphysisch betrachtet werden. Daher waren in der Kontroverse mechanisches und metaphysisches Interesse vermengt, wie vorher die Entgegnungen zwischen Leibniz und seinen Cartesischen Gegnern zeigten. Es ging nicht allein um die mathematische Bestimmung des Kraftbegriffs, sondern auch um eine Stellungnahme zur metaphysischen Sichtweise der Natur.[48] Die Kontroverse über die Kraftmessung mag unter den positiven Wissenschaften als Irrtum oder Begriffsverwirrung erscheinen, dennoch ist sie unseres Erachtens ein paradigmatischer Versuch, die

[48] Stammel scheint zunächst zu meinen, dass die Kontroverse um das wahre Kraftmaß auf die Begriffsverwechslung zwischen Statik, Kinetik und Dynamik in der *Brevis demonstratio* zurückzuführen sei. Dies sei ihm doch nicht genug, um zu erklären, warum die damaligen Gelehrten über fast hundert Jahre nicht zu einem Konsens gekommen sind. So meint er schließlich zu Recht, dass die Streitschrift *Brevis demonstratio* vor allem die Absicht hatte, die physikalischen Größen des Kraftmaßes mit einem Themenbereich zu verbinden, welcher die mathematische Physik transzendiert. Damit wird die Klarheit physikalischer Begriffsbildung verwischt und eine lange Kontroverse, welche sowohl auf den mathematisch-physikalischen Begriffen als auch auf den metaphysischen fußt, hervorgebracht. „[...] daß der Streit um das wahre Kraftmaß nur vordergründig ein Streit um mathematische Formeln ist. Hintergründig ist er eine Austragung von verschiedenen metaphysischen Grundpositionen. [...] Diese metaphysischen Implikationen sind ein Grund dafür, warum der Streit um das wahre Kraftmaß sich über einen so langen Zeitraum erstreckt hat“ (Stammel, *Kraftbegriff*, 141 f.).

Naturerscheinungen metaphysisch zu begründen. Die Kraftmessung erweist sich nicht nur als ein Problem in der Mechanik, sondern auch als eine schwere Aufgabe, einen fundierten Kraftbegriff in der Natur entsprechend zu bestimmen. Dass der Streit nach einem halben Jahrhundert langsam geklärt worden ist, bedeutet nicht, dass die verschiedenen Sichtweisen miteinander versöhnt wurden. Es war ein Prozess, dass die Wissenschaftler den spekulativen Charakter so weit wie möglich aus der mathematischen Physik qua exakter Wissenschaft vertrieben haben. Die metaphysische Spekulation über die Realität auf der Basis der rationalen Überlegung wurde außer Acht lassen. Stattdessen sind die Funktionalität des Begriffs und die Prüfbarkeit durch Erfahrung bzw. Experimente allein entscheidend in den „positiven" Wissenschaften. Für Descartes und Leibniz wäre die Trennung der spekulativen Naturforschung von der mathematischen Naturberechnung keinesfalls selbstverständlich gewesen. Die Begründung der Naturphänomene durch die metaphysische Grundlage war sowohl Leibniz als auch Descartes ein Anliegen.[49] In dem der französischen Übersetzung der *Principia philosophiae* vorangestellten Schreiben formulierte Descartes selbst: „Die gesamte Philosophie ist also einem Baum vergleichbar, dessen Wurzel die Metaphysik, dessen Stamm die Physik und die aus dem Stamm herauswachsenden Zweige alle übrigen Wissenschaften sind."[50] Die Physik soll nach Descartes in der Metaphysik wurzeln. Daher ist auch der erste Teil der *Principia philosophiae* tatsächlich der metaphysischen Betrachtung der Natur gewidmet. Anzumerken ist aber, dass er die Prinzipien der Natur nicht auf der Metaphysik des Kraftgedankens aufbaut, obwohl er auf den Ausdruck „Kraft" in seiner Physik nicht verzichten kann. Das Fundament der körperlichen Existenz und die Prinzipien der Körperbewegung sind allein aus der konstanten Tätigkeit des untrüglichen Gottes heraus zu erklären. Daher sind die sich wiederholenden Gottesbeweise in Descartes' *Meditationes* keine bloße traditionelle Forderung der Theologie, sondern ein notwendiges Fundament seiner Erkenntnistheorie.[51] Anders als bei Descartes war für Leibniz die Bestimmung des metaphysischen Kraftgedankens das zentrale Interesse in der Mechanik. Durch den Kraftgedanken versuchte er, eine *philosophia perennis* zu gründen, welche die vollkommene

---

[49] So beschreibt Leibniz selbst sein Anliegen über die metaphysische Grundforschung der Mechanik in einem Brief an Remond vom 10. Januar 1714 (GP, III, 606 f.): „Mais quand je cherchay les dernieres raisons du Mechanisme et des loix mêmes du mouvement, je fus tout surpris de voir qu'il etoit impossible de les trouver dans les Mathematiques, et qu'il falloit retourner à la Metaphysique [...] mais que la source de la Mecanique est dans la Metaphysique. Il n'étoit pas aisé de decouvrir ce Mystere, parce qu'il y a peu de gens qui se donnent la peine de joindre ces deux sortes d'etudes. Monsieur des Cartes l'avoit fait, mais pas assés."

[50] AT, IX-2, 14: „Ainsi toute la Philosophie est comme un arbre, dont les racines sont la Metaphysique, le tronc est la Physique, & les branches qui sortent de ce tronc sont toutes les autres sciences."

[51] Vgl. Hans Poser, *René Descartes. Eine Einführung*, Stuttgart 2003 (= *René Descartes*), 85 f.

Übereinstimmung des universalen Wissens aus allen möglichen Sichtweisen in einer Einheit darstellt. Dies geriet jedoch mit der Einseitigkeit der Cartesischen Philosophie in Konflikt. Die Cartesische Naturlehre lässt die Naturerscheinung gänzlich auf den Bewegungen der geometrisch ausgedehnten Körper fußen. Die „*mathesis universalis*"[52] von Descartes basiert nur auf der sicher erscheinenden Mathematik einerseits und der Evidenz der untrüglichen und unveränderlichen Macht Gottes andererseits. Nach Leibniz muss die Physik nicht weniger auf der Metaphysik als auf der Mathematik beruhen. „Die Physik ist durch die Geometrie der Arithmetik, durch die Dynamik der Metaphysik untergeordnet."[53] Er war der Meinung, dass die Cartesische Physik die phänomenale Lebenswelt auf die abstrakte Wissenschaft der Mechanik dergestalt reduziert, dass sich die erfahrbare Realität nicht davon ableiten lässt. Die Garantie Gottes aus Descartes' Beweisführung scheint nur Gott als Zuflucht zu nehmen, ohne ein Fundament der Physik wahrhaft zu gründen. Damit versucht Leibniz, mit der Erneuerung der überlieferten Idee der Substanz und der modalen Logik ein anderes universelles Fundament der Physik und seiner Philosophie überhaupt zu schaffen. Dabei steht der Kraftgedanke, wie die oben erwähnte Dynamik als die Wissenschaft der Kräfte, im Zentrum seiner Substanzlehre. Die vorliegende Studie möchte also jene Unvereinbarkeit zwischen Leibniz und Descartes durch eine weitgehende Untersuchung hinsichtlich der metaphysischen Basis der Kontroverse über die Kraftberechnung thematisieren. Mit anderen Worten, uns werden folgende Fragen beschäftigen: Wie haben Descartes und Leibniz ihre physikalischen Kraftbegriffe erfasst? Inwieweit sind ihre physikalischen Kraftbegriffe nicht miteinander verträglich? Erst danach kann man beurteilen, inwiefern jene Kontroverse nicht als ein augenscheinlicher Wortstreit angesehen werden darf, sondern eine würdige philosophische Auseinandersetzung über den physikalischen Kraftbegriff im Hintergrund stehen mochte.

---

[52] AT, X, 379.

[53] GP, IV, 398: „Physica per Geometriam Arithmeticae, per Dynamicen Metaphysicae subordinatur."

2. Der Cartesische Kraftbegriff

Als einer der führenden Wissenschaftler im Europa des 17. Jahrhunderts führte Descartes den Begriff der Kraft (lat.: *„vis“*; franz.: *„force“*) in die Mechanik ein. Dabei hat er jedoch keinesfalls deutlich dargestellt, was er darunter versteht.[1] Eine systematische Auseinandersetzung mit der ontologischen Deutung des Begriffs in der naturphilosophischen Forschung von Descartes ist nicht vorhanden, obwohl er diesen Terminus keineswegs vermeidet, ihn sogar in seinem Hauptwerk der Naturphilosophie, *Principia philosophiae*, intensiv verwendet. Daher ist eine ontologische Deutung dieses Begriffs von besonderem Interesse. In diesem Kapitel möchte ich zuerst allgemein auf die Cartesische Methode und Naturmetaphysik eingehen (2.1.). Danach soll die Problematik der Verwendung des Ausdrucks „Kraft“ in der Cartesischen Naturphilosophie aufgezeigt werden (2.2.). Demzufolge wird versucht, eine Möglichkeit der Interpretation jenes Ausdrucks in der Cartesischen Naturphilosophie auszuarbeiten, welche aus der Sicht dieser Untersuchung der Absicht von Descartes am nächsten steht (2.3.). Es folgt die Cartesische Betrachtung der Schwerkraft. Hier wird beispielhaft zu sehen sein, welche Überlegungen Descartes bei der Verwendung des Kraftbegriffs zugrunde legt (2.4.). Anschließend werden einige Charakteristika der Cartesischen Verwendung des Kraftbegriffs in seiner Naturphilosophie herausgearbeitet (2.5.). Am Ende stehen eine Zusammenfassung der Problematik sowie die Analyse des Cartesischen Kraftbegriffs (2.6.).

2.1. Die Idee der Wirkursache

Um das Wesen des Cartesischen Kraftbegriffs und dessen Eigentümlichkeit zu untersuchen, muss zunächst erklärt werden, wie Descartes die Ursächlichkeit hinsichtlich der Naturphänomene versteht. Der Gedanke der Kraft ist ohne Zweifel mit dem der Ursache eng verbunden. Descartes meint ausdrücklich, dass die Kraft eine Art Ursache sei.[2] Es liegt daher nahe, den ontologischen

[1] Vgl. Daniel Garber, *Descartes' Metaphysical Physics*, Chicago/London 1992 (= *Physics*), 293–297; Martial Guéroult, „The Metaphysics and Physics of Force in Descartes“, in: Stephen Gaukroger (ed.), *Descartes. Philosophy, Mathematics and Physics*, Sussex 1980, 196–229 (= „Metaphysics and Physics of Force“), hier 223; Hatfield, „Force“, 113.

[2] Vgl. PP, II, § 26 in AT, VIII-1, 54; PP, III, § 25 in AT, VIII-1, 89.

Status des Cartesischen Kraftbegriffs durch Descartes' Erklärung der kausalen Beziehungen in der Natur zu erläutern.

Bis zum 16. Jahrhundert wurde die Erklärung der Naturphänomene in Europa von der aristotelischen Physik dominiert. Aristoteles zufolge ist das Wissen über die Natur vornehmlich das Wissen über die Ursachen der Phänomene, welche sich in vier verschiedenen Aspekten unterscheiden können: Formal-, Material-, Bewegungs- und Finalursache.[3] Um ein Wissensobjekt umfassend zu erklären, sind die vier Ursachenarten unter verschiedenen Aspekten zu berücksichtigen. Descartes behauptet dagegen, dass bezüglich der körperlichen Natur nur die Wirkursache (lat.: *causa efficiens*) als einzig legitime Erklärungsart zugelassen werden dürfe. Die substantielle Form, welche die Scholastiker als die Ursache des Seienden lehren, ist für Descartes nur ein leeres Wort. Sie sei eine fingierte Entität, welche den Gegenstand des Wissens nicht weiter erkläre.[4] Doch worin unterscheidet sich Descartes zufolge die *causa efficiens* von den anderen Erklärungsweisen, sodass allein durch sie die Naturphänomene erklärt werden könnten? Zur Beantwortung dieser Frage ist es erforderlich, die Erklärung der Cartesischen Methodenlehre zu betrachten.

Der Ausgangspunkt der Cartesischen Methodologie ist bekanntlich ein allgemeiner Zweifel. Alles das, was man nur einem geringsten Zweifel unterwerfen kann, soll zunächst als falsch verworfen werden.[5] Dieser radikale Zweifel an allen erworbenen Erkenntnissen ist aber nur ein methodisches Mittel. Sein Ziel ist es, ein unbezweifelbares Wissensfundament aufzurichten.[6] Bei dieser Wissensprüfung scheitern vor allem die Erkenntnisse durch die äußeren Sinne wegen ihres oft trügerischen Inhaltes. Allein das, was der „reine und aufmerksame Geist [...] leicht und deutlich"[7] erfasst, kann als Fundament der Erkenntnis gelten. Mit anderen Worten, nur das, was bei der nüchternen Aktivität des Geistes als Evidenz erscheint, oder das durch den Verstand im Denken sicher Erfasste

---

[3] Vgl. *Physik* II,3, 194b18–195a3; *Metaphysik* I,3, 983a24–b3; V,2, 1013a24–b4; *Analytika Posteriora* I,2, 71b9–13; II,11, 94a21–23.

[4] Vgl. AT, VI, 43.

[5] Vgl. PP, I, § 2 in AT, VIII-1, 5: „Dubia etiam pro falsis habenda"; *Regulae*, 8 in AT, X, 392.

[6] AT, VI, 33; VIII-1, 5. Es bleibt dabei fraglich, ob der radikale Zweifel methodisch sein kann, d. h. ob das Wissensfundament durch den Prozess des radikalen Zweifels festgestellt werden kann, denn der „radikale" Zweifel setzt die Grenzenlosigkeit des Zweifels bereits voraus. Ein radikaler Zweifel ist aus seiner Natur heraus uferlos. Es ist andererseits richtig zu sagen, dass das Ziel des Zweifels von Descartes doch ein methodisches ist. Das Ziel ist das unbezweifelbare Wissen. Doch dies erreicht Descartes wohl nicht durch die Radikalität des Zweifels, sondern durch den Perspektivenwechsel, aus welchem die Radikalität des Zweifels aufgehoben wird. Vgl. Christian Wohlers, *Wie unnütz ist Descartes? Zur Frage metaphysischer Wurzeln der Physik*, Würzburg 2002 (= *Wie unnütz ist Descartes?*), 101 ff.

[7] *Regulae*, 3 in AT, X, 368: „Per intuitum intelligo, [...] mentis purae et attentae tam facilem distinctumque conceptum, ut de eo, quod intelligimus, nulla prorsus dubitatio relinquatur."

kann die Grundlage allen Wissens sein. Eine solche aktive Funktion des Geistes nennt Descartes „*intuitus*" (Hinschauen; Intuition). Er gebraucht diesen Begriff in der früheren, unvollendeten Schrift *Regulae ad directionem ingenii*, an der er von 1619 bis 1628 arbeitete. Durch den „*intuitus*" wird die Wahrheit der Gegenstände nicht nur in einer „klaren und deutlichen Vorstellung", sondern auch die Vorstellung „als Ganze auf einmal und nicht sukzessiv"[8] begriffen. Die mathematischen Gegenstände, wie z. B. die Zahlen in der Arithmetik und die Figuren in der Geometrie, sind eminente Beispiele für solches intuitive Erkennen.[9] Damit soll Descartes zufolge die ganze menschliche Erkenntnis nach dem Vorbild der Mathematik aufgebaut werden, nämlich aus intuitivem Hinschauen, sicher gefassten Axiomen, Schritt für Schritt fortschreitend, um komplexes Wissen zu erreichen. Diese Vorbildlichkeit der Mathematik hinsichtlich des sicheren Wissens ist eine in Descartes' Schriften immer wiederkehrende Idee[10], auch wenn sie später durch die Existenz des Ichs als die erste evidente Wahrheit aus dem Fundament der Erkenntnis weiter verdrängt wird.[11]

Hinsichtlich der objektiven Existenz ergibt sich nach seiner Wissensprüfung, dass allein die Existenz einer denkenden Substanz („*substantia cogitans*"[12]) durch die Tatsache „ich denke" (*cogito*) unbezweifelbar sei. „Es kann von uns nicht bezweifelt werden, dass wir existieren, solange wir zweifeln; und dies ist das erste, das wir bei einem ordnungsgemäßen Philosophieren feststellen."[13] Aus dieser Überzeugung als Angelpunkt werden alle erschaffenen Substanzen in zwei Gruppen geteilt: die geistige Substanz einerseits, die das Denken als ihr wesentliches Attribut hat, und die körperliche Substanz andererseits, mit der Ausdehnung als ihrem wesentlichen Attribut, deren Existenz allein durch die

---

[8] *Regulae*, 11 in AT, X, 407: „[...] ad mentis intuitum duo requirimus, nempe ut propositio clare et distincte, deinde etiam ut tota simul et non successive intelligatur." Vgl. *Regulae*, 3 in AT, X, 370: „Hic igitur mentis intuitum a deductione certa distinguimus ex eo, quod in hac motus sive successio quaedam concipiatur, in illo non item"; Med, II in AT, VII, 31; VIII-1, 41.

[9] Vgl. *Regulae*, 2 in AT, X, 365 f.

[10] Vgl. Med, I in AT, VII, 20 f., 63 ff.; PP, I, § 13 in AT, VIII-1, 9.

[11] Darauf, dass die Mathematik allein als Fundament der Naturwissenschaft nicht ausreicht, hat Descartes hingewiesen: „Mais d'exiger de moy des demonstrations Geometriques en une matiere qui depend de la Physique, c'est vouloir que ie fasse des choses impossibles" (Brief an Mersenne vom 27. Mai 1638 in AT, II, 142); „Dubitabimus etiam de reliquis, quae antea pro maxime certis habuimus; etiam de Mathematicis demonstrationibus, etiam de iis principiis, quae hactenus putavimus esse per se nota [...]" (PP, I, § 5 in AT, VIII-1, 6). Vgl. Poser, *René Descartes*, 33.

[12] PP, I, § 48 in AT, VIII-1, 23. Unter dem Begriff „Substanz" versteht Descartes ein Etwas, das ohne Hilfe anderer existieren kann. In diesem Sinne kann nur Gott schlechthin Substanz sein. Jedoch können wir die erschaffenen Dinge auf dieselbe Weise in einem abgeschwächten Sinne als Substanzen verstehen, indem sie allein mit Gottes Hilfe existieren können. Vgl. PP, I, §§ 51, 52; II, § 25 in AT, VIII-1, 24 f., 54.

[13] PP, I, § 7 in AT, VIII-1, 6 f.: „Non posse a nobis dubitari, quin existamus dum dubitamus; atque hoc esse primum, quod ordine philosophando cognoscimus."

Garantie des untrüglichen Gottes gesichert wird.[14] Die Behauptung, dass die Ausdehnung das wesentliche Attribut des Körpers sei, gründet sich darauf, dass zum einen das, was beim Körper klar und deutlich erfasst wird, insofern er ein deutlich von uns Verschiedenes ist, nach Descartes allein die Ausdehnung ist. Der Körper ist *prima facie* ein Ausgedehntes („*res extensa*"[15]) bzw. eine ausgedehnte Substanz („*substantia extensa*"[16]). Alle anderen Attribute des Körpers, wie z.B. Farbe und Härte, sind gewisse Gegebenheiten, welche vermittels der Sinne von einem erkennenden Subjekt nur verworren erfasst werden können. Sie gehören nicht wesentlich zum Körper selbst. Auf diese Weise kann der Körper „im eigentlichen Sinn nicht durch die Sinne oder die einbildende Fähigkeit, sondern allein durch den Verstand erfasst werden"[17]. Ferner entspricht die Ausdehnung der idealen Vorstellung von Descartes, die materielle Natur mittels der Mathematik zu erkennen. Dadurch, dass die Mathematik unbezweifelbares Wissen enthält, hat Descartes bereits früh das Interesse entwickelt, durch die Mathematik verschiedene Wissensbereiche miteinander zu verbinden.[18] Den Körper als *res extensa* zu erfassen, ist nicht nur ein Ergebnis der Untersuchung, mittels der mathematischen Methode die Natur zu erfassen, sondern es bietet die Möglichkeit, die ganze körperliche Natur als mathematische Gegenstände im Denken klar und deutlich, d.h. bei Descartes sicher, zu erfassen. Auf diese Weise wird die Sicherheit der körperlichen Substanz nicht allein durch die „reine Vernunft" (*l'entendement pur*) unterstützt, sondern sie wird noch mithilfe der „Einbildungskraft" (*imagination*)[19] bekräftigt. Die Ausdehnung, anders als Farbe oder Härte, kann sich nämlich leicht mathematisch quantifizieren lassen. Dazu kommen die Gestalt, die Lage und die Bewegung als Modi, d.h. Zustände des ausgedehnten Dinges: die Gestalt als die konkrete Art und Weise eines Ausgedehnten, die Lage als eine bestimmte Relation vieler Ausgedehnten und die Bewegung als die Veränderung der Lage bzw. die „Überführung" (*translatio*)[20] des Körpers von einer zu einer anderen Nachbarschaft. Die Modi sind keine Substanzen, sondern wechselnde Zustände einer Substanz. Sie beziehen sich auf das wesentliche Attribut der Substanzen. Durch jene Modi werden erst die verschiedenen Empfindungen in uns erregt, wie z.B. Farben, Gerüche, Geschmackseigenschaften, Wärme, Kälte und die Tastempfindungen.[21] Allein

---

[14] Selbst die Existenz Gottes wird in den *Meditationes* zunächst bezweifelt und erst durch das Argument der unendlich vollkommenen Ursache außer dem denkenden, endlichen Bewusstsein als bewiesen betrachtet. Vgl. Med, III in AT, VII, 45–51.

[15] Med, VI in AT, VII, 78.

[16] PP, I, § 48 in AT, VIII-1, 23.

[17] Med, II in AT VII, 34. „nam cum mihi nunc notum sit ipsamet corpora, non proprie a sensibus, vel ab imaginandi facultate, sed a solo intellectu percipi.

[18] Vgl. AT, VI, 21.

[19] Brief an Elisabeth von der Pfalz vom 28. Juni 1643 in AT, III, 692.

[20] PP, II, § 25 in AT, VIII-1, 46.

[21] Vgl. Med, III in AT, VII, 43; PP, II, §§ 23, 199 in AT, VIII-1, 52 f., 323; AT, XI, 26.

durch die Ausdehnung versucht Descartes, die Wissenschaft über den Körper in der Natur auf rationale Weise zu fundieren.[22] Damit konstruiert Descartes zwei voneinander ausgeschlossene Arten der Substanzen: Die geistige Substanz ist immateriell und unteilbar, sie wird allein durch das Bewusstsein erfasst und umfasst den Willen, welcher seiner Natur nach frei ist und zur aktiven Tätigkeit der Seele gehört, und damit auch das zweckmäßige Handeln, welches mit dem freien Willen wesentlich verbunden ist.[23] Die körperliche Substanz ist dagegen ausgedehnt und teilbar, sie kann aber nicht denken und unterliegt der strikten Notwendigkeit und Determination durch die kausale Kette der Natur.

Anzumerken ist aber, dass die Unterscheidung zwischen der *substantia cogitans* und der *substantia extensa* bei Descartes eher epistemologisch als ontologisch erscheint. Descartes ist offenbar der Meinung, dass durch eine derartige Unterscheidung die Gegenstände möglichst „deutlich" zu erkennen seien. Ob die Dinge in unserer täglichen Erfahrung wirklich auf diese streng getrennte Weise existieren, steht noch in Frage. Vielmehr muss Descartes zugeben, dass allein die Einheit der denkenden Seele und des ausgedehnten Körpers bei Menschen im „Leben und täglichen Umgang", genauso wie das reine Bewusstsein aus der Zweifelsprüfung, als einer der „ursprünglichen Begriffe" (*notions primitives*)[24] zu erfahren ist, solange man „darauf verzichtet, über die Dinge zu meditieren und Studien anzustellen"[25]. Damit scheint die Einheit von Körper und Geist Descartes zufolge der Wissenschaft unzugänglich zu sein. Durch die Introspektion erreichen wir sicheres Wissen über den Geist und damit auch das Wissen über den sich vom Geist unterscheidenden Körper. Zu einem sicheren Wissen über die Einheit von Körper und Geist haben wir aber keinen Zugang. Auf diese Weise bleibt die ontologische Frage über das Seiende bei der philosophischen Untersuchung im Hintergrund, und Descartes stellt stattdessen eine epistemologische Frage über die Erkenntnis der Dinge als die zentrale Aufgabe der Philosophie.[26] Sein ontologisches System gründet sich auf erkenntnistheoretischen Boden. Wie wir noch sehen werden, ist dies bei Leibniz, dessen Monadenlehre eine ontologische Hypothese ist, ganz anders.

---

[22] Vgl. PP, I, §§ 53, 64 in AT, VIII-1, 25, 78 f.

[23] Vgl. PA, §§ 17, 41, 153, 154 in AT, XI, 342, 359, 446; Med, IV in AT, VII, 56 ff.

[24] Brief an Elisabeth von der Pfalz vom 21. Mai 1643 in AT, III, 665; vom 28. Juni 1643 in AT, III, 691; vgl. PP, I, § 48 in AT, VIII-1, 23.

[25] Brief an Elisabeth vom 28. Juni 1643 in AT, III, 692: „[...] c'est en usant seulement de la vie & des conversations ordinaires, & en s'abstenant de mediter & d'étudier aux choses qui exercent l'imagination, qu'on apprend à concevoir l'union de l'ame & du corps." Vgl. Poser, *René Descartes*, 110; Wolfgang Röd, *Descartes. Die Genese des Cartesianischen Rationalismus*, München ²1982, 140 ff.

[26] Wohlers hat zutreffend die substantielle Vereinigung bei Descartes erläutert. Jene Vereinigung als eine „Tatsache" sei nicht unerklärlich. Das, was im Dunkel bleibt, ist aber das „Wesen" jener Vereinigung. Dies betrachte Descartes jedoch nicht als einen Mangel, sondern gerade dies sei die „notwendige Bedingung der Vernunft als Universalinstrument" (Wohlers, *Wie unnütz ist Descartes?*, 76).

Im Folgenden wenden wir uns der Frage über die Kausalität hinsichtlich der materiellen Natur bei Descartes zu. Möchten wir der Cartesischen Methode folgen, muss die Kausalität der Naturphänomene selbstverständlich auch geprüft werden. Offenbar hat Descartes jedoch den realen kausalen Zusammenhang niemals in Frage gestellt. Dagegen ist das Wissen über die Ursachen und deren Wirkungen das „vollkommenste Wissen" (*scientia perfectissima*)[27]. Die Kausalität erscheint unmittelbar einleuchtend. Denn der kausale Zusammenhang in der Erfahrung tritt auf eine evidente Weise hervor, sodass wir daran keinen Zweifel haben müssen. Es kommt nur darauf an zu fragen, welche Art des kausalen Zusammenhangs sich bei den ausgedehnten Körpern in der Natur klar und deutlich ausdrückt. Descartes ist der Meinung, dass nur die Wirkursache in der körperlichen Natur klar und deutlich begriffen werde. Die anderen Formen des kausalen Zusammenhangs können der Cartesischen Prüfung nicht standhalten. Die teleologische Kausalität oder die substantielle Form in der scholastischen Philosophie kann in der körperlichen Natur, die nur auf der Basis der Ausdehnung aufbaut, keinen Platz haben. Einerseits wird die substantielle Form nicht klar und deutlich vom Geist unmittelbar erfasst. Daher ist sie nach Descartes nicht mehr als eine okkulte Eigenschaft. Andererseits entsteht die teleologische Kausalität dadurch, dass wir den Willen in uns fühlen und ihn in die Natur hinein transportieren. In der körperlichen Natur selbst gibt es Descartes zufolge keinen Willen. Dazu schrieb Descartes an Henry More (1614–1687): „Und jene Überführung der Materie ist nicht gewaltsamer als die Ruhe; denn das Wort ‚gewaltsam' bezieht sich nur auf unseren Willen, bei welchem man sagt, dass er eine Kraft erleidet, wenn etwas geschieht, was ihm widersteht. In der Natur ist aber nichts gewaltsam, sondern es ist gleich natürlich für die Körper, die einander stoßen oder zerschlagen, wenn es sich ereignet, wie wenn sie ruhig bleiben."[28] Descartes ist der Meinung, dass nichts in der Natur gewaltsam (*violentum*) sei. Die Bezeichnung *„violentum"* bezieht sich nur auf unseren Willen. In der Natur gebe es aber nur ausgedehnte Körper, die nach den vorgeordneten Naturgesetzen aufeinander wirkten. Es sei also vergeblich und fälschlich, der bloß körperlichen Natur einen Willen zuzuschreiben bzw. einen Zweck zu suchen, wie beispielsweise die aristotelisch-scholastische Naturphilosophie lehrt, dass die Körper sich auf ihren natürlichen Ort als ihr Ziel hinbewegten, wenn sie nicht daran gehindert würden. Die natürlichen Körper seien von sich aus gegenüber der Bewegung und der Ruhe indifferent. Sie haben an sich keinen

---

[27] PP, I, § 24 in AT, VIII-1, 14; vgl. Brief an Claude Picot in AT, IX-2, 2.

[28] Brief an Henry More vom August 1649 in AT, V, 404: „Neque ista translatio magis violenta est materiae, quam quies: quippe nomen violenti non refertur nisi ad nostram voluntatem, quae vim pati dicitur, cum aliquid fit quod ei repugnat. In natura autem nihil est violentum, sed aeque naturale est corporibus, quod se mutuo impellant vel elidant, quando ita contingit, quam quod quiescant."

„Willen“, sich zu bewegen oder in Ruhe zu bleiben.[29] Der Wille gehört zum wesentlichen Inhalt der *res cogitans*. Ein von ihr streng unterschiedener Naturkörper trägt keinen Willen in sich. Der Zweck der Natur kann also nur im Denken des Weltschöpfers liegen. Damit leugnet Descartes nicht, dass in der Natur eine bestimmte Zweckmäßigkeit gegeben sein könne. Jedoch glaubt er, dass das Wissen über den Naturzweck für die wissenschaftliche Erforschung der Natur irrelevant sei. Denn das Wissen über den Naturzweck könne zur Erkenntnis der körperlichen Natur nichts beitragen. Einerseits sei der Naturzweck innerhalb der Natur selbst nicht zu finden, sondern allein bei Gott als Welturheber. Andererseits sei das, was Gott als Zweck der Welt gesetzt hat, uns, also einem von Gott erschaffenen, unvollkommenen Wesen, nicht zugänglich. „So wollen wir schließlich niemals irgendwelche Gründe betreffs der Naturdinge von dem Zweck entnehmen, den Gott oder die Natur sich bei ihrer Schaffung vorgesetzt hat. Denn wir können uns nicht anmaßen, Gottes Absichten dabei zu wissen, sondern wir werden ihn nur als die wirkende Ursache aller Dinge betrachten.“[30] Dieses Argument, welches theologisch aufgebaut ist, mag in seiner Zeit überzeugend geklungen haben. Es bleibt uns dennoch verborgen, ob Descartes sich hier tatsächlich an dem theologischen Argument orientiert oder vielmehr eher die Absicht hat, eine Theorie der mathematisch fassbaren Natur aufzustellen, in der die Natur allein wie eine berechenbare Maschine zu erfassen ist. Indem wir mittels des theologischen Arguments den Naturzweck bei der Naturforschung außer Acht lassen, können wir erst die Natur selbst betrachten. Auf diese Weise bereitete Descartes den Weg für die moderne Naturwissenschaft, einerseits die Natur selbst zu erforschen, ohne ihre Absicht überhaupt hinterfragen zu müssen, andererseits durch sämtliche Methoden der Mathematik die Natur als eine wohlgeordnete Maschine zu berechnen und schließlich zu beherrschen.[31]

Nun gewinnt man den Eindruck, dass Descartes allein die *causa efficiens* gegenüber anderen Ursachearten bei der wissenschaftlichen Untersuchung der körperlichen Natur berücksichtigen will. Als Nächstes werden uns daher die

---

[29] Vgl. AT, XI, 84: „lors que je dis qu'un corps tend vers quelque costé, je ne veux pas pour cela qu'on s'imagine qu'il ait en soy une pensée ou une volonté qui l'y porte, mais seulement qu'il est disposé à se mouvoir vers là.“

[30] PP, I, § 28 in AT, VIII-1, 15 f.: „Ita denique nullas rationes, circa res naturales, a fine quem Deus aut natura in iis faciendis sibi proposuit, desumemus: quia non tantum nobis debemus arrogare, ut ejus consiliorum participes esse putemus. Sed ipsum ut causam efficientem rerum omnium considerantes.“ Die von Descartes selbst revidierte französische Fassung formuliert die Sätze an dieser Stelle noch schärfer: „Nous ne nous arresterons pas aussi à examiner les fins que Dieu … s'est proposé en creant le monde, & nous rejeterons entierement de nostre Philosophie la recherche des causes finales“ (AT, IX-2, 37). Vgl. auch Med, IV in AT, VII, 55: „[…] atque ob hanc unicam rationem totum illud causarum genus, quod a fine peti solet, in rebus Physicis nullum usum habere existimo; non enim absque temeritate me puto posse investigare fines Dei.“ PP, III, § 2 in AT, VIII-1, 81; AT, V, 158; VI, 43.

[31] Vgl. AT, VI, 62: „ainsi nous rendre comme maistres et possesseurs de la Nature“.

folgenden Fragen beschäftigen: Auf welche Weise ist die *causa efficiens* in der Cartesischen Körperwelt möglich? Wie versteht Descartes die *causa efficiens* überhaupt?

Im Anhang der *Meditationes*, wo Descartes auf Einwände antwortet, ist eine Stelle besonders anzumerken, wo Descartes seine Gedanken über die *causa efficiens* konkretisiert, um Gott als *causa sui* bzw. *prima causa* zu verteidigen:

> Schließlich habe ich nicht behauptet, es sei unmöglich, dass irgendetwas die *causa efficiens* seiner selbst sei; denn obwohl es offenbar wahr sei, wenn die Bezeichnung „*efficiens*" auf diejenigen Ursachen beschränkt wird, die ihren Wirkungen (*effectus*) zeitlich vorangehen oder die von ihnen verschieden sind, so scheint doch in dieser Frage eine solche Beschränkung nicht am Platze zu sein; einmal, weil es eine wertlose Untersuchung wäre: Denn wer wüsste nicht, dass ein und dasselbe Ding nicht sich selbst zeitlich vorangehen oder von sich selbst verschieden sein kann? Dann auch, weil das natürliche Licht nicht lehrt, dass es zum Begriff eines Wirkenden erforderlich sei, dass es seiner Wirkung zeitlich vorangeht; denn gerade im Gegenteil besitzt es die Eigenschaft, Ursache zu sein, nur so lange, wie es die Wirkung ausübt, und geht ihr demnach nicht zeitlich voran. Das Licht der Natur lehrt uns aber in der Tat, dass es keine Sache gibt, bei der es nicht statthaft wäre zu fragen, warum sie existiert, oder auch nach ihrer *causa efficiens* zu forschen, oder, wenn sie keine hat, zu fragen, warum sie keiner bedarf.[32]

Erstens bestreitet Descartes an der Stelle, dass die Ursache ihrer Wirkung zeitlich vorangehen müsse. Denn allein der Begriff *causa efficiens* besagt nur, dass sie eine Ursache ist, welche eine bestimmte Wirkung (*effectus*) hervorbringt. Die *causa efficiens* als eine Ursache wird durch die Partizipialkonstruktion „*efficiens*" beschränkt und daher von der Wirkung (*effectus*) abhängig. Gäbe es eine bestimmte Wirkung, sei eine *causa efficiens* zugleich unentbehrlich. Dies lehre uns unmittelbar die natürliche Einsicht (*lumen naturale*), nämlich die Vernunft selbst. Ohne die Wirkung gäbe es also keine Wirkursache (*causa efficiens*). Sobald es eine bestimmte Wirkung gebe, müsse in uns auch die Wirkursache vorgestellt werden. Die *causa efficiens* ist auf diese Weise von der Wirkung untrennbar. Die Vorgängigkeit der Ursache ist weder zeitlich noch der Erkenntnis nach. Denn die Wirkung ist das, was man zuerst kennenlernt. Die Ursache dagegen ist ein Ergebnis der Untersuchung unserer Vernunft, wenn uns eine bestimmte Wirkung vorliegt. Was die Vorgängigkeit der Ursache anbelangt, liegt sie allein in der Vorstellung des logischen Zusammenhangs unserer Vernunft.

---

[32] AT, VII, 108 f.: „Denique non dixi impossibile esse ut aliquid sit causa efficiens sui ipsius; etsi enim aperte id verum sit, quando restringitur efficientis significatio ad illas causas quae sunt effectibus tempore priores, vel quae ab ipsis sunt diversae, non tamen videtur in hac quaestione ita esse restringenda; tum quia nugatoria quaestio esset: quis enim nescit idem nec seipso prius, nec a seipso diversum esse posse? Tum etiam quia lumen naturale non dictat ad rationem efficientis requiri ut tempore prior sit suo effectu; nam contra, non proprie habet rationem causae, nisi quandiu producit effectum, nec proinde illo est prior. Dictat autem profecto lumen naturae nullam rem existere, de qua non liceat petere cur existat, sive in ejus causam efficientem inquirere, aut, si non habet, cur illa non indigeat, postulare."

Zweitens meint Descartes, dass die erste Ursache die Ursache ihrer selbst sein müsse, weil ein unendlicher Regressus der kausalen Kette unbegreiflich sei. Es müsse eine *prima causa* geben, welche kein von sich selbst Unterschiedenes als ihre Ursache hat.[33] Diese Idee der ersten Ursache hat Descartes mit der traditionellen Bezeichnung – Gott – identifiziert, obwohl es an dieser Stelle fraglich ist, ob Gott als Ursache seiner selbst noch im gleichen Sinne wie der Begriff der Wirkursache zu denken ist. In allen anderen Fällen ist Descartes zum einen der Meinung, dass die Wirkursache der Grund eines Effekts ist, welche der Wirkung logisch vorangeht und laut der Vernunft mit ihm untrennbar zusammenhängt, zum anderen, dass sie ein Verschiedenes von ihrem Wirkung ist. Im Weiteren soll darauf hingewiesen werden, dass die Kraft in der Cartesischen Physik genau dieselben Merkmale hat, nämlich dass sie der Kraftwirkung logisch vorangeht und von jener untrennbar ist, und dass sie ein Verschiedenes von der Kraftwirkung ist.

2.2. Die problematische Anwendung des Kraftbegriffs in den naturphilosophischen Schriften von Descartes

Bezüglich der Wirkursache in der Natur unterscheidet Descartes im zweiten Teil der *Principia philosophiae* zwei verschiedene Arten: Die erste ist die allgemeine und primäre Ursache (*causa universalis & primaria*), welche er mit Gott als Welturheber identifiziert. Gott erschafft die Materie mit der Bewegung und Ruhe am Anfang der Welt und erhält sie im Ganzen wegen seiner Beständigkeit, d.h., er braucht nicht die ideale Summe der Bewegungen in der Welt zu korrigieren, weil er per Definition unendlich weise ist. Damit ist Gott allein die gemeinsame und ursprüngliche Ursache für alle Bewegungen in der Welt.[34] Die zweite Art der Ursache sind die sekundären und besonderen Ursachen (*cau-*

[33] Vgl. Med, III in AT, VII, 42 und den Brief an Peter Mesland vom 2. Mai 1644 (?) in AT, IV, 112f. Im Brief an Mesland meint Descartes, dass er mit dem Satz „non datur progressus in infinitum" nicht schlechthin einverstanden ist, sondern dass es wohl heißen müsse, dass „datur revera talis progressus in divisione partium materiae". Denn den als *res extensa* definierten Körper können wir zumindest im Denken unendlich weiter teilen, was die Engel aber in der Wirklichkeit tun können (vgl. Brief an Mersenne vom 28. Oktober 1640 in AT, III, 213f.; PP, II, § 20 in AT, VIII-1, 51). Die Ablehnung des unendlichen Regressus der kausalen Kette beruht darauf, dass es in den Gründen mehr Realität geben muss als in den Wirkungen, sodass bei dem unendlichen Regressus der kausalen Kette eine Idee der unendlichen Fülle der Realität entstehen muss. Sie wird von Descartes mit dem biblischen Gott identifiziert. Die Unendlichkeit Gottes können wir zwar nicht durch unseren endlichen Verstand begreifen, sie ist jedoch gleichwohl klar und deutlich zu verstehen. „Itaque imprimis hic dicam infinitum, qua infinitum est, nullo quidem modo comprehendi, sed nihilominus tamen intelligi, quatenus scilicet clare & distincte intelligere aliquam rem talem esse, ut nulli plane in ea limites possint reperiri, est clare intelligere illam esse infinitum" (AT, VII, 112).

[34] Vgl. PP, II, § 36 in AT, VIII-1, 61.

sae secundariae & particulares). Sie sind Prinzipien der verschiedenen Bewegungen, die wir bei jedem einzelnen Körper bemerken können. Sie werden als gewisse allgemeine Regeln bzw. Naturgesetze formuliert. Da die Regelungen auf Gottes Beständigkeit basieren, sind die Naturgesetze daher sekundäre oder abgeleitete Ursachen der Natur. Descartes hat drei Naturgesetze verfasst – das Trägheitsgesetz, die natürliche lineare Bewegung und das Gesetz der Krafterhaltung bei der Körperbegegnung.[35] Von hier aus scheint es, dass die Körper, die Descartes als *res extensa* gefasst hat, keine spezielle Ursache in sich schließen können. Selbst die Trägheit ist nach Descartes' Auffassung keine körperinterne Ursache der Bewegung, sondern eine Bewegungsregel außerhalb des einzelnen Körpers. Beide Arten der Ursachen, primäre und sekundäre, sind also äußerlich und allgemein für alle Körper gültig. Keinesfalls schließt ein Körper nach Descartes eine individuelle „Seele" ein und bewegt sich daher nicht aus sich selbst heraus, denn er trägt das Prinzip der Aktivität nicht in sich. Der Körper ist auf keine Weise mit der Seele erkenntnistheoretisch vermischt, obwohl ihre ontologische Ganzheit bei Menschen eine zu erfahrende Tatsache ist. Diese implizierte Ablehnung der internen Ursache der körperlichen Bewegung steht im Einklang mit § 65 des ersten Teils in den *Principia*. Bereits dort weist Descartes darauf hin, dass die Bewegung als ein sich auf die Ausdehnung beziehender Modus aufgefasst werden könne, wenn wir die Bewegung nur als eine Ortsveränderung verstehen und nicht nach der Kraft fragen, durch welche sie hervorgerufen (*excitatur*) wird.[36] Die Kraft in der körperlichen Natur ist hiernach der Grund, woraus die Bewegung entsteht. Mit anderen Worten ist sie zum einen die Ursache der Bewegung, zum anderen ist sie selbst nicht in der Bewegung als solche zu finden. In diesem Sinne scheint die Kraft als die äußerliche Ursache der Bewegung mit der Bestimmung der primären und sekundären Ursache der Bewegung in einem gewissen Verhältnis zu stehen. Jedoch schweigt Descartes gänzlich darüber, woraus die Kraft des Körpers entsteht. Das, was Descartes in § 65 angekündigt hat, die Kraft an anderer Stelle zu erklären (*suo loco explicare*), scheint er nicht erfüllt zu haben. Dagegen verwendet er im zweiten Teil, § 40, weiter den Ausdruck „Kraft" (*vis*), um sein drittes Bewegungsgesetz zu formulieren, so als ob die Kraft eine Eigenschaft wäre, die im materiellen Körper selbstverständlich vorhanden ist. Anzumerken ist noch, dass der Ausdruck „Kraft" bei der Formulierung des dritten Bewegungsgesetzes in der Paragraphenüberschrift nicht erscheint. Er lautet: „Das dritte Gesetz: Wenn ein Körper

[35] Vgl. PP, II, § 37 in AT, VIII-1, 62.

[36] Vgl. PP, I, § 65 in AT, VIII-1, 32: „[...] itemque diversos modos extensionis sive ad extensionem pertinentes, ut figuras omnes, & situs partium, & ipsarum motus, optime percipiemus, si tantum ut modos rerum quibus insunt spectemus; & quantum ad motum, si de nullo nisi locali cogitemus, ac de vi a qua excitatur (quam tamen suo loco explicare conabor) non inquiramus." Vgl. auch PP, II, § 25 in AT, VIII-1, 53 f. Descartes bezeichnet die Kraft als eine gewisse Aktivität (*actio*), welche die Körper überführt (*transfert*).

einem anderen, stärkeren (*alteri fortiori*) begegnet, verliert er nichts von seiner Bewegung, wenn er aber einem weniger starken (*minus forti*) begegnet, verliert er so viel, wie er auf ihn überträgt."[37] Die Stärke des Körpers scheint eine modale Bestimmung des Körpers zu sein. Erst im Inhalt jenes Paragraphen erscheint der Begriff „Kraft" mit einem gewissen Gewicht:

> Das dritte Naturgesetz lautet: Wenn ein Körper einem anderen, der bewegt wird, begegnet und seine Kraft, sich in gerader Linie fortzubewegen, geringer ist als die Kraft des anderen, ihm zu widerstehen, biegt er in eine andere Richtung ab, wobei er seine Bewegung behält und nur die frühere Richtung verliert; ist seine Kraft aber größer, so bewegt er den anderen Körper mit sich fort und verliert selbst so viel von seiner Bewegung, als er ihm gibt.[38]

Demnach scheint der Stoß zweier Körper ein Wettkampf der Kräfte zwischen beiden Körpern zu sein. Die Größe der Kraft, die als Stärke des Körpers im Titel ausgedrückt wird, entscheidet allein über die Bewegung nach dem Stoß. Weiter versucht Descartes in § 43 die konkreten Bedingungen festzulegen, die die Größe der Kraft in den bewegten oder ruhenden Körpern bestimmen sollen. Sie sind nämlich die Größe des Körpers, die Größe der Trennfläche, die Geschwindigkeit der Bewegung und die Art der Begegnung. Schließlich konnte er durch die sieben Stoßregeln unter zwei idealen Bedingungen – vollkommen harte Körper und die absolute Getrenntheit von den übrigen – in §§ 46 bis 50 andeuten, dass die bewegende Kraft mit der Formel mv (Körpergröße mal Geschwindigkeit) zu berechnen sei. Es ergibt sich einerseits, dass die Kraft, ähnlich wie die subjektive Empfindung von Farbe und Härte, in den quantitativen Zuständen des Körpers auflösbar ist, andererseits scheint sie selbst durch die modalen Bestimmungen von Größe und Geschwindigkeit als eine gewisse „modale Entität"[39] an den Körpern zu finden zu sein. Wichtig ist hier zu sehen, dass Descartes den Begriff „Kraft" benötigt, um das Phänomen des Stoßens und Abprallens zu erklären. Das Problem ist aber, dass er niemals versucht, den Begriff „Kraft" in seiner Physik ontologisch zu begründen. Weder im ersten Teil der *Principia philosophiae*, wo Descartes die Prinzipien der menschlichen Erkennt-

---

[37] PP, II, § 40 in AT, VIII-1, 65: „Tertia lex: quod unum corpus, alteri fortiori occurrendo, nihil amittat de suo motu; occurrendo vero minus forti, tantum amittat, quantum in illud transfert." Eine Vorform des dritten Naturgesetzes wird bereits in der früheren Schrift *Le Monde ou Traité de la Lumière* formuliert: „Que, quand un corps en pousse un autre, il ne sçauroit luy donner aucun mouvement, qu'il n'en perde en mesme temps autant du sien; ny luy en oster, que le sien ne s'augmente d'autant" (AT, XI, 41). Die Stärke des Körpers ist sogar an dieser Stelle bei der Formulierung des Gesetzes nicht zu sehen. Die Regel besagt allein die Bewegungserhaltung.

[38] Ebd.: „Tertia lex naturae haec est: ubi corpus quod movetur alteri occurrit, si minorem habeat vim ad pergendum secundum lineam rectam, quam hoc alterum ad ei resistendum, tunc deflectitur in aliam partem, & motum suum retinendo solam motus determinationem amittit; si vero habeat majorem, tunc alterum corpus secum movet, ac quantum ei dat de suo motu, tantundem perdit."

[39] Brief an Henry More vom August 1649 in AT, V, 404.

nis verfasst, noch im zweiten Teil, wo die physischen Prinzipien formuliert werden, wird er durch eine metaphysische Fundierung legitimiert. Die Absicht der ganzen Schrift ist dennoch, wie bereits erwähnt, die Physik in den metaphysischen Prinzipien zu verankern.[40] Die fehlende Rechtfertigung des Kraftbegriffs in den *Principia* wirft daher einen dunklen Schatten auf die Ursachenforschung der Natur. Der Begriff „Kraft" ist also ein Phantom, das in der Cartesischen Physik umherschweift.

Doch ist Descartes offenbar die Undeutlichkeit des Ausdrucks „Kraft" nicht gänzlich entgangen. Er war sich in der Tat dessen bewusst, dass der Begriff ein physiologisches Phänomen bezeichnet, welches deutlich in unserem Körper empfunden wird. Die Verwendung des Terminus basiert allein auf dem Bewusstsein der körperlichen Anstrengung, sowohl die eigenen Glieder unmittelbar als auch die anderen, fremden Körper mittelbar zu bewegen.

Denn es ist hier zu bemerken, dass wir an einem großen Vorurteil leiden, indem wir zur Bewegung mehr Tätigkeit wie zur Ruhe für erforderlich halten. Man hat dies von Kindheit so angenommen, weil unser Körper von unserem Willen bewegt wird, dessen wir uns innerlich bewusst sind, und weil er ruht, bloß weil er durch seine Schwere an der Erde haftet, deren Kraft wir nicht wahrnehmen. Denn die Schwere und andere von uns nicht bemerkte Ursachen widerstehen den Bewegungen, die wir in unseren Gliedern erwecken wollen, und bewirken die Müdigkeit; deshalb halten wir eine größere Tätigkeit oder Kraft zur Erregung der Bewegung als zur Hemmung derselben für erforderlich, indem wir die Tätigkeit als jene Anstrengung nehmen, die wir zur Bewegung unserer Glieder und mit deren Hilfe anderer Körper anwenden.[41]

Wenn die Kraft an sich eine körperliche Anstrengung zur Bewegung ist und in dieser anthropomorphen Gestaltung undefiniert in die Materie eingeht, müsste sie aber in der Cartesischen Physik nur eine okkulte Eigenschaft in der Materie bedeuten. Die Tatsache, dass Descartes auf den Ausdruck „Kraft" in der Physik nicht verzichtet und ihn sogar öfter in seiner systematischen, theoretischen Schrift verwendet, zeigt schon allein eine merkwürdige Ungereimtheit in der

[40] Anders ist aber die Physik von Newton. Seine *Philosophiae naturalis principia mathematica* steht den *Principia philosophiae* von Descartes entgegen, indem er die spekulative Metaphysik der Natur von der physikalischen Forschung über die Prinzipien der Natur trennt, sodass die Kraft in seinem physikalischen System als eine gewisse Entität in der Wirklichkeit keine Rechtfertigung braucht. Es reicht ihm, dass die mathematisch formulierte Kraft in den Phänomenen nachweisbar ist.

[41] PP, II, § 26 in AT, VIII-1, 54: „Quippe notandum est, magno nos, in hoc, praejudicio laborare, quod plus actionis ad motum requiri arbitremur, quam ad quietem. Hocque ideo nobis ab ineunte aetate persuasimus, quod corpus nostrum soleat moveri a nostra voluntate, cujus intime conscii sumus, & quiescere ex hoc solo quod terrae adhaereat per gravitatem, cujus vim non sentimus. Et quidem quia ista gravitas, aliaeque plures causae, a nobis non animadversae, motibus quos in membris nostris ciere volumus resistunt, efficiuntque ut fatigemur, putamus majore actione, sive majore vi opus esse ad motum ciendum, quam ad illum sistendum: sumentes scilicet actionem pro conatu illo, quo utimur ad membra nostra & illorum ope alia corpora permovenda."

Cartesischen Philosophie, die sich auf die radikale Zweifelsprüfung gründen möchte. Daher stellen sich einige Kommentatoren besonders die Aufgabe, den Ausdruck „Kraft“ in der Cartesischen Physik zu erläutern. M. Guéroult behauptet beispielsweise, dass die Kraft mit der sekundären Ursache der Bewegung oder Ruhe vergleichbar sei. Sie müsse aber in den *Principia philosophiae* unter zwei verschiedenen Betrachtungen begriffen werden. Einerseits sei sie die Ursache der Bewegung oder Ruhe, welche jenseits des geometrisch bestimmbaren Körpers liegt. Die Ursache an sich sei letztendlich die göttliche Aktivität der Schöpfung selbst. Insofern die Wirkung mit der Ursache untrennbar verbunden ist, könne die Größe der Kraft andererseits aber auch durch die von der Ursache untrennbare Wirkung, welche sich im Körper befindet und mathematisch mit der Formel mv bestimmbar ist, berechnet werden. Auf diese Weise sei die Kraft an sich kein Modus der ausgedehnten Körper, existiere aber real in der Natur und werde gemäß den Naturgesetzen generiert, welche Gott bei der Schöpfung der Welt als Prinzipien in der Natur geschaffen hat.[42] Diese Interpretation des materiellen Kraftbegriffs bei Descartes wurde später von A. Gabbey wesentlich ergänzt und erweitert. Er ist der Meinung, dass der materielle Kraftbegriff in Descartes’ Schriften auf eine andere Weise doppeldeutig sei. Basierend auf der Unterscheidung von Thomas von Aquin sei der Ausdruck „Kraft“ in der Cartesischen Naturphilosophie einerseits als die *causa secundum esse* zu begreifen. Sie sei nichts anderes als der Wille Gottes, durch welchen das spezielle Sein der Seienden hervorgebracht wird. So fußt die Kraft auf der Cartesischen primären Ursache der Bewegung und Ruhe. Damit sei sie nicht der Modus des Körpers. Hingegen müsse sie als eine Art wesentliches Attribut des Körpers begriffen werden, da sie untrennbar vom Sein des Körpers sei. Andererseits sei der materielle Kraftbegriff in der Cartesischen Naturphilosophie als die *causa secundum fieri* zu begreifen, also als die besondere Ursache der Veränderung in der Natur. So gesehen ist die Kraft die sekundäre Ursache der Bewegung und der Ruhe. Sie sei laut Descartes ein Modus im Körper, welcher mathematisch mit der Körpergröße und Bewegungsgeschwindigkeit bestimmbar sei. Damit behauptet

---

[42] Vgl. Guéroult, „Metaphysics and Physics of Force“, 198: „What are calculated are not the forces or causes, which in themselves elude us since they are Divine creative acts, but the effects of these forces in extension. Nevertheless, as the mathematical expression of each effect is exactly equivalent to its cause, it can be taken for that cause and can itself be called a cause.“ Ohne Zweifel hat Guéroult die Undeutlichkeit des Ausdrucks Kraft in Descartes’ Schriften scharf beobachtet. Fraglich ist jedoch, ob die Kraft mit ihrer Wirkung so eng verbunden wäre, dass die mathematische Bestimmbarkeit der Kraft nicht als Ursache der Bewegung, sondern als die Wirkung derselben angesehen werden dürfte. Unserer Ansicht nach darf die Wirkung deshalb nicht mit der Ursache verwechselt werden, weil sie der Ursache genau entspricht. Die Wirkung ist dadurch definiert, dass sie aus einer bestimmten Ursache hervorgebracht wird. Damit sind die Ursache und die Wirkung klar im Verstand strukturiert und nicht zu verwechseln. Ein Körper mit der Masse m und der Geschwindigkeit v hat nach Descartes die Kraft mv, einen anderen Körper zu bewegen. Insofern ist jene Bewegungsgröße mv keine Wirkung, sondern die Ursache!

Gabbey, wie Guéroult, dass die Kraft eine reale Eigenschaft des Körpers in der Cartesischen Physik sei.[43] G. Hatfield vertritt hingegen die Auffassung, dass allein Gottes Aktivität jene Kraft im Körper darstelle. Mit anderen Worten sei die Kraft streng genommen in Gott, nicht im Körper. Der Körper habe keine intrinsische Kraft als Ursache seiner Bewegung oder Ruhe. Damit ordnet Hatfield die Kraft allein der primären Ursache der Bewegung oder Ruhe – Gott – zu. Der Ausdruck „Kraft" in der Cartesischen Physik unterliege einem „customary usage"[44]. Ähnlich meint auch D. Garber, dass der Ausdruck „Kraft" in der Cartesischen Naturphilosophie nur eine *façon de parler* sei. Jedoch bleibt Garber auf der Suche nach der Cartesischen Kraft auf halbem Wege stehen. Er hat den Begriff bloß abgetan, ohne zu erklären, was wir dahinter in den Schriften von Descartes lesen müssen. Wenn der Ausdruck „Kraft" bei Descartes auch nur eine Redensart („way of talking"[45]) ist, muss sie doch eine Rede über etwas sein. Daher kann Garbers ansonsten sehr aufschlussreiche Studie über Descartes' Naturmetaphysik uns in diesem Punkt nicht zufriedenstellen.

Im Folgenden möchten wir zunächst an die Interpretation von Hatfield und Garber anknüpfen, nämlich an die Ansicht, welche die Kraft als eine reale Eigenschaft in der Cartesischen Physik ablehnt. Dabei wird der Ausdruck „Kraft" in der Cartesischen Physik nicht bloß als eine Redeweise gesehen, sondern es wird versucht, auf die Frage, die Hatfield selbst auch gestellt hat: „Was ist dieser Begriff ‚Kraft'?"[46]„ eine Antwort zu geben.

2.3. Der ontologische Status des materiellen Kraftbegriffs – die Kraft als die subjektive Idee der Wirkursache (*causa efficiens*)

Bei den oben erwähnten Interpretationen des Cartesischen Kraftbegriffs geht es hauptsächlich um die Fragen: Ist die Kraft in der Cartesischen Physik als primäre Ursache, als göttliche Schöpfungsaktivität zu verstehen (Hatfield), oder gehört sie der sekundären Ursache in der Natur an, nämlich dem im Körper selbst feststellbaren Naturgesetz (Guéroult), oder ist sie vielmehr beides zugleich unter verschiedenen Betrachtungsweisen (Gabbey)? Kann die Kraft selbst als ein Modus des ausgedehnten Körpers verstanden werden (Gabbey), oder ist sie vielmehr die Ursache der Modi (Guéroult)? Existiert die Kraft real

---

[43] Vgl. Alan Gabbey, „Force and Inertia in the Seventeenth Century. Descartes and Newton", in: Stephen Gaukroger (ed.), *Descartes. Philosophy, Mathematics and Physics*, Sussex 1980, 230–320 (= „Force and Inertia"), hier 234–238, besonders 234: „it is clear from a considered reading of Descartes' works and correspondence that force is a real feature of his mechanical world." Diese Position wird danach von Schmaltz unterstützt, siehe Tad M. Schmaltz, *Descartes on Causation*, Oxford 2008, 104 f.

[44] Hatfield, „Force", 120.

[45] Garber, *Physics*, 297 f.

[46] Hatfield, „Force", 126.

in der Natur (Guéroult, Gabbey), oder ist sie ein fiktiver Gedanke, welcher in der Cartesischen Physik nirgends real existiert (Hatfield, Garber)? Mit so vielen Interpretationsmöglichkeiten scheint es, dass Descartes selbst sogar bewusst den ontologischen Status der Kraft in seinen veröffentlichten Schriften im Unbestimmten beließ. An einer Stelle im Brief an More meint er tatsächlich, dass dieses Thema zu schwer sei, um für jeden begreiflich zu sein, oder dass es vielmehr zu leicht wäre, von allen fehlinterpretiert zu werden, sodass er es in seinen Veröffentlichungen unbestimmt lassen wolle.[47] Dennoch kann man einige seiner Ansichten über den Kraftbegriff mit Bestimmtheit ermitteln.

Über die Frage, ob die Kraft ein Modus des Körpers ist, kann im Grunde gesagt werden, dass sie nach Descartes offensichtlich etwas anderes ist als die Modi des Körpers, wie die Stelle in PP, I, § 65 deutlich macht. Die Modi des Körpers sind Gestalt, Lage und Bewegung, welche rein geometrisch durch das Attribut des Körpers, nämlich die Ausdehnung, dargestellt werden können.[48] Hingegen ist die Kraft, wie in § 65, etwas, wovon die Bewegung entsteht, also die Ursache der Bewegung. Sie ist streng genommen kein Modus des Körpers, sondern die Ursache dafür, dass ein Körper sich unter solchen Modi befindet. Wenn die Kraft ein Modus des Körpers wäre, hätten wir die Schwierigkeit, sie als einen Zustand aus der Ausdehnung allein abzuleiten.

Um die Schwierigkeit über die ontologische Deutung der Kraft bei Descartes letztendlich zu überwinden, wird zunächst nochmals die körperliche Kraft vom Cartesischen Standpunkt aus hinsichtlich der Ursache der natürlichen Phänomene betrachtet. Die Ursache der Bewegung oder Ruhe ist nach Descartes, wie bereits erwähnt, einerseits Gott als die primäre und allgemeine Ursache. Gott schafft die Welt mit den Körpern in Bewegung und Ruhe und erhält die Summe der Bewegung und Ruhe konstant wegen seiner göttlichen Beständigkeit. Die Ursache der Bewegung sind andererseits die Naturgesetze, die sich als spezielle und direkte Ursache der Bewegung auch auf die Beständigkeit Gottes stützen. Der Ausdruck „Kraft" scheint damit keinen Platz als Ursache in der Cartesischen Naturlehre zu haben, wenn er ausgehend von der metaphysischen Grundlage der Cartesischen Physik betrachtet wird. Gehen wir aber vom Standpunkt eines erkennenden Subjekts aus, so muss jede besondere Wirkung in der Natur nach unserer logischen Denkstruktur eine besondere Ursache haben. Wie das vorherige Zitat von Descartes zeigt, fordert die Vernunft (*lumen naturale*) selbst für jede Wirkung eine Wirkursache. Die Naturgesetze als die spezielle Ursache für die Bewegung oder Ruhe können uns dennoch nicht befriedigen. Denn wenn die Bewegung selbst, wie „bei der vulgären Rede" (*ut vulgo sumutur*), nicht in ihrem eigentlichen Sinne als „Überführung" (*translatio*), sondern

---

[47] Hatfield, „Force", 126.

[48] Vgl. Brief an Henry More vom August 1649 in AT, V, 404: „Et quidem illa vis in substantia creata est eius modus, non autem in Deo; quod quia non ita facile ab omnibus potest intelligi, nolui de ista re in scriptis meis agere."

als eine „Tätigkeit“ (*actio*)[49] verstanden wird, wie Descartes selbst glaubt, fordert unser Verstand einen Täter für die Bewegung als eine Tätigkeit. Daher gebrauchen wir den Ausdruck „Kraft“, als ob es einen Täter bei einer derartigen „Tätigkeit“ gäbe, welcher eine bestimmte „Kraft“ ausübte.[50] Genau wie der Ausdruck „Tätigkeit“ ungeeignet ist, um ihn der Bewegung zuzuschreiben, ist der Ausdruck „Kraft“ auch nur ein aus dem inneren Erleben entlehntes Wort, welches der Wissenschaft von der Bewegung nicht angemessen ist. Wir stellen uns bloß eine bestimmte Kraft als die Idee einer Ursache vor, die der Bewegung als der Wirkung aus einer Tätigkeit unterstellt werden soll, ohne sie jedoch weiter erklären zu können. Der Ausdruck „Kraft“ gehört nach Descartes allein einer bloßen Idee des erkennenden Subjekts an, um die Bewegung als Tätigkeit zu verstehen. Er wird angewendet, indem wir ihn von der psychisch-physiologischen Erfahrung hernehmen. Für den Körper selbst gibt es aber nur die Ursache der zugrunde liegenden Naturgesetze als sekundäre Ursache in der Natur einerseits und Gott als die transzendente und absolute Ursache andererseits. Nur wir betrachten die Bewegung so, als ob eine gewisse Kraft von einem „Täter“ ausgeübt werde, die als Ursache bei der Bewegung der Körper wirke. Auf diese Weise sei die Kraft eine reale Idee von uns und auch nur in uns. Damit ist sie keineswegs eine bloß okkulte Eigenschaft, die man nicht klar und deutlich erkennen kann. Sondern insofern unsere logische Operation für jede Naturerscheinung als eine Tätigkeit eine besondere Ursache als Täter verlangt, ist die Idee der Kraft von uns, und auch nur für uns, klar und deutlich dargestellt.[51]

Nach dieser Betrachtungsweise soll die Kraft kein Modus im Körper sein, sondern allein ein Modus in unserem Denken, als eine besondere Idee der *causa efficiens* nämlich. Bei der Erscheinung bestimmter Naturphänomene stellen wir uns selbst eine Idee der Ursache vor. Wir übertragen jene Idee auf den Körper, sodass es einerseits scheint, als ob es im bewegten Körper eine Kraft gäbe und aus diesem Grund die Bewegung eines Anderen hervorgebracht werde. Die bewegten Körper scheinen also eine bewegende Kraft zu besitzen, welche zwischen Körpern übertragbar und gemäß den Naturgesetzen mit der Formel mv berechenbar sei. Gleichermaßen muss man sich für die ruhenden Körper eine „ruhende“ Kraft vorstellen, die mathematisch feststellbar ist. Aus dem Standpunkt der Körper selbst betrachtet, sei es aber unnötig, ihnen eine derartige Kraft zu unterstellen. Sie bewegten sich und ruhten nach Naturgesetzen, die allein auf Gottes Beständigkeit basierten. In diesem Sinne seien die Körper gegenüber der Ruhe oder Bewegung gänzlich indifferent. Kein Körper schließt ein Tun oder Leiden in sich ein. Sie werden von den Naturgesetzen bloß geregelt. Ähnlich kann man sich ein simuliertes Billardspiel auf einem Bildschirm

[49] Vgl. PP, I, § 65 in AT, VIII-1, 32.
[50] PP, II, §§ 24, 25 in AT, VIII-1, 53.
[51] Vgl. PP, II, §§ 25, 26 in AT, VIII-1, 54; AT, XI, 49; dazu PP, II, § 29 in AT, VIII-1, 55.

vorstellen. Die simulierten Kugeln haben an sich keine Kraft, eine andere wegzustoßen. Die Wirkung des Stoßens wird bloß von bestimmten Regeln so programmiert, dass es dem Betrachter scheint, als ob die Kugeln einander stoßen würden. In der Tat sind die Kugeln auf dem Bildschirm nichts anders als ein Zusammenschluss von Lichtsignalen, die sich zu verschiedener Zeit auf unterschiedlichen Stellen des Bildschirms befinden. Descartes' physikalische Welt ist so ähnlich zu verstehen. Die geschaffenen Substanzen können nach Descartes sich selbst kein Sein erteilen, sondern sie müssen es von einer äußeren Ursache, nämlich Gott, erhalten. Man kann nach Descartes auch meinen, dass Gott in jedem Moment die Welt neu hervorbringt.[52] Die Cartesische physikalische Natur ist damit nicht dynamisch, sondern bloß kinematisch.[53]

Dass die Kraft als ein Modus in unserem Denken und nicht als ein solcher im Körper ist, basiert auf der Unterscheidung von Descartes selbst. In den *Principia philosophiae*, I, §§ 57 und 58, meint er, dass die Dauer das Attribut aller Substanzen sei. Was *per se* existierend ist, muss eine Dauer in der Zeit haben. Dagegen sind die Zahl, die Zeit selbst und alle Universalien nur die Zustände (*modi*) des Denkens.

Einige sind in den Dingen selbst, von denen die Attribute oder Modi ausgesagt werden; die anderen sind aber in unserem bloßen Denken. Wenn wir z. B. die Zeit von der Dauer überhaupt unterscheiden und sagen, sie sei die Zahl der Bewegung, so ist dies nur ein Modus des Denkens; denn wir bemerken fürwahr in der Bewegung keine andere Dauer als in den nicht bewegten Dingen, wie daraus erhellt, dass, wenn zwei Körper sich, der eine langsam, der andere schnell, eine Stunde lang bewegen, wir nicht mehr Zeit in dem einen als in dem anderen zählen, obgleich in dem einen viel mehr Bewegung ist. Um aber die Dauer aller Dinge zu messen, vergleichen wir sie mit der Dauer jener größten und gleichmäßigsten Bewegungen, von denen die Jahre und Tage kommen, und nennen diese Dauer die Zeit. Dies fügt der Dauer im Allgemeinen genommen nichts anderes als einen Modus des Denkens hinzu.[54]

---

[52] Anzumerken ist, dass nicht nur der Ausdruck der körperlichen Kraft eine uneigentliche Redeweise ist, sondern auch der Ausdruck „Denkkraft" (*vis cogitationis*) oder „Kraft der Einsicht" (*vis ingenii*) von Descartes in PP, III, § 2 nur eine übertragene Redensart sein muss.

[53] Vgl. PP, I, § 62 in AT, VIII-1, 30; PP, II, § 42 in AT, VIII-1, 66; Med, III in AT, VII, 49. Für Descartes unterscheiden sich die Dauer einer Substanz, bzw. die Erhaltung einer Substanz durch die Gnade Gottes, und die neue Schöpfung Gottes nicht real, sondern nur begrifflich. Auf diese Weise wird nicht nur die intrinsische Kraft der Existenz einer Substanz von Descartes abgelehnt, sondern die innerliche Kontinuität einer Substanz steht auch in Frage.

[54] Ein solches Verständnis der Cartesischen Physik nennt Garber „cinematic view". Es gibt jedoch eine andere parallele Möglichkeit, die Cartesische Physik zu verstehen, wonach nämlich Gott die Körper real bewege, was Garber „divine impulse view" nennt. Ob die beiden Betrachtungsweisen der Bewegung miteinander verträglich sind, kann hier nicht weiter erforscht werden, da es zum Verständnis des Kraftbegriffs in der Cartesischen Physik nichts weiter beiträgt. Aus beiden Sichtweisen folgt das gleiche, nämlich dass es in der Cartesischen Physik keine Kraftwirkung im eigentlichen Sinne gibt. Vgl. Garber, *Physics*, 278; ähnlich auch Hatfield, „Force", 130 f.

So ist auch die Zahl nur ein Modus des Denkens, wenn man sie nicht in irgendwelchen erschaffenen Dingen, sondern bloß abstrakt oder im Allgemeinen betrachtet; dies gilt von allem, was wir *Universalien* nennen.[55]

Dass Zahl, Zeit und Universalien bloß Modi des Denkens seien und nicht als solche in den Dingen selbst vorliegen, bedeutet nach Descartes nichts anderes, als dass sie nur als gewisse Ideen in unserem Denken vorhanden sind.[56] Als ein Beispiel der Universalien nimmt Descartes in § 59 eine geometrische Figur, ein Dreieck nämlich, um diese Idee zu erläutern. Diese Vorstellungen im Bereich der Gedanken „sind kein Wesen in der Wirklichkeit". Sie sind aber auch „nicht etwas Fiktives oder *ens rationis*, sondern etwas Reales, das distinkt konzipiert wird"[57]. Sie gehören nicht zum fiktiven *ens rationis*, d. h. dem rein vom Verstand erdachten Seienden, sondern zum *ens reale* und besitzen damit eine gewisse Objektivität, weil sie, wie ein mathematisches Dreieck, ihre Wesenheit und Eigenschaft haben, die vom Geist „klar und deutlich" erkannt werden können. Dennoch wird eine solche Idee allein in unserem Verstand konzipiert. Sie existiert nicht objektiv außerhalb des Verstands in der körperlichen Natur. Hier kann man wohl die Kraft als eine allgemeine Idee der *causa efficiens* noch anschließen.[58] So betrachtet, befindet sich die Kraft weder in Gott noch in der Natur, sondern als eine Idee in unserem Verstand. Daher ist es zu vermuten, dass der Kraftbegriff in der Cartesischen Naturphilosophie kein ontologischer Begriff ist, sondern vielmehr verweist er auf einen erkenntnistheoretischen Ursprung. Dies zeigt Descartes besonders deutlich bei der Frage nach dem Phänomen der

---

[55] PP, I, §§ 57, 58 in AT, VIII-1, 26 f.: „Alia autem sunt in rebus ipsis, quarum attributa vel modi esse dicuntur; alia vero in nostra tantum cogitatione. Ita cum tempus a duratione generaliter sumpta distinguimus, dicimusque esse numerum motus, est tantum modus cogitandi; neque enim profecto intelligimus in motu aliam durationem quam in rebus non motis; ut patet ex eo quod, si duo corpora, unum tarde, aliud celeriter per horam moveatur, non plus temporis in uno quam in alio numeremus, etsi multo plus sit motus. Sed ut rerum omnium durationem metiamur, comparamus illam cum duratione motuum illorum maximorum, & maxime aequabilium, a quibus fiunt anni & dies; hancque durationem tempus vocamus. Quod proinde nihil, praeter modum cogitandi, durationi generaliter sumptae superaddit." Descartes scheint hier an die bekannte Definition der Zeit von Aristoteles als *„arithmos kineseos"* anknüpfen zu wollen. Die zählbare Zeit ist Descartes zufolge nicht abhängig von der Bewegung und den Bewegten, sondern vom denkenden Bewusstsein, welches die Dauer der Bewegung zählt. Nur die Dauer ist das wesentliche Attribut in gezählten Dingen selbst.

[56] Ebd.: „Ita etiam, cum numerus non in ullis rebus creatis, sed tantum in abstracto, sive in genere consideratur, est modus cogitandi duntaxat; ut & alia omnia quae *universalia* vocamus."

[57] Vgl. Med, III in AT, VII, 37: „nam profecto, si tantum ideas ipsas ut cogitationis meae quosdam modos considerarem, nec ad quidquam aliud referrem, vix mihi ullam errandi materiam dare possent."

[58] AT, VII, 103. Descartes antwortet auf den ersten Einwand gegen seine *Meditationes* mit folgenden Worten: „Ait enim primo, rem ita existentem in intellectu per ideam non esse *ens actu*, hoc est non esse quid extra intellectum positum; quod verum est. Deinde ait etiam eandem *non esse fictum quid, sive ens rationis, sed reale aliquid, quod distincte concipitur*; quibus verbis omne id quod assumpsi admittit."

Schwere des Körpers, auf die ich im nächsten Abschnitt eingehe. Durch die Schwere als eine besondere Form der materiellen Kraft soll aufgezeigt werden, dass Descartes sich den Kraftbegriff einerseits als eine bloße Idee im Denken vorstellt, anderseits aber als eine unvermeidbare Idee, die wir brauchen, um die Bewegung zu verstehen. Gerade hierin hat Leibniz später das Defizit der Cartesischen Naturphilosophie gesehen. Denn die Natur werde in der Cartesischen Philosophie nicht aus ihrer lebendigen Hervorbringung heraus betrachtet, wie das Wort *natura* im Lateinischen ursprünglich suggeriert, sondern bloß auf die mathematische Rechenschaft und die idealen Begriffe des menschlichen Geistes reduziert. Damit wird sie durch die erkennende Tätigkeit des menschlichen Geistes idealisiert und verliert ihre eigenständige Lebendigkeit gegenüber dem denkenden Bewusstsein.

2.4. Die Schwerkraft

Die Eigenschaft der körperlichen Schwere wird seit der Antike immer wieder diskutiert. Die aristotelisch-scholastische Naturphilosophie bezeichnet sowohl die Bewegung der schweren Körper nach unten als auch die der leichten nach oben, wie z.B. die Bewegung des Feuers oder Dampfes, als natürliche Bewegung (*motus naturalis*) im Unterschied zur gewaltsamen Bewegung (*motus violentus*), wie beispielsweise die Bewegung eines Projektils oder das Hochziehen eines Gewichts mittels eines Flaschenzugs, ohne jedoch ihre Ursache hinreichend berücksichtigt zu haben.[59] Bei der natürlichen Bewegung wird also kein für die Bewegung erforderlicher Beweger wahrgenommen, welcher sich hinter den bewegten Körpern verbirgt, daher kann man auf die Ursache der Bewegung auch nicht leicht schließen. Außerdem kann ein lebloser Körper offensichtlich keine Seele haben, welche bei den Lebewesen als das aktive Prinzip des leiblichen Körpers dient. Daher setzt die spätscholastische Naturphilosophie eine dem schweren Körper inhärierende Schwerkraft (franz.: *pesanteur*,

---

[59] Ich unterstelle jedoch nicht, dass die Kausalität als solche nach Descartes nur fiktiv im Intellekt sei. Hätte Descartes dies gedacht, wären sowohl Gott, die *prima causa*, als auch die Naturgesetze nicht mehr real. So hieß es in der dritte Meditation: „Jam vero lumine naturali manifestum est tantumdem ad minimum esse debere in causa efficiente & totali, quantum in ejusdem causae effectu" (AT, VII, 40; vgl. Brief an Mersenne vom 31. Dezember 1640 in AT, III, 274). Die Vernunft (*lumen naturale*) fordert, dass die *causa efficiens* mindestens ebenso viel Realität oder Sachhaltigkeit besitzt wie die Wirkung selbst. (Das Wort „réalité" wird in der französischen Übersetzung der *Meditationes*, die unter der Aufsicht von Descartes selbst 1647 von Duc le Luynes angefertigt wurde, eingeführt (siehe AT, IX-1, 32). Der Ausdruck „réalité" im Französischen oder „realitas" im Lateinischen knüpft bei Descartes jedoch am ursprünglichen Sinn des Wortes an, welcher aus dem Wort „res" abgeleitet ist (vgl. Poser, *René Descartes*, 78). Was ich hier vertreten möchte, ist allein, dass die physikalische Kraft nach Descartes nicht etwa real in der Natur sein kann, sondern nur als eine Idee der *causa efficiens* im denkenden Bewusstsein sein muss.

lat.: *gravitas*) bloß begrifflich als den erforderlichen Grund dafür, dass die sublunaren schweren Körper sich immer zum Erdmittelpunkt bewegen, wenn sie nicht durch eine äußere Ursache daran gehindert werden.[60] Dies wird von Descartes in verschiedenen Schriften durchgehend kritisiert. Nach Descartes ist die Schwere eine relative Eigenschaft des Körpers wie Farbe, Härte oder Wärme. Sie gehöre nicht zum Wesen des Körpers, sondern zu den akzidentellen Phänomenen, die einen Betrachter forderten. Der Körper ist also schwer, weil wir seine drückende Wirkung empfinden. Außerdem könne die Schwere als eine relative Eigenschaft des Körpers kein Grund der Bewegung sein.[61] Wenn man sich im Körper eine Schwerkraft als den Grund vorstellt, warum ein Körper sich zum Erdmittelpunkt hinbewegt, übertrage man nur die alltägliche „evidente" Erfahrung, dass die Seele den eigenen Körper bewegt, fälschlich auf das Phänomen der Bewegung des unbeseelten Körpers. Auf diese Weise werde das Phänomen nicht erklärt, sondern mit einer bereits vertrauten Idee als selbstverständlich angenommen. Das Phänomen der Schwere muss nach Descartes vielmehr auf eine mechanische Weise erklärt werden, nämlich durch die Berührung der Körperoberfläche. In seinem Briefwechsel mit Prinzessin Elisabeth von der Pfalz (1618–1680) schreibt er:

So haben wir, glaube ich, zuvor den Begriff der Kraft, mit der die Seele auf den Körper wirkt, mit der verwechselt, mit der ein Körper auf einen anderen wirkt; und so haben wir die eine wie die andere nicht der Seele, weil wir sie noch nicht kennen, sondern den verschiedenen Qualitäten der Körper zugeschrieben, wie der Schwerkraft, der Wärme und den anderen, von denen wir uns eingebildet haben, sie seien real, das heißt, sie besäßen eine von der des Körpers unterschiedene Existenz, folglich als Substanzen, obgleich wir sie Qualitäten genannt haben. Und wir haben uns, um sie zu begreifen, bald der Begriffe bedient, die in uns sind, um den Körper zu erkennen, bald derer, die in uns sind, um die Seele zu erkennen, je nachdem ob das, was wir ihnen zugeschrieben haben, materiell oder immateriell gewesen ist. Indem wir z. B. voraussetzen, dass die Schwere eine reale Qualität ist, von der wir keine andere Erkenntnis haben, als dass sie die Kraft hat, den Körper, in dem sie sich befindet, zum Mittelpunkt der Erde hin zu bewegen, haben wir keine Mühe zu begreifen, wie sie diesen Körper bewegt, noch auch wie sie mit ihm verbunden ist; und wir glauben nicht, dass dies durch ein reales Berühren einer Oberfläche mit einer anderen geschehe, denn wir machen in uns selbst die Erfahrung, dass wir einen besonderen Begriff haben, um dies zu begreifen; und ich glaube, dass wir schlechten Gebrauch von diesem Begriff machen, indem wir ihn auf die Schwere anwenden, die nichts real vom Körper Unterschiedenes ist, wie ich in der *Physik* zu zeigen hoffe, sondern dass er uns gegeben worden ist, um die Art und Weise zu begreifen, in der die Seele den Körper bewegt.[62]

---

[60] Vgl. Anneliese Maier, *An der Grenze von Scholastik und Naturwissenschaft*, Rom [2]1952 (= *Grenze*), 146 ff.

[61] Vgl. Daniel Garber, „Mind, Body and the Laws of Nature in Descartes and Leibniz", *Midwest Studies in Philosophy* III (1983), 105–133 (= „Mind, Body and the Laws of Nature"), hier 113 f.

[62] Brief an Elisabeth von der Pfalz vom 21. Mai 1643 in AT III, 667 f.: „Ainsi ie croy que nous avons cy-devant confondu la notion de la force dont l'ame agit dans le corps, avec celle dont un corps agit dans un autre; & que nous avons attribué l'une & l'autre, non pas à l'ame,

Descartes hat wohl gemerkt, dass zum einen die Kraft der Seele, wodurch die Seele den Körper bewegen kann, anders ist als die Kraft, durch die ein Körper auf einen anderen wirken kann. Es wird hier jedoch nicht weiter erklärt, was das Wesen der bewegenden Kraft im Körper ist. Gewiss ist hier nur, dass die bewegende Kraft nach Descartes den „Begriffen in uns" (*notions en nous*) gehört, die aber auf die Körper übertragen werden, um das Abprallen oder Mitbewegen der Körper beim Stoß zu begreifen. Dies entspricht dem oben geäußerten Gedanken, dass die Kraft der Bewegung oder der Ruhe in der körperlichen Natur nur eine Idee der Ursache in unserem Denken ist. Sie ist anders als die „Kraft", durch die die Seele den Körper bewegen kann. Eine solche seelische Kraft, oder vielmehr ein bestimmtes Vermögen (*facultas/vertu*, *puissance*)[63], erfahren wir deutlich in uns. Sie ist als solche real in uns vorhanden, obwohl wir sie nicht wirklich verstehen.[64] Man darf sie aber nicht ohne Weiteres aus einem innerlichen Erleben heraus auf die Körper übertragen. Die Übertragung ist dennoch dadurch nützlich, dass wir durch den Gebrauch des Begriffs „Kraft" die Bewegung der Körper verstehen können. Sie ist auch dadurch möglich, dass wir uns die physikalische Kraft als ein Vermögen, wodurch der Körper bewegt wird, vorstellen können.[65]

---

cars nous ne la connoissiions pas encore, mais aux diverses qualitez des corps, comme à la pesanteur, à la chaleur, & aux autres, que nous avons imaginé estre reelles, c'est à dire avoir une existance distincte de celle du corps, & par consequent estre des substances, bien que nous les ayons nommées des qualitez. Et nous nous sommes servis, pour les concevoir, tantost des notions qui sont en nous pour connoistre le corps, & tantost de celles qui y sont pour connoistre l'ame, selon que ce que nous leur avons attribué, a esté materiel ou immateriel. Par exemple, en suppossant que la pesanteur est une qualité reelle, dont nous n'avons point d'autre connoissance, sinon qu'elle a la force de mouvoir le corps, dans lequel elle est, vers le centre de la terre, nous n'avons pas de peine à concevoir comment elle meut ce corps, ny comment elle luy est iointe; & nous ne pensons point que cela se fasse par un attouchement reel d'une superficie contre une autre, car nous experimentons, en nous mesmes, que nous avons une notion particuliere pour concevoir cela; & ie croy ques nous usons mal de cette notion, en l'appliquant à la pesanteur, qui n'est rien de reellement distingué du cors, comme i'espere monstrer en la Physique, mais qu'elle nous a esté donnée pour concevoir la façon dont l'ame meut le cors." Vgl. AT, V, 222 f.

63 Med, VI in AT, VII, 78; Vgl. AT, XI, 11: „la vertu ou la puissance de se mouvoir soymesme".

64 Das offene Geständnis von Descartes, dass die menschliche Seele, ähnlich wie auch Gott und die Engel, die Körper bewegen kann, bereitet eine zu seinen Lebzeiten schon bekannte Schwierigkeit in seiner physikalischen Theorie, nämlich den Widerspruch der Bewegungserhaltung. Die Tätigkeit der Seele gefährdet die Erhaltung der gesamten Bewegung in der Natur, an die Descartes aus dem Grund der Beständigkeit Gottes als evident glaubt. Vgl. Gary Carl Hatfield, „Force (God) in Descartes' Physics", *Studies in History and Philosophy of Science* 10/2 (1979), 113–140 (= „Force"), hier 130 f., 135; Daniel Garber, „Mind, Body and the Laws of Nature".

65 Vgl. AT, XI, 7–9. Die französischen Ausdrücke *puissance* und *force* sind beide legitime Bezeichnungen, die in *Le Monde* mit dem Ausdruck der physikalischen Ursache der Bewegung austauschbar sind. Für die seelische Fähigkeit, den eigenen Körper zu bewegen, benutzt Descartes, wie oben bereits dargestellt wurde, in den *Meditationes* den lateinischen Ausdruck

Zum anderen ist aus dem obigen Zitat speziell zu lesen, dass die Schwerkraft nicht real in der Natur ist. Sie basiert auf der subjektiven Empfindung in uns. Wir versuchen, das Phänomen der Schwere zu erklären, indem wir glauben, dass im Körper eine Schwerkraft existiert, als ob sie ein Selbständiges im Körper wäre, gleichsam wie wenn die Seele als ein Andersartiges im Körper festgestellt würde. Diese Art und Weise, die Schwere zu begreifen, ist nach Descartes aber keine wissenschaftliche Erklärung. Seiner Meinung nach können allein die *res cogitans* und die *res extensa* als zwei verschiedene Arten der Substanz klar und deutlich erfasst werden. Eine Idee der Schwere als eine mögliche Art der Substanz kann in seiner Philosophie keinen Platz haben, da sie außer auf eine nominale Weise nicht deutlich bestimmt werden kann. Die Schwere muss also eine untrennbare Eigenschaft des Körpers sein, welche vom Betrachter abhängig ist. Im sechsten Einwand gegen die Kritik seiner *Meditationes* versucht Descartes, dies noch deutlicher darzulegen:

> Und selbst wenn die Schwere von gleicher Ausdehnung mit dem Körper war, so sah ich, dass sie ihre ganze Kraft in jedem seiner Teile ausüben konnte; denn an welcher Stelle auch der Körper an einem Stricke aufgehängt werden mochte, so zog er doch mit seiner ganzen Schwere an ihm, genauso, wie wenn diese ganze Schwere bloß an der Stelle, die den Strick berührt, nicht aber durch die übrigen Teile verstreut, enthalten gewesen wäre. Ebenso denke ich mir jetzt in der Tat den Geist mit dem Körper gleich ausgedehnt, indem ich ihn als Ganzen im Ganzen und als ganz in jedem Teile vorhanden denke. Indessen erhellt ganz besonders eben hieraus, dass jene Idee der Schwere zum Teil der entnommen ist, die ich vom Geist habe, weil ich glaubte, dass die Schwere die Körper nach dem Mittelpunkt der Erde ziehe, ganz wie wenn sie eine Art Erkenntnis von diesem in sich enthielte; denn sicherlich scheint es nicht möglich, dass dies ohne Erkenntnis geschieht, eine Erkenntnis aber kann es nirgendwo anders geben als in einem Geiste.[66]

Gleichsam wie der Geist als ein Ganzes im ganzen Körper vorhanden ist, scheint es auch eine Schwere überall im Körper zu geben, sodass ein an einem Strick hängender Körper den Strick nach unten zieht, ungeachtet an welcher Stelle des Körpers der Strick befestigt ist. Dabei scheint die Schwere auf eine Art von Erkenntnis hinzudeuten, indem sie den Körper immer zum Mittelpunkt der Erde zieht. Sie scheint also über ihr Ziel Kenntnis zu haben und nach ihm

facultas, in *Le Monde* den französischen *puissance* oder *vertu*. Es scheint, dass Descartes zwischen diesen Ausdrücken keine strenge Unterscheidung vorgenommen hat, insofern sie sich alle auf ein Vermögen beziehen.

[66] AT, VII, 442: „Quin etiam, dum corpori gravi manebat coextensa, totam suam vim in qualibet ejus parte exercere posse videbam, quia ex quacunque partes corpus illud funi appenderetur, tota sua gravitate funem trahebat, eodem plane modo ac si gravitas ista in sola parte funem tangente, non etiam per reliquas, sparsa fuisset. Nec sane jam mentem alia ratione corpori coextensam, totamque in toto, & totam in qualibet ejus parte esse intelligo. Sed ex eo praecipue apparet illam gravitatis ideam fuisse ex parte ab illa, quam habeam mentis, desumptam, quod putarem gravitatem deferre corpora versus centrum terrae, tanquam si aliquam ejus cognitionem in se contineret. Neque enim hoc profecto sine cognitione fieri, neque ulla cognitio nisi in mente esse potest."

zu streben, indem sie den Körper hin zum Erdmittelpunkt zu steuern trachtet, egal wo und wie sich der Körper befindet. Genau dies ist es, was Descartes bei der Untersuchung der Natur vermeiden möchte. Die Natur als Schöpfung Gottes arbeitet allein anhand der von der Wirkursache ausgehenden Kausalität. Die Zweckursache kann nicht innerhalb der Natur selbst vorkommen, da sie zu Gottes Plan gehört und uns damit verborgen und jenseits der Natur ist. Die Zielstrebigkeit darf ein lebloser Körper selbst nicht haben. Als *res extensa* wird der Körper in der Cartesischen Philosophie streng vom „Denken“ ferngehalten.[67] Daher darf keine eigenständige Schwerkraft im Körper vorgefunden werden, welche von sich aus ein Ziel hat, sondern allein auf die mechanische Weise kann und muss die Gravitation erklärt werden, wie Descartes in den *Principia philosophiae*, IV, §§ 22, 23 zu erklären versucht hat.[68] Die Schwere ist an sich nur eine akzidentelle Eigenschaft des Körpers. Sie ist nicht vom Körper als ein eigenständiges „Verschiedenes“ zu unterscheiden. Keinesfalls kann sie die Ursache der Körperbewegung sein. Sie ist eine von den „Ideen oder Begriffen“, die, obwohl sie der Seele zugeschrieben werden sollen, fälschlich dem Körper untergeschoben werden.[69] Auf ähnliche Weise dürfte es nach Descartes auch keine allgemeine „Kraft“ als ein real Unterschiedenes beim Körperstoß geben. Das Zurückprallen oder Mitbewegen nach dem Stoß sei lediglich ein Phänomen der Körperbewegung gemäß den Naturgesetzen und letztendlich aus der Beständigkeit Gottes heraus zu erklären.

Die Ursache der natürlichen Phänomene sei nun also, wie Descartes in den *Principia* vorgeführt hat, nur auf den zwei folgenden metaphysischen Voraus-

---

[67] Vgl. PP, III, § 56 in AT, VIII-1, 108: „non putandum est idcirco me illis aliquam cogitationem affingere, ex qua procedat iste conatus.“

[68] Vgl. PP, IV, §§ 22, 23 in AT, VIII-1, 213. Descartes ist der Meinung, dass es kein Vakuum geben kann, weil ein leerer Raum als etwas Ausgedehntes unmöglich ist. Sobald etwas eine *res extensa* ist, ist es eine körperliche Substanz (vgl. PP, II, § 16 in AT, VIII-1, 49). Daher müsse das ganze Universum nach Descartes von feiner, flüssiger Materie, die sich im Wirbel befindet, erfüllt sein. Durch die Erddrehung werde jene feine Materie gemäß der „zentrifugalen“ Kraft von der Erde wegfliegen. Daraus folgt, dass die festen Körper zum Mittelpunkt der Erde gedrückt werden müssen, um die nicht erlaubte Leere zu vermeiden. Anders gesagt: Es sei unmöglich, wenn ein Körper seine Position verlasse, dass kein anderer Körper an dieselbe Position komme, da das Vakuum ontologisch unmöglich sei. Auf diese Weise dürfe der Körper nach Descartes nicht, wie Galilei in seinem Experiment gezeigt hat, beim freien Fallen in Richtung Erdmittelpunkt beschleunigt werden, da der Grund der konstanten Beschleunigung fehlt. Sondern die Beschleunigung sei ihm zufolge nur bei der anfänglichen Phase des Fallens zu beobachten. Der fallende Körper müsse nach einer bestimmten Zeit eine konstante Geschwindigkeit erreichen und auf diese Weise zur Erde gedrückt werden. Vgl. Brief an Mersenne vom 11. Oktober 1638 und vom 11. März 1640 in AT, II, 386 und III, 37 f., dazu auch Daniel Garber, „A Different Descartes. Descartes and the Programme for a Mathematical Physics in his Correspondence“, in: Stephen Gaukroger (ed.), *Descartes' Natural Philosophy*, London/New York 2000, 113–130 (= „A Different Descartes“), hier 123 und Stillman Drake, „Free Fall from Albert of Saxony to Honoré Fabri“, *Studies in History and Philosophy of Science* 5/4 (1975), 347–366, hier 355.

[69] Vgl. AT, VII, 441 f.

setzungen fundiert: Die Körperbewegung findet statt, einerseits, weil Gott die Körper in Bewegung und Ruhe erschafft und im Ganzen erhält, andererseits, weil die auf Gottes Beständigkeit beruhenden Naturgesetze die Bewegung und Ruhe der Körper anordnen. Der Ausdruck „Kraft" in der Natur symbolisiert nur eine Idee der Ursache, welche die Vernunft verlangt, um die Naturphänomene bzw. die einzelnen Körperbewegungen zu verstehen. Dass Descartes jenen Ausdruck in der Physik weiter benutzt hat, ist nur eine umgangssprachliche Verwendung. Daher ist es nicht verwunderlich, dass Descartes nirgends in seiner Schrift die Ontologie des Kraftbegriffs systematisch behandelt hat. Immer wenn er über die Kraft der Bewegung oder Ruhe schreibt, handelt es sich um die Ursache der Bewegung und Ruhe bei einer besonderen Körperbegegnung. Die Kraft ist an sich kein reales Wesen außerhalb des menschlichen Verstandes. Sie ist eine konzipierte Idee in uns.

Nachdem der ontologische Status der Kraft bei Descartes aufgezeigt wurde, wollen wir im Folgenden auf einige wichtige Besonderheiten des Cartesischen Kraftbegriffs aufmerksam machen. Da jene bestimmten Merkmale der Kraft nur aus der wesentlichen Bestimmung derselben kommen können, wird damit zugleich noch mehr erhellt, dass Descartes das Wesen der Kraft tatsächlich so verstehen musste, wie es oben dargelegt wurde.

2.5. Die Charakteristik der körperlichen Kraft bei Descartes

2.5.1. Die Simultaneität der Kraftübertragung

Ein wichtiges Merkmal der Kraftwirkung in der Cartesischen Naturlehre, das bisher nicht genug beachtet wurde, ist die betonte Simultaneität der Kraft und ihrer Wirkung. Wie am Anfang des Kapitels bereits aufgezeigt wurde, ist beim Erkennen der Wahrheit das augenblickliche, intuitive Erfassen des Gegenstandes nach Descartes das Fundament des Wissens.[70] Descartes scheint von diesem Gedanken der zeitlosen Augenblickhaftigkeit vollkommen überzeugt zu sein. In seiner Naturlehre ist die Augenblickhaftigkeit hinsichtlich der Kraftmitteilung ebenfalls eine wichtige Idee.[71] Bereits im unvollendeten frühen Werk *Regu-*

[70] Vgl. *Regulae*, 3 in AT, X, 368.

[71] Außer den Stellen, die ich unten hervorheben möchte und die vor allem im Zusammenhang mit der Problematik der Lichtübertragung stehen, gibt es noch eine andere Stelle in *Le Monde*, wo Descartes behauptet, dass die Teile, welche die flüssigen Körper bilden, sich so bewegen, dass, sobald ein Körper seinen Platz verlässt, ein anderer „in demselben Augenblick den zurückgelassenen Platz des ersten einnimmt, damit kein Vakuum unter ihnen entsteht" (*qui occupe au mesme instant le lieu délaissé par le premier; en sorte qu'il ne se trouve pas davantage de vuide parmi eux*; AT, XI, 19). „Derselbe Augenblick" ist an der Stelle besonders wichtig, weil, wie oben bereits erwähnt, ein leerer Raum als ein Zwischenzustand nach Descartes nicht in der Natur vorkommen darf.

lae ad directionem ingenii meint er ausdrücklich, dass die Kraft in „einem und demselben Augenblick" übermittelt werde:

Wenn ich z. B. prüfen will, ob es eine gewisse Naturkraft gibt, die in einem und demselben Augenblick an einen entfernten Ort übergehen kann, und zwar durch das ganze Medium: Dann ist es unangebracht, den Geist sofort auf die Kraft des Magneten oder den Einfluss der Gestirne zu richten und noch nicht einmal auf die Schnelligkeit der Lichtwirkung, um zu erforschen, ob solche Vorgänge überhaupt in einem Augenblick geschehen. Denn das könnte ich noch schwerer nachweisen als das, wonach gefragt wird. Ich werde mich vielmehr den Ortsbewegungen der Körper zuwenden, weil es auf diesem ganzen Gebiet nichts Sinnfälligeres geben kann. Und mir wird auffallen, dass ein Stein zwar nicht in einem Augenblick von einem Ort an einen anderen übergehen kann, weil er ein Körper ist; dass eine Kraft aber ähnlich der, die den Stein bewegt, nur in einem Augenblick mitgeteilt werden kann, wenn sie nackt von einem Gegenstand auf einen anderen übergeht. Wenn ich z. B. ein Ende eines beliebig langen Stockes bewege, so begreife ich leicht, dass die Kraft, durch die jener Teil des Stockes bewegt wird, in einem und demselben Augenblick auch alle seine anderen Teile mit Notwendigkeit bewegt, weil sie dann nackt mitgeteilt wird und nicht in irgendeinem Körper existiert wie bei einem Stein, von dem sie hinübergetragen wird.[72]

Die Kraft geht hiernach entweder bloß als solche von einem Körper auf einen anderen über oder wird von einem Körper, wie einem bewegten Stein, übertragen. Im ersten Fall betrachtet Descartes besonders das bloße Moment der Kraftmitteilung, worin die Kraft nicht von einem bestimmten Körper, wie einem fallenden Stein, übertragen wird, sondern in einem und demselben Augenblick (*uno et eodem instanti*) von einem Körper (A) auf den anderen Körper (B) übergehe. Diese Kraft brauche also keine Zeitspanne, um sich in dem ganzen Körper (B) zu verbreiten, weil sie sich in dem Augenblick nicht mit dem Körper wie mit dem Stein zusammen bewegt, sondern dem angrenzenden Körperteil sofort weitergeleitet werde, sobald sie von einem bestimmten Körperteil empfangen werde. Die durch einen bewegten Stein getragene Kraft benötigt selbstverständlich eine gewisse Zeit, um von einem Ort zu einem anderen zu gelangen, da die Bewegung eines Körpers immer Zeit braucht. Dagegen brauche die Mitteilung der Kraft innerhalb eines Stocks beispielsweise keine Zeit,

---

[72] *Regulae*, 9 in AT, X, 402: „Nam, e. g., si velim examinare, utrum aliqua potentia naturalis possit eodem instanti transire ad locum distantem, et per totum medium, non statim ad magnetis vim, vel astrorum influxus, sed ne quidem ad illuminationis celeritatem mentem convertam, ut inquiram, utrum forte tales actiones fiant in instanti: hoc enim difficilius possem probare quam quod quaeritur; sed potius ad motus locales corporum reflectam, quia nihil in toto hoc genere magis sensibile esse potest, et advertam, lapidem quidem non posse in instanti ex uno loco ad alium pervenire, quia corpus est; potentiam vero, similem illi quae lapidem movet, nonnisi in instanti communicari, si ex uno subjecto ad aliud nuda perveniat. Ver. gr., si quantumvis longissimi baculi unam extremitatem moveam, facile concipio potentiam, per quam illa pars baculi movetur, uno et eodem instanti alias etiam omnes ejus partes necessario movere, quia tunc communicatur nuda, neque in aliquo corpore existit, ut in lapide a quo deferatur." Vgl. auch AT, XI, 49: „[...] ainsi faut-il penser, que l'action ou la force de se mouvoir & de se diviser, qui aura esté mise d'abord en quelques-unes de ses parties, s'est épanduë & distribuée en toutes les autres au mesme instant, aussi également qu'il se pouvoit."

da die Teile des Stockes miteinander so eng verbunden seien, dass es im Moment des Stoßes keine interne freie Bewegung im Stock gebe. Die bewegende Kraft werde auf diese Weise in einem Augenblick bis zum Ende des Stocks mitgeteilt. Diese Behauptung ist zunächst etwas befremdlich, denn es scheint, dass nichts in der Natur von einem zu einem anderen Ort in einem und demselben Augenblick übertragen werden kann. Man kann einerseits Descartes erwidern, dass die Kraftvermittlung in einem Stock niemals in einem Augenblick geschieht, sondern während einer sehr kleinen Zeitdauer, die wir nicht immer wahrnehmen können. Die Bewegung eines Endes des Stockes hat also nicht nur die logische Priorität, sondern auch die zeitliche Priorität gegenüber der Bewegung des anderen Endes des Stockes. Andererseits kann Descartes seine These aber verteidigen, indem er behauptet, dass die logische Priorität nicht die zeitliche Priorität impliziert, sondern die Gleichzeitigkeit zulässt, wie es oben aus seiner Verteidigung gegen die Kritik an seinen *Meditationes* hervorgeht. Dies erscheint jedoch nicht überzeugend. Es scheint unmöglich zu sein, dass eine augenblickhafte Übertragung der kausalen Kette in der materiellen Natur stattfindet. Die Zeitdauer der Kraftübertragung ist erfahrungsgemäß von den Materialien und der Bauweise des Körpers abhängig. Descartes hat hier die Materialität des Körpers wohl gänzlich vernachlässigt. Die simultane Kraftübertragung kann sich nur vollziehen, wenn die Körperteile, in die die Kraft übertragen werden soll, so eng verbunden sind, dass keine freie interne Bewegung möglich ist. Dies ist aber nur in einem idealen Körper möglich. Die Körperteile eines realen Körpers haben immer einen freien Raum um sie herum, in dem sie sich bewegen können, wenn auch dieser freie Raum minimal klein sein kann. Nach unserer Auffassung ist also die Simultanität der Kraftübertragung nur möglich, wenn die Gleichzeitigkeit des Geschehens zwischen dem denkenden Subjekt und dem davon getrennten ausgedehnten Körper stattfindet. Das bedeutet: Sobald das Stoßphänomen von einem erkennenden Subjekt wahrgenommen wird, stellt es sich die bewegende Kraft als seine Ursache im denkenden Geist vor. Bevor wir auf diese Problematik eingehen, soll noch auf die weitere Entwicklung und Anwendung jener Idee der instantanen Kraftübermittlung bei der Cartesischen Naturlehre hingewiesen werden.

Nach der unvollendeten Schrift *Regulae* versuchte Descartes in seinem nächsten Werk *Le Monde*, das er zwischen 1629 und 1632 geschrieben, aber aus Sorge um eine Publikationszensur wegen seiner Zuneigung zum Heliozentrismus zu seinen Lebzeiten nicht veröffentlicht hat,[73] das Phänomen des Lichtes rational zu erklären. Er hält nicht mehr, wie in den *Regulae*, mit seiner Meinung über die instantane Lichtgeschwindigkeit zurück, sondern behauptet nun, dass die Übertragung des Lichtes in einem Augenblick geschehe, selbst wenn die

[73] Dies hat Descartes sowohl im Brief an Mersenne vom November 1633 als auch später im *Discours de la Méthode* geäußert. Vgl. AT, I, 270 f.; VI, 60.

Distanz sehr groß sei. Descartes begründet dies dadurch, dass erstens das ganze Universum von einer Himmelsmaterie erfüllt sei, in welcher er wiederum die Materie des ersten Elements von der Materie des zweiten Elements unterscheidet,[74] zweitens, dass die Teile der Materie des zweiten Elements hart seien und einander berührten, „wie man keinen Teil eines solchen Körpers würde anstoßen können, ohne dadurch ebenfalls alle anderen zu stoßen oder zu ziehen". Daraus ergibt sich, dass „die Tätigkeit oder die Kraft, sich zu bewegen und zu teilen, die zunächst in einige ihrer Teile wird gelegt worden sein, sich im selben Augenblick auf alle anderen ausgedehnt und verteilt hat, so gleichmäßig wie möglich"[75]. Und schließlich glaubt Descartes, dass wir dadurch Licht empfinden bzw. die Gegenstände wahrnehmen, dass die Bewegung jener Materie auf unsere Augen zustößt.[76]

Und da wir wissen, dass die Teile des zweiten Elements [...] einander so weit wie möglich berühren und drücken, kann man auch nicht daran zweifeln, dass die Tätigkeit, mit der die ersten angestoßen werden, nicht in einem Augenblick bis zu den letzten durchgehen müsste: genauso wie diejenige, mit der man das Ende eines Stockes anstößt, im selben Augenblick bis zum anderen Ende durchgeht.[77]

Das Beispiel des Stockes wird nun ein aposteriorischer Beweis für die instantane Lichtübertragung. An dieser Behauptung, dass das Licht in einem und demselben Augenblick übertragen werde, hielt Descartes sein Leben lang als eine unbezweifelbare Wahrheit fest. Erst 1676, 26 Jahre nach seinem Tod, konnte der dänische Astronom Olaf Römer (1644–1710) durch seine Beobachtung der Verfinsterung der Jupitermonde beweisen, dass das Licht eine begrenzte Geschwin-

---

[74] In *Le Monde* unterteilt Descartes Materie insgesamt in drei verschiedene Arten von Elementen. Das erste Element ist das Element des Feuers, welches als eine feinste und durchdringendste Flüssigkeit ohne bestimmte Größe oder Gestalt überall auf der Welt ist. Das zweite ist das Element der Luft. Es ist ebenfalls flüssig, jedoch mit gewisser Größe und einer kugelförmigen Gestalt miteinander verbunden. Das dritte ist dasjenige der Erde, welches viel größer als das erste und zweite Element ist. Seine Teile bewegen sich fast nicht (vgl. AT, XI, 24 f.). Die Materie des ersten und zweiten Elements bewegt sich nicht nur „wirbelnd" im Himmel, sondern dringt auch in die Körper aus der Materie des dritten Elements hinein. Damit hat Descartes die traditionelle Unterscheidung zwischen der stellaren und sublunaren Welt gestrichen und durch seine Elementenlehre die Welt im Ganzen zu erkären versucht.

[75] AT, XI, 49: „Et comme on ne sçautoit pousser aucune pattie d'un tel corps, sans pousser aussi ou tirer, par mesme moyen, toutes les autres [...] que l'action ou la force de se mouvoir & de se diviser, qui aura esté mise d'abord en quelques-unes de ses parties, s'est épanduë & distribuée en toutes les autres au mesme instant, aussi également qu'il se pouvoir."

[76] Die Cartesische Wahrnehmungstheorie ist wesentlich eine Erneuerung gegenüber der scholastischen Theorie von den *species intentionales*. Auf diese Erneuerung werde ich hier nicht eingehen, siehe Wohlers, *Wie unnütz ist Descartes?*, 69 ff.

[77] AT, XI, 99: „Et sçachant que les parties de second Element, [...], se touchent & pressent toutes l'une l'autre autant qu'il est possible, on ne peut pas aussi douter que l'action, dont les premieres sont poussées, ne doive passer en un instant jusques aux dernieres: tout de mesme que celle dont on pousse l'un des bouts d'un bâton, passe jusques à l'autre bout au mesme instant."

digkeit hat und dass Descartes sich mit Sicherheit geirrt hatte. Dies konnte Descartes selbst nicht wissen. Als Isaac Beeckman (1588–1637) Descartes 1634 in Amsterdam besuchte und ihm sein Experiment über die Festlegung der endlichen Geschwindigkeit des Lichts zeigen wollte, war die Geschwindigkeit der Lichtübertragung der zentrale Streitpunkt zwischen den beiden. Beeckman war davon überzeugt, dass das Lichtphänomen durch die Bewegung des leuchtenden Körpers im Auge hervorgebracht werde. In seinem Experiment legte er einen Spiegel etwa zwei Kilometer entfernt hin, sandte ein Lichtsignal auf den Spiegel und maß anhand des Pulses die Zeit, die das Licht brauchte, um wieder zurück zu ihm zu reflektieren. Dabei behauptete er, dass er eine Zeitverzögerung von vierundzwanzig Pulsschlägen gemessen hatte.[78] Descartes war von diesem Ergebnis nicht überzeugt. Hinsichtlich der Frage, ob das Licht *„in instanti“* oder *„in tempore“* übertragen werde, schrieb er Beeckman danach: „Du bist so sicher über jenes Experiment, dass du alle deine Philosophie für falsch hieltest, wenn es keine fühlbare Verzögerung zwischen dem Augenblick, wo die Bewegung durch den Spiegel gesehen wird, und dem Augenblick, wo der Pulsschlag in der Hand gefühlt wird, gäbe. Ich antworte dagegen, wenn solche Verzögerung wahrgenommen würde, wäre meine ganze Philosophie von Grund auf zerstört.“[79] Daher versuchte Descartes im gleichen Brief die unerreichbare Größe der Lichtgeschwindigkeit durch die astronomische Beobachtung der Mondfinsternis zu beweisen. Die obige Aussage von Descartes klingt sicherlich übertrieben, dennoch zeigt sich deutlich aus jener Widerlegung des Experiments von Beeckman Descartes' Entschiedenheit, dass die Lichtübertragung in einem Augenblick geschehen müsse, oder anders gesagt, dass die Lichtgeschwindigkeit nach seiner Auffassung undenkbar groß sein müsse, sodass „das Licht in keiner wahrnehmbaren Zeit gesehen wird“.[80]

Die Untersuchung des Lichts wurde schließlich 1637 in der *Dioptrique* veröffentlicht. Wiederum ist der Anstoß eines Stocks das Beispiel der instantanen Lichtübertragung. Genau wie wenn jemand in der Nacht ohne Fackel über einen Markt geht, kann er mit Hilfe eines Stockes in der Hand fühlen, ob es um ihn herum Steine, Wasser, Bäume und dergleichen gibt. So sei das Licht ähnlich wie jener Blindenstock. Es sei „eine gewisse sehr schnelle und lebendige Bewegung oder Tätigkeit“[81] in den Körpern, und vermittels der Luft und anderer

---

[78] Zum Experiment von Beeckman siehe Spyros Sakellariadis, „Descartes' Experimental Proof of the Infinite Velocity of Light and Huygen's Rejoinder“, *Archive for History of the Exact Sciences* 26 (1982), 1–12, hier 3.

[79] AT, I, 308: „Tantopere autem isti experimento confidebas, ut profitearis totam te tuam Philosophiam pro falsa habiturum, si nulla inter instans, quo motus iste per speculum videretur, & instans, quo manu sentiretur, mora sensibilis intercederet. Contra ego, si quae talis mora sensu perciperetur, totam meam Philosophiam funditus eversam fore inquiebam.“

[80] AT, I, 310: „in nullo tempore sensibili lumen videri“.

[81] AT, VI, 84: „un certain mouvement, ou une action fort promte & fort vive“.

durchsichtiger Körper erreiche es unsere Augen. Wiederum bestätigt Descartes hier wörtlich, dass die Lichtübertragung „in einem Augenblick" geschehe. Dabei war er sich der Eigenart der instantanen Lichtübertragung zwischen Sonne und Erde bewusst. Daher weist er nochmals auf die Kraftmitteilung des Stockes als einen aposteriorischen Beweis hin und behauptet, dass es sich genauso verhalte, obwohl die Distanz viel größer sei.

Das hindert Sie zunächst, befremdlich zu finden, dass jenes Licht seine Strahlen in einem Augenblick von der Sonne bis zu uns ausbreitet: denn Sie wissen, dass die Tätigkeit, bei welcher man ein Ende eines Stocks bewegt, auch in einem Augenblick bis zum anderen Ende hindurchgehen muss und dass sie auf die gleiche Art durchgehen muss, selbst wenn die Distanz größer als die von der Erde bis zum Himmel wäre.[82]

Dieser empirische Beweis durch den Anstoß eines Stocks scheint jedoch Marin Mersenne (1588–1648) nicht hinreichend. Ein Jahr nach der Veröffentlichung der *Dioptrique* musste Descartes seine Behauptung der instantanen Lichtübertragung gegen die Einwendung von Mersenne verteidigen:

Und hinsichtlich der Schwierigkeit, die Sie darin gefunden haben, dass sie sich in einem Augenblick mitteilt, gibt es eine Zweideutigkeit am Wort des Augenblicks; denn es scheint, dass Sie denken, als ob die Priorität gänzlich negiert würde, sodass das Licht der Sonne hier erzeugt werden könnte, ohne zuerst den ganzen Raum zwischen ihr und uns hinüberzugehen; das Wort „Augenblick" schließt nur die Priorität der Zeit aus, es verhindert aber nicht, dass jede von den unteren Teilen der Strahlung von den ganzen oberen Teilen unabhängig würde, so wie das Ende einer sukzessiven Bewegung von allen vorherigen Teilen abhängt.[83]

An dieser Antwort ist interessant, dass Descartes beim Ausdruck „*instant*" doch eine räumliche Priorität zulässt, wenn er auch die zeitliche Priorität ausschließt. Die Lichtstrahlung aus der Sonne muss „zuerst" alle Oberteile, die nahe an der Sonne sind, durchgehen, sodass sie „dann" sukzessiv zu den Unterteilen, die nahe an der Erde sind, kommen kann. Die Frage bleibt aber offen, ob eine reale und sukzessive Bewegung des Körpers in einem und demselben Augenblick, d.h. in einem Zeitpunkt ohne Dauer, geschehen kann. Nach unserer Meinung darf der Cartesische Augenblick (*instans*) der Kraftmitteilung

---

[82] Ebd.: „Ce qui vous empechera d'abord de trouver estrange, que ceste lumiere puisse estendre ses rayons en un instant, depuis le soleil iusques a nous: car vous sçavés que l'action, dont on meut l'un des bouts d'un baston, doit ainsy passer en un instant iusques a l'autre, & qu'elle y devroit passer en mesme sorte, encores qu'il y auroit plus de distance qu'il n'y en a, depuis la terre iusques aux cieux."

[83] Brief an Mersenne vom 27. Mai 1638 in AT, II, 143: „Et pour la difficulté que vous trouvez en ce qu'elle se communique en un instant, il y a de l'équiuoque au mot d'instant; car il semble que vous le considerez comme s'il nioit toute forte de priorité, en sorte que la lumiere du Soleil pust icy estre produite, sans passer premierement par tout l'espace qui est entre luy & nous; au lieu de le mot d'instant n'exclud que la priorité du temps, & n'empesche pas que chacune des parties inferieures du rayon ne soit dependante de toutes les superieures, en mesme façon que la fin d'un mouvement successif depend de toutes ses parties precedentes."

wohl doch nicht als ein strenger Zeitpunkt in allen Betrachtungsweisen begriffen werden, sondern er könnte Descartes zufolge eine Veranschaulichung der unverhältnismäßigen Winzigkeit der Zeitgröße in Bezug auf die Distanz der Kraftmitteilung sein.[84]

Um den Augenblick bei Descartes zu interpretieren, ist zunächst wichtig zu sehen, wie Descartes die Geschwindigkeit versteht. Die Geschwindigkeit ist ihm zufolge nicht als die Schnelligkeit, nämlich als die durchmessene Raumgröße innerhalb einer Zeiteinheit, zu denken, wie wir sie uns heute ja gewöhnlich vorstellen, sondern umgekehrt als die Langsamkeit, nämlich als die benötigte Zeit innerhalb einer bestimmten Raumgröße.[85] Aus einer solchen Denkweise wäre eigentlich die Geschwindigkeit des Lichts nach Descartes nicht unendlich groß und damit mathematisch undefinierbar. Insofern die Zeitdauer der Kraftübertragung beim Lichtphänomen im Verhältnis zur Raumgröße, die die Kraftübertragung sukzessiv durchläuft, unverhältnismäßig klein ist, könnte hingegen die instantane Kraftübertragung des Lichts so zu verstehen sein, dass die Langsamkeit der Lichtübertragung gleichsam als null angesetzt werden kann. Der Augenblick der Kraftmitteilung hat wohl eine Dauer. Nur liegen der Anfangs- und der Endpunkt der Dauer so nahe aneinander, dass man sich die Dauer mathematisch als Null vorstellen muss. Diese Interpretation des Augenblicks bei Descartes wird in der nächsten großen Schrift zur Naturphilosophie, *Principia philosophiae*, bestätigt.

Im dritten Teil der *Principia* führt Descartes also folgendes Gedankenexperiment durch, ähnlich wie er es in der unveröffentlichten Schrift *Le Monde* bereits vorgenommen hat.[86] Das Ziel des Experiments ist wieder, die Gravitation zu erklären. Hier findet man die Instantaneität oder die Simultaneität der Kraftübertragung wieder.

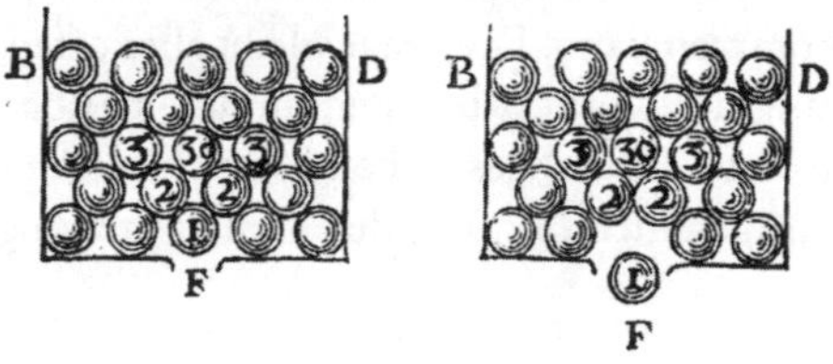

Und dieser Vergleich mit der Schwere wird die Sache klarmachen, wenn man die in dem Gefäß BFD befindlichen Schrotkörner betrachtet, die so aufeinanderliegen, dass, wenn man im Boden des Gefäßes F eine Öffnung macht, das Korn 1 durch seine Schwere herabfällt; zugleich werden ihm zwei andere 2, 2 folgen und diesen wieder drei andere 3, 30, 3 usw., sodass in demselben Moment der Zeit, wo das Korn 1 sich zu bewegen anfängt, alle anderen in dem dreieckigen Raum BFD enthaltenen Körper zugleich sinken, während die übrigen sich nicht bewegen. Es ist aber möglich zu bemerken, dass, wenn die Körner 2, 2 dem fallenden Korn 1 etwa gefolgt sind,

---

84 Vgl. Dominik Perler, *René Descartes*, München 1998 (= *Descartes*), 118. Auch Perler ist der Meinung, dass der Cartesische Augenblick nicht unbedingt als ein in allen Ansichten isolierter Zeitpunkt zu verstehen ist.

85 Vgl. David J. Marschall Jr., *Prinzipien der Descartes-Exegese*, Freiburg 1979, 124 f.

86 Vgl. AT, XI, 92 ff.

sie allerdings sich so hemmen werden, dass sie nicht weiter können; allein dies findet bei den Kügelchen zweiten Elementes nicht statt, da sie in steter Bewegung sind. Wären sie also einmal gerade so geordnet wie die Schrotkörner in der Abbildung, so würde dies doch nur einen sehr kleinen Zeitpunkt, was Augenblick genannt wird, andauern und deshalb die Stetigkeit ihrer Bewegung nicht unterbrechen. Auch ist festzuhalten, dass die Kraft des Lichtes nicht in der Dauer der Bewegung besteht, sondern nur im Druck oder im ersten Antrieb zur Bewegung und eventuell eine Bewegung selbst daraus nicht hervorgeht.[87]

Desgleichen plädiert Descartes dafür, dass die Bewegung eines Körpers die Bewegung eines anderen Körpers in demselben Augenblick verursachen kann, selbst wenn die Körper sich weit auseinander befinden und nicht direkt in Berührung stehen. Wichtig zu sehen ist, dass Descartes hier den Ausdruck „Augenblick" (*instans*) als „sehr kleinen, andauernden Zeitpunkt" definiert. Dies könnte ein Beweis dafür sein, dass der Augenblick nicht als Null-Zeitdauer interpretiert werden darf, sondern als eine „minimale" Zeitdauer, welche hinsichtlich der Distanz der Kraftübertragung einem Zeitpunkt gleicht.[88] Außerdem ist noch zu beachten, dass die Bewegung in diesem Experiment nicht von einer bewegenden Kraft hervorgebracht wird. Die Schwere sei also Descartes zufolge keine Kraft, sondern sie bestehe im Druck oder anfänglichen Antrieb der Körperbewegung.[89] Auf die gleiche Weise sei die „Kraft des Lichtes" (*vis luminis*) auch nur als ein instantaner Druck des Körpers zu verstehen.[90]

Zunächst kommen wir zur noch offenen Frage: Wie ist es möglich, dass die Kraft einer sukzessiven Körperbewegung in einem einzigen Augenblick, auf einen Schlag, von einem zum anderen Körper mitgeteilt wird? Selbst wenn der Augenblick statt des strengen Zeitpunkts als minimale Zeitdauer in Bezug auf

---

[87] PP, III, § 63 in AT, VIII-1, 114 f.: „Hocque exemplum gravitatis rem aperte declarabit, si consideremus globos plumbeos in vase BFD contentos, & sibi mutuo sic incumbentes, ut, foramine facto in fundo vasis F, globus 1 vi gravitatis suae descendat; simul enim alii duo 2, 2, illum sequentur, & hos subsequentur alii tres 3, 30, 3, & sic de caeteris; ita ut eodem temporis momento, quo infimus 1 incipiet moveri, alii omnes, in spatio triangulari BFD contenti, simul descendant, reliquis immotis. Ubi quidem notare licet duos globos 2, 2, postquam aliquantulum sequuti sunt globum 1 descendentem, se mutuo impedire ne ulterius pergant. Sed idem in globulis secundi elementi locum non habet: cum enim in perpetuo sint motu, quamvis aliquando possit contingere, ut eodem plane modo sint dispositi ac globi plumbei in hac figura depicti, hoc non nisi per minimum temporis punctum, quod instans vocant, durare potest, & ideo continuitatem earum motus non interrumpit. Ac praeterea notandum est vim luminis, non in aliqua motus duratione consistere, sed tantummodo in pressione sive in prima praeparatione ad motum, etsi forte ex ea motus ipse non sequatur."

[88] Vgl. Perler, *Descartes*, 141.

[89] Damit lehnt Descartes das Galileische Fallgesetz ab. Nach Galilei ist das Fallen eine Bewegung der beständigen Beschleunigung. Descartes war der Meinung, dass die Beschleunigung nur in der Anfangsphase der Fallbewegung existiert. Wenn die Schwere im Druck der Himmelsmaterie fortbestehen würde, sollte die Geschwindigkeit nach der anfänglichen Beschleunigung zu einer konstanten Größe kommen. Vgl. Garber, „A Different Descartes", 122–124.

[90] Vgl. AT, VI, 88.

die Distanz der Kraftmitteilung begriffen werden soll, muss diese Unverhältnismäßigkeit noch erklärt werden.

Die Beantwortung dieser Frage hängt offensichtlich davon ab zu wissen, als was die Cartesische Kraft an sich zu begreifen ist. Die instantane Kraftmitteilung kann unserer Meinung nach nur dadurch erklärt werden, dass wir einsehen, dass die Kraft nach Descartes die Idee einer Ursache ist, die unser Verstand verlangt, um die Bewegung oder Ruhe als Wirkung einer Tätigkeit zu begreifen. Sie sei nirgends real im bewegten Körper selbst zu finden, sondern eine ideale Vorstellung im Denken des Betrachters. Dass die Kraft zwischen Körpern übertragen wird, sei also eine uneigentliche Redeweise. Es können nur die Wirkungen als wahrnehmbare Phänomene beobachtet werden, nämlich die Zustandsveränderung nach der Körperberührung bzw. nach dem Zusammenstoß der Körper. Solange es solche wahrnehmbaren Phänomene gibt, verlangt unser Verstand „gleichzeitig", d.h. in demselben Augenblick, eine entsprechende Ursache, um die Wirkung zu erklären. Auf diese Weise entsteht laut Descartes die Idee der Ursache bzw. der Kraft, „gleichzeitig" mit der Wirkung der körperlichen Phänomene im subjektiven Denken. In demselben Augenblick, in dem die Körper einander berühren, in dem der Anfang und das Ende des Stockes sich gleichzeitig zu bewegen scheinen bzw. die Bewegungen der beiden Enden des Stockes von der Wahrnehmung in dem gleichen Augenblick erfasst werden, stellt der denkende Geist sich eine gewisse Kraft als die Ursache der Zustandsveränderung vor. Ohne die wahrnehmbaren Phänomene als Wirkungen würde die Idee der Ursache nicht gebraucht. Die Simultaneität der Kraft und deren Wirkung basiert allein auf der Untrennbarkeit von Ursache und Wirkung.[91] Sie sind aber streng voneinander zu unterscheiden, denn die Wirkung ist als wahrnehmbares Phänomen zu beobachten, während die Ursache als die vom Verstand verlangte Idee im Denken ganz anders verortet ist. Damit ist die Übertragung der Kraft zwischen Körpern nur ein illusionärer Trug. Sie zeigt allein die Erhaltung der gesamten Bewegung in der Natur. Solange aber ein bewegter Körper in jedem möglichen Moment durch den Zusammenstoß seine Bewegung auf einen anderen Körper übertragen oder von einem anderen Körper zurückprallen kann, wird die Idee der Kraft in jedem möglichen Moment als die Ursache der Wirkung im Körper begriffen. Nur in diesem Sinne könnte die Kraft im Körper sein. Sie ist also nur als eine mögliche, ideale Ursache der Bewegung

[91] Dies ist nicht nur an der bereits erwähnten Stelle in Descartes' Gegenkritik, seine *Meditationes* betreffend, deutlich zu lesen. Auch in den *Regulae*, nach der oben bereits zitierten Stelle über den Kraftbegriff, weist Descartes auf die Begriffe von Ursache und Wirkung hin. Dies deutet auf eine enge Zusammengehörigkeit des Kraftbegriffs mit der Ursache hin. Außerdem wird auf die Gleichzeitigkeit von Ursache und Wirkung kurz noch hingewiesen: „Eodem modo, si agnoscere velim, quomodo ab una et eadem simplici causa contrarii *simul* effectus possint produci" (*Regulae*, 9 in AT, X, 402 f., Hervorhebung von Ch.-F. L.).

in der Cartesischen Naturlehre zu interpretieren, welche im Denken des subjektiven Betrachters zur Vorstellung gelangt.

2.5.2. Die Kraftausübung von einem auf das andere

Eine andere Besonderheit der Kraft in der Cartesischen Naturlehre ist es, dass die Kraft ihre Wirkung immer durch den Stoß von einem Körper auf einen anderen ausübt. Daher ist die Kraft kein Untersuchungsgegenstand bei der Bewegung des Körpers. Die Kraft als die Ursache der Hervorbringung einer Bewegung liegt außerhalb des bewegten Körpers. Sie wird nur beim Stoß durch den denkenden Intellekt als die Ursache des Phänomens gedacht und daraufhin auf den Körper als ein Vermögen übertragen. In diesem Sinne meint Descartes in den *Principia*, II, §§ 25 und 27, dass die Kraft nicht bei den Bewegten zu finden sei. Weiter in § 43 drückt er unmissverständlich aus, dass die Einwirkung der Kraft eines Körpers immer auf einen anderen ausgeübt wird: „Hier ist genau zu betrachten, worin die Kraft des Körpers bei seiner Einwirkung auf einen anderen oder bei seinem Widerstand gegen die Einwirkung eines anderen besteht."[92]

Die Kraftwirkung auf einen anderen ist ja nicht so selbstverständlich, wie es scheint. Die spätscholastische Naturphilosophie behauptet genau das Gegenteil. Sowohl der hypothetische „Impetus" bei der gewaltsamen Bewegung als auch die Schwerkraft im Körper bei der natürlichen Bewegung sind inhärierende Kräfte, die sich nicht in einem anderen Beweger, sondern im Bewegten selbst befinden.[93] Descartes wendet sich bewusst gegen die spätscholastische Theorie der inhärierenden Kräfte und kehrt zurück zu der Auffassung, dass zu jeder Bewegung ein äußerer Beweger als ihre Ursache erforderlich ist.[94] Der Körper mit der Ausdehnung allein als seinem wesentlichen Attribut kann auf Grund seiner Passivität in der Cartesischen Philosophie kein aktives Vermögen besitzen. Das aktive Vermögen bzw. die bewegende Kraft liegt zunächst außerhalb der Wirkung. Wenn wir aber meinen, dass der stoßende Körper eine bewegende Kraft besitze und ausüben könne oder dass der ruhende Körper die widerstehende Kraft habe, kann dies nur in einem übertragenen Sinn verstanden werden. Die wiederholt betonte Behauptung von Descartes, dass die Kraft von einem Körper auf einen anderen ausgeübt werde, zeigt nur die reine Passivität des Cartesischen Körpers. Diese Passivität bzw. das Unvermögen der aktiven

---

[92] AT, VIII-1, 66: „Hic vero diligentur advertendum est, in quo consistat vis cuiusque corporis ad agendum in aliud, vel ad actioni alterius resistendum."

[93] Vgl. Maier, *Grenze*, 185.

[94] Vgl. AT, VII, 108. Selbst bei der natürlichen Bewegung (*motus nturalis*) ist nach Aristoteles' Auffassung ein äußerer Beweger erforderlich, der entweder als der wesentliche Beweger (*movens per se*) die *gravitas* oder *levitas* hervorgebracht hat oder als der akzidentelle Beweger (*movens per accidens* bzw. *removens prohibens*), der das Hindernis beseitigt. Auf diese Weise ist die natürliche Bewegung auch ein *motus ab alio*, obwohl die Prinzipien der Bewegung (*gravitas* oder *levitas*) im Körper selbst sind. Vgl. Strombach, „Kraftbegriff", 314, 321.

Kraftausübung wird auch noch in der mathematischen Formel der widerstehenden Kraft, die im nächsten Abschnitt weiter untersucht wird, deutlich zu erkennen sein.

2.5.3. Die widerstehende Kraft des ruhenden Körpers

Eine weitere interessante Eigenschaft des Kraftphänomens ist, dass sowohl die Körper in Bewegung als auch die Körper in Ruhe eine gewisse Kraft besitzen, ihre bisherigen Zustände beizubehalten. Dies ist eine Kritik gegen die mittelalterliche Schulphilosophie, welche die Ruhe als die „Beraubung (*privatio*) der Bewegung" betrachtete und dieselbe allein als den natürlichen Zustand des Körpers ansah. Nach der aristotelisch-scholastischen Naturphilosophie bedarf ein ruhender Körper also keiner Kraft, um seinen ruhenden Zustand beizubehalten. Ein Körper strebe von Natur aus dahin, den ruhenden Zustand zu erreichen. Die Bewegung dagegen ist eine Tätigkeit. Daher müsse ein Körper zunächst das passive Prinzip einschließen, d.h., er müsse potentiell beweglich sein, um aktual bewegt werden zu können. Die spätmittelalterliche Naturphilosophie ging so weit zu behaupten, dass der Körper ein aktives Prinzip der Bewegung, eine inhärierende Kraft als die Ursache der Bewegung nämlich, besitze, um die Bewegung zu ermöglichen, worauf oben bereits hingewiesen wurde. Zwischen der Ruhe und der Bewegung gibt es also nach der mittelalterlichen Schulphilosophie einen großen qualitativen Unterschied, den man nur mit äußerlichem Zwang überwinden kann. In den *Principia*, II, § 26 meint Descartes dagegen, dass dies ein Vorurteil sei, dass die Tätigkeit eher der Bewegung als der Ruhe zugeschrieben wird. Dieses Vorurteil komme dadurch zustande, dass wir unseren Körper durch eigenen Willen bewusst bewegen, ihn dagegen in Ruhe halten, indem wir nichts tun. Das Beispiel, ein Schiff auf dem Wasser zu bewegen oder anzuhalten, zeige jedoch das Gegenteil, denn hier brauchten wir viel mehr Kraft, das Schiff zur Ruhe zu bringen, als es zu bewegen.[95] Daraus schließt Descartes, dass sowohl Bewegung als auch Ruhe positive Zustände des Körpers seien. Keiner von beiden impliziere mehr Tätigkeit als der andere. Der Körper sei sowohl gegenüber der Bewegung als auch der Ruhe indifferent. Allein durch die äußere Ursache werde er gemäß den Bewegungsgesetzen bewegt oder zur Ruhe gebracht. Im Hintergrund steht wiederum die scharfe Trennung zwischen der *res cogitans* und der *res extensa*, bei welcher ein bloß ausgedehnter Körper keinen Willen in sich haben kann. Die Ursache der Zustandsveränderung der Bewegung liege nicht intern im Körper selbst, sondern sie sei außerhalb des bloß passiven Körpers zu finden.

Daher ist es merkwürdig, wenn Descartes in der gleichen Schrift behauptet, dass im ruhenden Körper eine „widerstehende Kraft" (*vis ad resistendum*)[96]

---

[95] Vgl. PP, II, § 26 in AT, VIII-1, 54.

[96] PP, II, § 49 in AT, VIII-1, 68.

vorhanden sei, um den Zustand der Ruhe beizubehalten. Denselben Gedanken hat er vorher bereits im einem Brief an Mersenne ausgedrückt: „Denn es ist sicher, dass allein, weil der Körper sich zu bewegen beginnt, er in sich die Kraft hat, sich weiterzubewegen, und dass, weil er an einem Ort verhaftet ist, er die Kraft hat, weiter dort zu bleiben.“[97] Die Idee von einer widerstehenden Kraft im ruhenden Körper könnte zunächst auf dem von ihm formulierten ersten Naturgesetz fußen, welches besagt, dass die Körper, wenn sie nicht von außen beeinflusst würden, immer im gleichen Zustand blieben, die bewegten in ihrer Bewegung, die ruhenden in ihrer Ruhe. „Jede Sache, sofern sie einfach und ungeteilt ist, bleibt, soviel es an ihr gibt, immer in demselben Zustand, sie wird nur von äußeren Ursachen verändert.“[98] Von daher ist es möglich, sich vorzustellen, dass sowohl die bewegten als auch die ruhenden Körper gewisse Kräfte besitzen, in ihrem Zustand zu bleiben. So hat Newton sich beispielsweise eine gewisse *vis insita* bzw. *vis inertiae* in Körpern vorgestellt.[99] Dennoch scheint es, dass Descartes eher die Meinung vertritt, dass das Trägheitsphänomen gänzlich als ein von Gott vorgeordnetes Naturgesetz zu verstehen sei, nämlich dass es keine intrinsische Kraft in Körpern gebe. Das Trägheitsgesetz besagt allein, dass ein Körper in seinem Zustand bleibt, wenn er nicht von außen verändert wird. Descartes versteht die Trägheit nicht als eine Kraftwirkung, sondern als das Prinzip der Bewegung selbst. Die Trägheit ist ein Naturgesetz, welches die Bewegung des Körpers regelt.[100] Nur wenn eine Begegnung mehrerer Körper stattfindet, kann man sich anhand der Wirkung auf andere, die ja in der Wirklichkeit von den Naturgesetzen bestimmt wird, eine Kraft als Ursache vorstellen. Die von Descartes aus reiner Geometrie konstruierten Körper haben an sich keinen „Willen“, sich zu bewegen oder in Ruhe zu bleiben. Der Kraftbegriff wird den bewegten oder ruhenden Körpern

---

[97] Brief an Mersenne vom 28. Oktober 1640 in AT, III, 213: „Car il est certain que, de cela seul qu'un cors a commencé à la mouvoir, il a en soy la force de continuer à se mouvoir; ainsi que, de cela seul qu'il est arresté en quelque lieu, il a la force de continuer à y demeurer.“

[98] PP, II, § 37 in AT, VIII-1, 62: „Harum prima est, unamquamque rem, quatenus est simplex & indivisa, manere, quantum in se est, in eodem semper statu, nec unquam mutari nisi a causis externis.“

[99] Vgl. Isaac Newton, *Opera quae exstant omnia*, Faksimile-Neudruck der Ausgabe von Samuel Horsley, London 1779–1785 in fünf Bänden, Stuttgart-Cannstatt 1964, Bd. II: *Philosophiae naturalis principia mathematica* (= *Principia mathematica*), 2.

[100] Das Trägheitsphänomen nicht als eine Kraftwirkung anzusehen, wurde erst später in Descartes' Hauptwerk *Principia* deutlich. Bei seiner früheren Formulierung des ersten Naturgesetzes in der posthum veröffentlichen Schrift *Le Monde* ist der französische Ausdruck „force“ noch präsent, der in den *Principia* bereits verworfen wird. Descartes formuliert sein erstes Naturgesetz in *Le Monde* wie folgt: „[...] si elle a une fois commencé à se mouvoir, elle continuëra toujours avec une égale force, jusques à ce que les autres l'arrestent ou la retardent“ (AT, XI, 38). Es ist zu vermuten, dass Descartes den Ausdruck „*force*“ später für ungeeignet an der Stelle hielt und ihn deswegen in den *Principia* bei der Formulierung des ersten Naturgesetzes tilgte.

nur zugeschrieben, wenn einer auf den anderen einwirkt oder der Einwirkung eines anderen widersteht.

Die widerstehende Kraft in den ruhenden Körpern lässt sich jedoch nicht wie die bewegende Kraft bei den bewegten Körpern leicht mit der Formel *mv* kalkulieren. Ihre Größenberechnung wird von Descartes in der viel kritisierten vierten Stoßregel auf die folgende Weise in den lateinischen *Principia philosophiae* angedeutet:

Wenn ein Körper C ganz ruht und etwas größer als B ist, so würde B, mit welcher Geschwindigkeit es sich gegen C bewegte, dasselbe C doch niemals in Bewegung setzen, sondern es würde von ihm in entgegengesetzter Richtung zurückgestoßen werden. Denn ein ruhender Körper widersteht einer großen Geschwindigkeit mehr als einer kleinen, und zwar im Verhältnis des Unterschiedes der einen auf die andere; deshalb ist die Kraft von C zum Widerstehen größer als die in B zum Forttreiben.[101]

Um den deutlichen Fehler dieser Stoßregel zu zeigen, scheint ein einfaches Experiment zu genügen. Es gibt nämlich keinen Grund zu behaupten, dass ein ruhender Körper von einem kleineren Körper nicht bewegt werde, ungeachtet der Geschwindigkeit dieses zustoßenden Körpers. Descartes selbst hat erkannt, dass ein großes Schiff auf Wasser leicht in Bewegung zu bringen ist. Nun soll aber allein die Größenberechnung der widerstehenden Kraft betrachtet werden. Nach jener Regel Descartes' bliebe die widerstehende Kraft eines ruhenden Körpers nicht konstant, sondern sie variierte im Verhältnis des Geschwindigkeitsunterschiedes des anstoßenden Körpers. Ein ruhender Körper widerstehe der Bewegung eines anderen zustoßenden und kleineren Körpers mehr, wenn der zustoßende Körper schneller sei. Die Kraft des Widerstandes eines ruhenden Körpers habe keine konstante Größe an sich. Diese Kraftberechnung wurde später ein wenig näher erläutert in der französischen Übersetzung der *Principia philosophiae*. Dort heißt es, dass die widerstehende Kraft zehnfach oder hundertfach größer werde, wenn die Geschwindigkeit der zustoßenden Körper zehnfach oder hundertfach steige.[102]

Damit ist das Problem bei jener Stoßregel deutlich zu erkennen: Wie lässt sich die Abhängigkeit der widerstehenden Kraft eines ruhenden Körpers von der Geschwindigkeit des zustoßenden Körpers rational erklären? Um unsere

---

[101] PP, II, § 49 in AT, VIII-1, 68: „si corpus C plane quiesceret, essetque paulo majus quam B, quacunque cum celeritate B moveretur versus C, nunquam ipsum C moveret; sed ab eo repelleretur in contrariam partem: quia corpus quiescens magis resistit magnae celeritati quam parvae, idque pro ratione excessus unius supra alteram; & idcirco semper major esset vis in C ad resistendum, quam in B ad impellendum."

[102] Vgl. AT, IX-2, 90 f. Das proportionale Verhältnis der Geschwindigkeit des zustoßenden Körpers zu der widerstehenden Kraft scheint eine Vorarbeit des dritten Newton'schen Bewegungsgesetzes zu sein, wonach die Kraft der Aktion mit der entgegengerichteten Kraft der Reaktion als gleich einzuschätzen sei. Zum Einfluss der Cartesischen Naturgesetze auf die Newton'sche Physik hat Gabbey durch seine wertvollen Betrachtungen beigetragen. Vgl. Gabbey, „Force and Inertia", besonders 270, 276.

Interpretation des Cartesischen Kraftbegriffs nochmals zu erläutern, behaupten wir, dass diese Frage nur zu beantworten ist, wenn wir uns in Erinnerung rufen, dass die widerstehende Kraft bei Descartes nichts anderes als die Idee der Ursache dafür ist, warum der ruhende Körper ruhend bleibt und der anstoßende Körper mit der gleichen Geschwindigkeit zurückprallt. Mit anderen Worten ist die widerstehende Kraft nur eine subjektive Vorstellung der Ursache anhand der Wirkung, um die Wirkung zu erklären.

Doch untersuchen wir nun, wie Descartes selbst mit dieser Schwierigkeit umging. Unmittelbar nach der Veröffentlichung der lateinischen *Principia* waren die zeitgenössischen Gelehrten beunruhigt hinsichtlich jener merkwürdigen Formulierung zur widerstehenden Kraft. Jedoch gab Descartes keine richtige Erklärung dafür, weder in der französischen Ausgabe der *Principia*, wo Descartes die gleiche Regel über die widerstehende Kraft nur wiederholte und ein wenig ausführlicher erläuterte, noch im Brief an Claude Clerselier (1614–1684), wo Descartes seine Behauptung mit einem zusätzlichen apriorischen Prinzip zu erklären versuchte, das unten noch näher betrachtet werden soll. Er war der Meinung, dass die Regel, wie alle anderen von ihm hier aufgestellten Regeln, keinen Beweis brauche, weil sie „durch das geistige Hinschauen" (*per intuitum mentis*)[103] offensichtlich sei, selbst wenn sie der Erfahrung widerspreche.[104] Alle Regeln gelten nur unter einer idealen Bedingung, nämlich dass die Körper absolut hart und von allen anderen getrennt sind. Eine solche Bedingung gibt es aber nicht in der Wirklichkeit. Weder kann ein Körper absolut hart noch von allen anderen getrennt sein. Die Tatsache, dass in der Wirklichkeit ein ruhender Körper leicht von einem anderen kleinen Körper bewegt zu werden scheint, hänge mit der Umgebung des Körpers zusammen. Das Beispiel mit dem Schiff auf dem Wasser zeigt genau, dass das „ursprüngliche" Stoßverhältnis durch die Oberflächenberührung von Schiff und Wasser verändert wird. Die Frage für Descartes ist nur, wie sich die durch den *intuitus* gewonnenen Erkenntnisse mit der einfachen Beobachtung zusammenführen lassen. Wie kann die Erfahrung aus der Theorie abgeleitet werden? An dieser Frage scheitert Descartes. Eine zufriedenstellende Antwort, wie z. B. eine mathematische Demonstration der Ableitbarkeit einer Beobachtung aus der Theorie, gibt es nirgends in den *Principia*.

---

[103] *Regulae*, 8 in AT, X, 395.

[104] Vgl. PP, II, §§ 45, 52, 53 in AT, VIII-1, 67, 70. Die Unnötigkeit des Beweises erklärt Descartes am Ende von § 52 der lateinischen *Principia philosophiae* nur kurz: „Nec ista egent probatione, quia per se sunt manifesta." Dennoch war die Unverständlichkeit der Stoßregel unter den zeitgenössischen Wissenschaftlern nach der Veröffentlichung der lateinischen *Principia* vermutlich so groß gewesen, dass er die Unbeweisbarkeit der Regel in der französischen Übersetzung nochmals am Ende der Paragraphen 52 und 53 ausführlicher betonte: „Et les demonstrations de tout cecy sont si certaines, qu'encore que l'experience nous sembleroit faire voir le contraire, nous serions neantmoins obligez d'adjouster plus de foy à nostre raison qu'à nos sens"; „En effet, il arrive souvent que l'experience peut sembler d'abord repugner aux regles que je viens d'expliquer, mais la raison en est évidente" (AT, IX-2, 93).

Die Cartesischen Stoßregeln bleiben nur eine ideale Konstruktion aus dem geistigen Hinschauen. Schließlich mag Descartes selbst die unüberwindbare Lücke zwischen seinen hypothetischen Regeln und der erfahrbaren Realität bemerkt haben, sodass er seinem engen Freund Pierre Chanut (1601–1662), den damaligen französischen Botschafter in Schweden, riet, die Stoßregeln beim Lesen der *Principia* wegzulassen. Ohne sie werde der Einheit der Schrift letztendlich nicht geschadet.[105]

Warum hat Descartes jene vierte Stoßregel so problematisch formuliert? Gibt es einen gedanklichen Hintergrund, durch den Descartes sicher war, jene Stoßregel so zu formulieren? Zwei Gedanken könnten wohl damit zusammenhängen. Der eine betrifft das Lichtverhältnis in Descartes' Forschung auf dem Gebiet der Optik. Nach Descartes ist das Licht, wie oben bereits erklärt, die instantane Bewegung von kleinen, feinen Körperchen. Das Licht aus solchen kleinen Körperchen kann offenbar nie andere, größere Körper bewegen, sondern es wird von ihnen zurückgeworfen bzw. reflektiert, wie die Erfahrung offensichtlich zeigt. Dies verhält sich ähnlich wie das Verhältnis in der vierten Stoßregel, wonach der kleinere Körper vom ruhenden größeren Körper mit der gleichen Geschwindigkeit zurückgeworfen wird, ohne den ruhenden Körper zu bewegen, obwohl das Licht nach Descartes keine freie Bewegung, sondern der anfängliche Druck zur Bewegung sei. Ein anderer möglicher Hintergrund des Gedankens besteht in der Vermutung, dass die Stoßregel im Prinzip aus dem Verhältnis der Hebelmechanik gedacht wird. Von dem Hebel wird eine schwere Last auf der einen Seite des Hebelarms nicht bewegt, solange das Gewicht auf der anderen Seite des Hebelarms nicht schwer genug ist. Erst wenn das Gewicht ausreicht, um die Last auf dem anderen Hebelarm hochzuheben, kommt die Bewegung zustande. Damit reicht ein kleines hinzugefügtes Gewicht, um einen großen Bewegungseffekt zu erzeugen. Dies scheint ähnlich wie das Stoßverhältnis in der oben angeführten vierten Stoßregel zu sein, wonach der zustoßende kleine Körper keinen sichtbaren Einfluss auf den großen Körper ausüben könne. Erst wenn die Größe der Körper vergleichbar sei, könne die Wirkung, die Bewegung nämlich, am ruhenden Körper bemerkt werden.[106] Ausgehend von diesen beiden Gedanken mochte Descartes wohl glauben, dass seine Stoßregel korrekt formuliert ist.

Obwohl Descartes in seinen veröffentlichten Ausgaben der *Principia* die Regel als sicher durch die Vernunft begründet postuliert, hat er doch eine Verteidigung jener Stoßregel zwischen den beiden Ausgaben der *Principia* unternommen. In einem Brief an Chanuts Schwager, Claude Clerselier, vom 17. Februar 1645, ein Jahr nach der Veröffentlichung der lateinischen *Principia*, versuchte

[105] Vgl. Brief an Chanut vom 26. Februar 1649 in AT, V, 291.

[106] Vgl. Peter McLaughlin, „Force, Determination and Impact", in: Stephen Gaukroger (ed.), *Descartes' Natural Philosophy*, London/New York 2000, 81–112, hier 98 f.

Descartes, ihm jene Regel zu erklären, wobei die Idee des Kraftbegriffs wesentlich verändert wird. Damit ist diese Erklärung für uns von besonderem Interesse, und wir wollen prüfen, was Descartes sich zum Kraftbegriff Neues überlegt hat.

Am Anfang des Briefs stellt Descartes die Regel wieder dar und führt sie zurück auf das dritte Naturgesetz:

Der Grund, warum ich sage, dass ein Körper ohne Bewegung nie von einem anderen, kleineren Körper bewegt wird, mit welcher Geschwindigkeit auch immer der kleinere Körper sich bewegt, ist, dass es ein Naturgesetz ist, dass ein Körper, welcher einen anderen bewegt, mehr Kraft zu bewegen haben muss, als der andere zu widerstehen hat. Aber dieser größere ist nur von der Größe abhängig, denn dieser, welcher ohne Bewegung ist, hat ebenso viele Grade des Widerstands wie der andere, welcher sich bewegt und eine Geschwindigkeit hat. Der Grund dafür ist, dass, wenn er von einem Körper, der zweifach schneller als der andere ist, er auch zweifach so viel Bewegung empfangen soll; aber er widersteht jener zweifachen Bewegung zweifach mehr.[107]

Damit wiederholt Descartes nur die Behauptung in den *Principia*, ein eigentlicher Beweis jener Stoßregel wird nicht gegeben. Er versucht folglich, die widerstehende Kraft durch ein Beispiel quantitativ zu erklären:

Zum Beispiel: Der Körper B kann den Körper C nicht schieben, ohne dass er ihn mit der gleichen Geschwindigkeit bewegt, wie er sich bewegen würde, nachdem er ihn geschoben hat. Mit anderen Worten, wenn B zu C wie 5 zu 4 ist und B 9 Grade der Bewegung in sich hat, muss er C 4 Grade übertragen, damit C mit ihm mit der gleichen Geschwindigkeit geht. Dies ist einfach, denn er hat die Kraft, bis zu 4 und ein halb (das heißt, die Hälfte von dem, was er hat) zu übertragen, statt dass er seine Bewegung zu der anderen Seite zurückwirft. Aber wenn B zu C wie 4 zu 5 ist, kann B C nicht bewegen, außer wenn er 5 Grade von seinen 9 Graden der Bewegung an ihn überträgt, welches mehr als die Hälfte ist von dem, was er hat, folglich widersteht der Körper C mehr, als B die Kraft hat zu wirken. Das ist der Grund, warum B zur anderen Seite zurückprallen muss, statt C zu bewegen. Ohne dies würde kein Körper jemals beim Zusammentreffen mit einem anderen zurückgeworfen.[108]

---

[107] AT, IV, 183 f.: „La raison qui me fait dire qu'un corps, qui est sans mouvement, ne sçauroit iamais estre mû par un autre plus petit que luy, de quelque vitesse que ce plus petit se puisse mouvoir, est que c'est une loy de la nature, qu'il faut que le corps, qui en meut un autre, ait plus de force à le mouvoir, que l'autre n'en a pour resister. Mais ce plus ne peut dependre que de sa grandeur; car celuy qui est sans mouvement, a autant de degrez de resistance, que l'autre, qui se meut, en a de vitesse. Dont la raison est que, s'il est mû par un corps qui se meuve deux fois plus viste qu'un autre, il doit en recevoir deux fois autant de mouvement; mais il resiste deux fois davantage à ces deux fois autant de mouvement."

[108] Ebd., 184: „Par exemple, le corps B ne peut pousser le corps C, qu'il ne le fasse mouvoir aussi viste qu'il se mouvera soy mesme apres l'avoir poussé: a sçavoir, si B est à C comme 5 à 4, de 9 degrez de mouvement, qui seront en B, il faut qu'il en transfere 4 à C pour le faire aller aussi viste que luy; ce qui luy est aisé, car il a la force de transferer iusques à 4 & demy (c'est à dire la moitié de tout ce qu'il a), plutost que de reflechir son mouvement de l'autre costé. Mais si B est à C comme 4 à 5, B ne peut mouvoir C, si de ses neuf degrez de mouvement il ne luy en transfère 5, qui est plus de la moitié de ce qu'il a, & par consequent à quoy le corps C resiste plus que B n'a de force pour agir; c'est pourquoy B se doit refléchir de l'autre costé, plutost

Descartes erklärt aus dem dritten Naturgesetz Folgendes: Wenn die Kraft des zustoßenden Körpers (B) größer ist als die Kraft des Körpers (C), dem er begegnet, dann bewegen die beiden sich zusammen in die gleiche Richtung wie die des zustoßenden Körpers (B) vor dem Stoß. Der zustoßende Körper überträgt so viel Kraft bzw. Bewegungsgröße auf den ihm begegnenden Körper, wie er sie verliert, damit die Bewegungsgröße sich im Ganzen erhält. Im ersten Beispiel hat Körper C die Größe 4 ($G_C = 4$), Körper B die Größe 5 ($G_B = 5$). Körper C bleibt vor der Kollision in Ruhe ($V_C = 0$), wobei der Körper B mit der Geschwindigkeit 9 ($V_B = 9$) den Körper C anstößt. Nach der Kollision bewegen sich beide Körper zusammen in die gleiche Richtung. Laut dem Gesetz der Bewegungserhaltung muss die Bewegungsgröße vor dem Stoß $G_C V_C + G_B V_B$ der Bewegungsgröße nach dem Stoß $G_{CB} V_{CB}$ gleich bleiben:

$$4 \cdot 0 + 5 \cdot 9 = 9 \cdot V_{CB}$$
So folgt $V_{CB} = 5$.

Die Bewegung hat die Geschwindigkeit 5 von beiden Körpern zusammen. Mit anderen Worten, Körper B 4 überträgt von seiner ursprünglichen Geschwindigkeit 9 auf Körper C, was weniger als die Hälfte der ursprünglichen Geschwindigkeit ist.

Im zweiten Beispiel setzt Descartes $G_C = 5$ und $G_B = 4$. Durch die Anwendung des Gesetzes der Bewegungserhaltung $G_C V_C + G_B V_B = G_{CB} V_{CB}$ ergibt sich folgende Gleichung:

$$5 \cdot 0 + 4 \cdot 9 = 9 \cdot V_{CB}$$
So folgt $V_{CB} = 4$.

Der Körper B müsste die Geschwindigkeitsgröße 5 nach dem Stoß auf Körper C übertragen, damit sie sich zusammen mit Geschwindigkeit 4 bewegen. Dabei würde Körper B die Geschwindigkeit 5 von der ursprünglichen Geschwindigkeit 9 verlieren, was über die Hälfte ist. Dies erscheint Descartes unmöglich.

Damit ist die Frage, die bleibt, offensichtlich: Warum kann der zustoßende Körper nur bis zur Hälfte von seiner Bewegung übertragen, oder anders gesagt, warum kann der ruhende Körper nur bis zur Hälfte der Bewegung von dem zustoßenden Körper empfangen? Descartes versucht dies durch ein zusätzliches Prinzip zu erklären:

Außerdem bin ich erfreut, dass die erste und hauptsächliche Schwierigkeit, die Sie in meinen *Principia* gefunden haben, über die Regel ist, gemäß derer die Bewegung der Körper sich verändert, während sie aufeinandertreffen; denn von daher urteile ich, dass Sie keine [Schwierigkeit] in dem gefunden haben, was ihnen vorausgeht, und dass Sie auch keine mehr im Übrigen finden werden noch in den Regeln, wenn Sie darauf achten, dass sie nur von einem einzigen Prinzip abhängt, welches besagt, dass, *wenn zwei Körper einander*

---

que de mouvoir C trouvée. Et, sans cela, iamais aucun cors ne seroit refléchy par la rencontre d'un autre."

begegnen, die unvereinbare Zustände haben, in diesen Zuständen wahrhaftig eine gewisse Veränderung gemacht werden muss, um sie wieder vereinbar zu machen, aber dass diese Veränderung immer die kleinste mögliche ist, das heißt, *wenn eine gewisse Quantität von diesen Zuständen verändert wird und sie dadurch vereinbar werden, eine größere Quantität nicht geändert wird.* Und in der Bewegung (*mouvement*) müssen zwei verschiedene Zustände beachtet werden: der eine ist die Bewegung (*motion*) allein oder die Geschwindigkeit, der andere ist die Richtung dieser Bewegung zu einer bestimmten Seite, die zwei Zustände verändern sich gleich schwer.[109]

Daraufhin behauptet Descartes, dass mit dem obigen zusätzlichen Prinzip, welches das Prinzip der kleinsten Veränderung genannt werden kann, allein alle seine Bewegungsregeln erklärt werden könnten.[110] Als Beispiel dafür zeigt er, wie die vierte, fünfte und sechste Regel von jenem Prinzip abhängen.

Folglich, um die vierte, fünfte und sechste Regel zu verstehen, wo die Bewegung des Körpers B und die Ruhe des Körpers C unvereinbar sind, müssen wir darauf achten, dass sie auf zweierlei Weise vereinbar werden können, nämlich *wenn B die ganze Richtung seiner Bewegung verändert* oder *wenn er die Ruhe des Körpers C verändert, indem er ihm so viele Teile seiner Bewegung überträgt, dass er ihn vor sich hertreiben kann, so schnell wie er selbst gehen würde.* Und ich habe nichts anderes gesagt in den drei Regeln, außer dass, wenn C größer als B ist, die erste von den zwei Weisen stattfindet; und wenn er kleiner ist, die zweite; und schließlich, wenn sie gleich sind, die Bewegung hälftig von einer und hälftig von der anderen erfolgt. Denn wenn C größer ist, kann B ihn nicht vor sich herschieben, nur wenn er ihm mehr als die Hälfte seiner Geschwindigkeit und zugleich mehr als die Hälfte seiner Richtung von rechts nach links zu gehen übertrug, insofern er die Richtung seiner Geschwindigkeit hinzufügt. Stattdessen reflektiert er, ohne den Körper C zu bewegen, und verändert nur seine ganze Richtung, dies ist eine kleinere Veränderung als diejenige, die mehr als die Hälfte derselben Richtung und mehr als die Hälfte der Geschwindigkeit gemacht haben würde. Im Gegenteil, wenn C kleiner als B ist, muss er von ihm geschoben werden, denn B gibt ihm dann weniger als die Hälfte seiner Geschwindigkeit und weniger als die Hälfte seiner Richtung, welche ihm hinzugefügt ist, dies macht weniger als diese ganze Richtung, die geändert werden muss, wenn er reflektierte.[111]

---

[109] Ebd., 185: „Au reste, ie suis bien-aise de ce que la premiere & la principale difficulté que vous avez trouvée en mes Principles, est touchant les regles suivant lesquelles se change le mouvement des cors qui se rencontrent; car ie iuge de là que vous n'en avez point trouvé en ce qui les precede, & que vous n'en trouverez pas aussi beaucoup au reste, ny en ces regles non plus, lorsque vous aurez pris garde qu'elles ne dependent que d'un seul principe, qui est que, *lors que deux cors se rencontrent, qui ont en eux des modes incompatibles, il se doit veritablement faire quelque changement en ces modes, pour les rendre compatibles, mais que ce changement est toujours le moindre qui puisse estre*, c'est à dire que, *si, certaine quantité de ces modes estant changée, ils peuvent devenir compatibles, il ne s'en changera point une plus grande quantité.* Et il faut considerer dans le mouvement deux divers modes: l'un est la motion seule ou la vitesse, & l'autre est la determination de cette motion vers certain costé, lesquels deux modes se changent aussi difficilement l'un que l'autre."

[110] Gegen den Willen Descartes' kann das Prinzip doch nicht alle seine Regeln begründen. Vor allem bei der siebten Stoßregel gibt es deutliche Fälle, die dem zusätzlichen Prinzip widerstehen. Vgl. Garber, *Physics*, 246.

[111] Ebd., 186: „Ainsi donc, pour entendre les quatre, cinq & sixième règles, où le mouvement du corps B & le repos du corps C sont incompatibles, il faut prendre garde qu'ils

Indem der zustoßende Körper, wenn der ruhende Körper größer ist, mehr Veränderung brauchen würde, um den ruhenden Körper wegzutreiben, als selbst mit der gleichen Geschwindigkeit zurückzuprallen, soll jene vierte Stoßregel nach dem Prinzip der geringsten Veränderung bewiesen werden. Die widerstehende Kraft im ruhenden Körper folgt nun dem Prinzip der kleinsten Veränderung. Die Frage ist wiederum: Woher ist das Prinzip selbst entnommen? Ist das Prinzip selbst so klar und deutlich durch das geistige Hinschauen zu finden, dass es keines weiteren Beweises bedarf? An diesem Punkt scheitert die ganze Überlegung des zusätzlichen Prinzips. Das Prinzip besagt nur, dass die Natur selbst einen Willen habe, allein diejenigen Veränderungen in ihr zuzulassen, die möglichst geringfügig sind. Ein solches Prinzip ist aber gegen den Bauplan der Cartesischen Naturphilosophie, welcher der Natur keinen Willen oder keine Zweckmäßigkeit zuerkennen will und allein die Ursachen der Natur auf die Beständigkeit Gottes gründet. Daher sollte diese Erklärung eher ein rhetorischer Versuch sein, den Descartes selbst nicht ernsthaft in seinem naturphilosophischen System aufnehmen konnte. Diese Darlegung konnte keine passende Erklärung der Stoßregel in der ganzen Architektonik des Cartesischen naturphilosophischen Systems sein. Dass in der späteren französischen Übersetzung der *Principia* nichts von dem obigen zusätzlichen Prinzip erwähnt wurde, bestätigt gerade, dass jene Art und Weise der Erklärung in seinem systematischen Hauptwerk der Naturphilosophie keinen Platz haben kann.

Anhand des oben angeführten Versuchs von Descartes, seine eigene Stoßregel zu erklären, wird wohl ausreichend dargelegt, dass die widerstehende Kraft des Körpers kein realer Zustand desselben ist. Wir sehen hier, dass ihre Erklärung unter immer verschiedenen Versuchen neu formuliert wird. Bald ist sie abhängig von der Größe und Geschwindigkeit des zustoßenden Körpers, bald wird sie von der möglichen Stoßwirkung vorentschieden, und schließlich wird sie durch ein zusätzliches Prinzip festgelegt, welches Descartes selbst nicht ernsthaft angenommen hat. Daher scheint die Behauptung bestätigt zu werden,

---

peuvent devenir compatibles en deux façons, à sçavoir, *si B change toute la determination de son mouvement*, ou bien *s'il change le repos du corps C, en luy transferant telle partie de son mouvement qu'il le puisse chasser devant soy, aussi viste qu'il ira luy-mesme*. Et ie n'ay dit autre chose, en ces trois règles, sinon que, lors que C est plus grand que B, c'est la premiere de ces deux façons qui a lieu; & quand il est plus petit, que c'est la seconde; & enfin, quand ils sont égaux, que ce changement se fait moitié par l'une & moitié par l'autre. Car lors que C est le plus grand, B ne peut le pousser devant soy, si ce n'est qu'il luy transfere plus de la moitié de sa vitesse, & ensemble plus de la moitié de sa determination à aller de la main droite vers la gauche, d'autant que cette determination est iointe à sa vitesse; au lieu que, se refléchissant sans mouvoir le corps C, il change seulement toute sa determination, ce qui est un moindre changement que celuy qui se feroit de plus de la moitié de cette mesme determination, & de plus de la moitié de la vitesse. Au contraire, si C est moindre que B, il doit estre poussé par luy; car alors B luy donne moins que la moitié de sa vitesse, & moins que la moitié de la determination qui luy est iointe, ce qui fait moins que toute cette determination, laquelle il devoit changer, s'il refléchissoit."

dass die widerstehende Kraft nichts anderes als eine subjektive Idee der Ursache ist, warum ein Körper nach dem Stoß nicht bewegt wird, sondern ruhend bleibt. Daraus ist der virtuelle Charakter der Kraft nochmals deutlich zu ersehen.

2.6. Schlussbetrachtung und Zusammenfassung des Cartesischen Kraftbegriffs

Durch die obige Untersuchung des Kraftbegriffs haben wir nicht nur ein klareres Bild der Cartesischen Idee der materiellen Kraft gewonnen, sondern zugleich die Probleme bei der Konstruktion seiner Gedanken aufgedeckt. Dies betrifft die instantane Kraftübertragung bzw. die unverhältnismäßige Größe der Lichtgeschwindigkeit und sowohl das apriorische Prinzip der widerstehenden Kraft im Besonderen als auch die gesamten Stoßregeln im Allgemeinen. Der Liste der unbegründeten Behauptungen, die Descartes als Dienst an den Wissenschaften aufgestellt und verbissen verteidigt hat, könnten sicherlich noch einige hinzugefügt werden. Sie verstoßen grundsätzlich gegen seine methodische Grundlage, wonach alle unsicheren Behauptungen zunächst als falsch gelten sollen. Karl Jaspers hat zu Recht kritisiert, „daß Descartes mit dem Bewußtsein völliger Gewißheit Absurditäten entwickelt, die naturwissenschaftliche Dinge betreffen, und diese Gedanken für Philosophie hält“[112]. Angesichts solcher unbegründeten Behauptungen in der Cartesischen Naturlehre könnte man denken, dass seine metaphysische Grundlage für den theoretischen Aufbau des Naturwissens ungenügend ist. Es stellt sich nämlich so dar, dass Descartes, weil seine metaphysischen Grundlagen nicht ausreichten, die praktische Regel in den theoretischen Aufbau des Wissens einführte. Dort, wo das geistige Hinschauen nicht ausreichend ist, um eine klare und deutliche Vorstellung von der Natur zu schaffen, scheint er seiner praktischen Regel der „morale par provision“ zu folgen, deren zweiter Grundsatz lautet: „in meinen Handlungen so fest und entschlossen zu sein, wie ich konnte, und auch zweifelhaftesten Meinungen, wenn ich mich einmal für sie entschieden hätte, nicht weniger beharrlich zu folgen, als ob sie ganz sicher wären“[113]. Descartes vergleicht einen praktisch handelnden Menschen mit einem sich im Wald verirrenden Wanderer. Der Wanderer findet den aus dem Wald hinausführenden Weg nicht, aber solange er immer geradeaus in dieselbe Richtung voranschreitet, kommt er am Ende irgendwo an, wenn auch nicht dort, wo er hin will. Es ist also besser, aus dem Wald hinauszukommen, als irgendwo im Wald verirrt zu bleiben. Auf ähnliche Weise müsse man im praktischen Leben handeln, da wir im tagtäglichen Leben oft

---

[112] Karl Jaspers, *Descartes und die Philosophie*, Berlin ³1956, 64.

[113] AT, VI, 24: „d'estre le plus ferme & le plus resolu en mes actions que ie pourrois, & de ne suivre pas moins constanment les opinions les plus douteuses, lorsque ie m'y serois une fois determiné, que si elles eussent esté tres assurées.“

ohne Verzögerung handeln müssten. Die Handlungen des Lebens lassen also keine Möglichkeit zu, immer anhand der sichersten Wahrheit zu entscheiden. Solange man einen rationalen Grund hat, auch wenn er unsicher ist, solle man im praktischen Handeln eine Entscheidung treffen und ihr beharrlich folgen. Descartes hat diese Handlungsmaxime offenbar unpassend auf das theoretische Gebiet angewendet, weshalb er so beharrlich behaupten musste, dass einige seiner theoretischen Grundsätze nicht anders als wahr sein könnten. Auf Grund dieses offensichtlichen Ungenügens der methodischen Grundlage, die Zweifelsprüfung des nüchternen Geistes zu bestehen, kann man wohl fragen, ob das Cartesische Fundament der Wissenschaften nicht von Anfang an fehlerhaft konstruiert wurde, ob die empirischen Beobachtungen nicht doch auch beim Aufbau des Wissens als Grundlagen berücksichtigt werden sollten, und schließlich, ob die zu beobachtenden lebendigen Einheiten in der Natur nicht zumindest genauso wie die streng davon getrennte geistige und körperliche Substanz, deren Wechselwirkung unerklärbar ist, beim Streben nach der wahren Erkenntnis der Natur berücksichtigt werden sollten. Diese Fragen sind ohne Zweifel mit einem Ja zu beantworten, wie viele nachfolgenden Wissenschaftler und Philosophen, beispielsweise Leibniz, mit Recht bestätigt haben, um den Cartesischen Bauplan des Wissens zu verbessern. In dieser Hinsicht ist die vorher erwähnte Aussage von Descartes in seiner Stellungnahme gegenüber Beeckman wohl nicht übertrieben, worin Descartes meinte, dass das Zugeständnis, dass die Lichtübertragung während einer Zeitdauer erfolge, seine Philosophie gänzlich erschüttern würde. Denn jenes Zugeständnis hätte Descartes' Methodik in Frage gestellt, von der seine Philosophie abhängt. Das verbissene Beharren auf scheinbar unbegründeten Behauptungen in der Wissenschaft der Natur hat somit einen seinem philosophischen System inhärenten Grund. Es ist hier nicht unsere Absicht, aus dem heutigen Wissensstand heraus die Cartesische Naturlehre zu kritisieren, was auch zum Verständnis seiner Naturphilosophie nichts beitragen kann. Vielmehr soll hier der Grund der Probleme in seiner Naturlehre vor Augen geführt werden. Dieser liegt offenbar, wie oben dargelegt wurde, in seiner Methodik der wissenschaftlichen Untersuchung.

Zusammenfassend stellt also die Kraft in der Cartesischen Physik nur eine von uns hervorgebrachte Idee der Ursache dar. Sie ist von ihrer Natur her eher epistemologisch als ontologisch. Dies entspricht der Cartesischen Vorstellung, dass das Wesen des Körpers ein bloß Ausgedehntes sei. Denn auch dies ist eine primär epistemologische Behauptung. Die Ausdehnung selbst erscheint ebenfalls nur als eine Idee der mathematischen Vernunft. Ein Cartesischer Körper, der sich nur auf die Ausdehnung stützt, kann streng genommen nicht wahrhaft in der Natur existieren, sondern nur in der Konstruktion des Geistes. Nur durch den niemanden betrügenden Gott werden die materiellen Körper als real existierende außer uns garantiert, wie Descartes in den *Meditationes* argumentiert hat. Ähnlich war die Vorstellung einer materiellen Kraft im Körper insofern bei

Descartes nicht zu vermeiden, als die Vernunft eine Ursache verlangt und die Bewegung selbst als eine Tätigkeit begriffen wird. Die Vorstellung einer Kraft ist präsent, wenn die Wirkung als ein Ergebnis der Tätigkeit wahrgenommen wird. Um jenen Kraftbegriff genau zu verstehen, ist es hilfreich, ihn auf den folgenden drei verschiedenen Ebenen zu betrachten: auf der metaphysischen, der phänomenalen und der mathematischen. Auf der metaphysischen Ebene wird der Cartesische Kraftbegriff in Gottes beständige Tätigkeit integriert. Auf der phänomenalen Ebene ist er eine Idee, die sich auf die Vorstellenden allgemein bezieht. Er will allein die erklärende Funktion für einen die Ursache suchenden Geist erfüllen. Auf der mathematischen Ebene wird er daraufhin intuitiv durch die räumliche Größe und die Schnelligkeit der Bewegung erfasst. Damit ist der Begriff der Kraft von der phänomenalen, mechanischen Wirkung unablösbar. Die Kraft in der Cartesischen Physik ist keine „absolute" Entität. Sie ist für die Cartesische Naturmetaphysik belanglos. Als ein funktionaler Begriff bezieht sie sich sowohl auf die Wirkung einer Tätigkeit in der Natur als auch auf uns, insofern wir uns die Wechselwirkung vorstellen. Damit scheint Leibniz Recht zu haben, worauf im 1. Kapitel bereits hingewiesen wurde, dass die Cartesische Kraft ihm zufolge keine absolute Entität ist, sondern eine modale. Ungeachtet der Formel mv wird die Kraft in der Cartesischen Naturlehre bereits als ein idealer bzw. funktionaler Gedanke formuliert. Es bleibt aber zunächst noch offen, inwiefern die Leibniz'sche lebendige Kraft nach der Formel mv^2 keine modale Größe, sondern vielmehr eine absolute ist. Dies soll im nächsten Kapitel näher betrachtet werden.

3. Der Leibniz'sche Kraftbegriff

Nachdem wir im letzten Kapitel Descartes' Kraftbegriff erörtert haben, wollen wir uns nun dem Kraftbegriff bei Leibniz zuwenden, um am Ende die unterschiedlichen Auffassungen des Kraftwesens bei Descartes und Leibniz miteinander vergleichen und damit besser verstehen zu können, warum die Cartesianer sich mit den Leibnizianern über das Kraftmaß stritten, ohne eine gemeinsame Lösung zu finden. Wie am Anfang der Arbeit bereits angedeutet wurde, könnte ein sachlicher Grund hierfür in den unterschiedlichen Sichtweisen der Natur liegen, wodurch der Kraftbegriff jeweils anders verstanden wird. Sollte es sich so verhalten, würde es sich bei der *Vis-viva*-Kontroverse nicht allein um die mathematische Berechnungsformel handeln. Die mathematische Formel bzw. die quantitative Kalkulation der Kraftgröße wäre damit ein Ergebnis, das sich aus dem metaphysischen Verstehen der körperlichen Natur heraus ergibt, und der Streit wäre hintergründig tief in diesem metaphysischen Naturverständnis verwurzelt. Um das Verhältnis zwischen der metaphysischen Sichtweise der Natur und dem Kraftbegriff aufzuzeigen, soll zuerst auf den historischen Werdegang der Leibniz'schen Betrachtung der körperlichen Natur hingewiesen werden (3.1.). Danach sollen Leibniz' Substanzbegriff (3.2.) und besonders der Begriff der körperlichen Substanz (3.3.) dargestellt werden. Es folgt eine Interpretation der Verbindung der Monaden im lebendigen Körper (3.4.). Erst wenn das Verständnis der Leibniz'schen Begriffe von Körper und Substanz dargelegt ist, kann im Folgenden ein klares Bild von seinem mechanischen Kraftbegriff gezeichnet werden (3.5.).

3.1. Der Leibniz'sche Reifungsprozess hinsichtlich der Natur des Körpers

Was die körperliche Natur anbetrifft, war der junge Leibniz bereits der Meinung, dass die Ausdehnung keinesfalls, wie Descartes zu behaupten scheint, allein die definitorische Basis der Materie sein soll. Leibniz hat früh erkannt, dass ein materieller Körper keinen Unterschied zum leeren Raum hätte, wenn die Natur des Körpers allein in seiner Ausdehnung bestünde, obwohl Körper und Raum doch unterschiedlich erfasst werden müssen.[1] In einem Brief an seinen

[1] Vgl. Brief an Antoine Arnauld, Anfang November 1671 in A, II,1², 278: „[...] corporis

Lehrer Jakob Thomasius (1622–1684), den er 1670 leicht verändert als Beilage zu der von ihm redigierten Ausgabe von Marius Nizolius' (1498–1576) *Antibarbarus Philosophicus* veröffentlicht hat, vertritt er die Meinung, dass neben der Ausdehnung noch die Undurchdringlichkeit (Antitypie) als die Natur des Körpers hinzugefügt werden müsse. Den bloß in drei Dimensionen konstruierten Raum nennt Leibniz hier das „erstrangig-ausgedehnte Wesen" (*ens primo-extensum*), das ein „mathematischer Körper" ist. Dagegen ist die Materie das „zweitrangig-ausgedehnte Wesen oder dasjenige, das neben der Ausdehnung bzw. über den mathematischen Körper hinaus einen physischen Körper besitzt, d. h. Widerstand, Antitypie, Dichtheit, Raumerfüllung und Undurchdringlichkeit"[2]. Die Aufzählung der materiellen Eigenschaften des Körpers wird in der gleichen Schrift noch unter dem Ausdruck Antitypie subsumiert.[3] Damit ist die Antitypie die wesentliche Eigenschaft, aus der die materielle Natur des Körpers besteht, obwohl ein Körper immer noch zugleich ein Ausgedehntes ist.[4] Es gibt hier jedoch keine erkennbare Spur, dass der Begriff der Antitypie sowohl in dieser Schrift als auch generell in Schriften Leibniz' um 1670 auf ein immanentes Prinzip des Körpers zurückgeführt werden könne, wie Leibniz es in seinen späteren Schriften, z. B. im *Specimen dynamicum* von 1695, ausgearbeitet hat.[5] Die Antitypie hängt zunächst offensichtlich mit der Bewegung zusammen. Sie „besteht darin, dass [ein Körper] von einem anderen herannahenden Wesen gleicher Art gezwungen wird, entweder diesem Anderen zu weichen oder zu bremsen"[6]. Auf diese Weise widersteht ein Körper einem anderen, mit ihm zusam-

---

essentiam non consistere in extensione, id est magnitudine et figura, quia spatium vacuum a corpore diversum esse necesse est, cum tamen sit extensum."

[2] Brief an Jakob Thomasius vom 20./30. April 1669 in A, II,1[2], 34: „Spatium est Ens primo-extensum seu corpus mathematicum, quod scilicet nihil aliud continet quam tres dimensiones, estque locus ille universalis omnium rerum. Materia est ens secundo-extensum, seu quod praeter extensionem vel corpus mathematicum habet et corpus physicum, id est resistentiam, *ἀντιτυπίαν*, crassitiem, spatii repletivitatem, impenetrabilitatem." Vgl. Hubertus Busche, *Leibniz' Weg ins perspektivische Universum. Eine Harmonie im Zeitalter der Berechnung*, Hamburg 1997 (= *Leibniz' Weg*), 264.

[3] Vgl. ebd., 36: „In duobus igitur homines tam sapientes quam Idiotae naturam corporis collocant, in extensione et *ἀντιτυπίᾳ* simul sumtis. [...] naturam Corporis constitui per Extensionem et Antitypiam."

[4] Vgl. ebd., 26 f.: „Essentia autem materiae seu ipsa forma corporeitatis consistit in *ἀντιτυπίᾳ* seu impenetrabilitate. [...] extensio tamen, seu quantitas in ea datur"; 36: „in quo *ἀντιτυπίαν* reperiunt, id vocant corpus, quidquid vero *ἀντιτυπίᾳ* caret, id negant esse corpus."

[5] Vgl. SD, I in GM, VI, 236 f. Siehe auch Leibniz' Brief an De Volder vom 24. März/3. April 1699 in GP, II, 171. In späteren Schriften führt Leibniz den Widerstand des Körpers unmissverständlich auf ein internes Prinzip des Körpers zurück. Dabei unterscheidet er den Widerstand von zwei Arten: den passiven Widerstand, der durch den Ausdruck „Antitypie" als die Undurchdringlichkeit des Körpers bezeichnet wird, und den aktiven Widerstand, welcher als der eigentliche Widerstand durch die Bezeichnung „Trägheit" (*inertia*) dargestellt wird, mit welcher ein materieller Körper den Eindringungen aktiv widersteht.

[6] Brief an Jakob Thomasius vom 20./30. April 1669 in A, II,1[2], 34: „quae consistit in eo, ut alio tali ente adveniente cedere aut quiescere alterutrum cogatur."

men denselben Raum einzunehmen. „Antitypie besteht darin, unmöglich mit einem anderen [Körper] zusammen im selben Raum sein zu können, sondern den Anderen fortbewegen oder bremsen zu müssen.“[7] Entweder weicht also

[7] Ebd., 36: „*ἀντιτυπία* est, non posse cum alio esse in eodem spatio, sed alterutrum moveri aut quiescere debere.“ Stammel, *Kraftbegriff*, vertritt die Meinung, dass Leibniz im Jahr 1669 zwischen den Meinungen schwanke, ob die Antitypie zur Natur des Körpers gehört oder nicht. Er glaubt nämlich, dass die Ausdehnung in Leibniz' *De rationibus motus* (Herbst 1669) allein die Natur des Körpers sei, obwohl er zuvor im April 1669 an Thomasius geschrieben hat, dass Antitypie zur materiellen Natur des Körpers gehört. „Die Antitypia als Widerstandsprinzip der materiellen Körper ist in Leibniz' Prinzipienbildung aus dem Jahr 1669 aufgegeben worden. Wie für Descartes so sind auch für Leibniz die physikalischen Körper identisch mit geometrischen Objekten. Im Jahre 1669 ist Leibniz Cartesianer“ (Stammel, *Kraftbegriff*, 75 f.). „Die Undurchdringlichkeit oder Antitypia ist bereits in Leibniz' ersten Entwürfen zum Thema der Physik im Jahre 1669 als Prinzip der materiellen Körper aufgetaucht, wurde aber im selben Jahr noch verworfen“ (ebd., 218). Uns scheint aber, dass Leibniz in der Schrift *De rationibus motus* allein versucht hat, die Prinzipien der körperlichen Bewegung zu demonstrieren, insofern der Körper abstrakt zu betrachten ist, d. h. ohne ein hinzugefügtes Prinzip wie z. B. Trägheit oder Krafterhaltung als Naturgesetze, die dem Wesen des Körpers nicht gehören, zu berücksichtigen, sondern den Körper allein „in statu primo et naturali“ (A, VI,2, 161) zu betrachten. Daher war Leibniz in *De rationibus motus* der Meinung, dass gegen unsere alltägliche Erfahrung ein Körper einem anderen eindringenden Körper nicht widersteht. Dasselbe deutete er ein Jahr später in der *Theoria motus concreti* an: „Nullum vero corpus per se consideratum [...] reflecteret vel refringeret, saltem his quae vulgo feruntur legibus“ (*Hypothesis physica nova*, § 22 in A, VI,2, 229). Obwohl der Körper unter dieser Betrachtungsweise der Eindringung nicht widersteht, bleibt er dennoch sowohl in *De rationibus motus* als auch in der mit der *Theoria motus concreti* gleichzeitig entstandenen *Theoria motus abstracti* undurchdringlich. Wegen der Undurchdringlichkeit wird ein Körper bei jeder Eindringung seinen Platz verlassen, obwohl er die Aktivität des eindringenden Körpers nicht vermindert (vgl. *De rationibus motus*, § 21 in A, VI,2, 162 und *Theoria motus abstracti*, Fundamenta praedemonstrabilia [20] in A, VI,2, 268). Hätte der Körper allein die Ausdehnung als seine Natur, würde er bei der Eindringung eines Anderen durchdrungen. Denn der allein auf Ausdehnung gestützte Körper ist, wie Leibniz bereits erkannt hat, nichts anderes als der leere Raum selbst. Außerdem hat Leibniz seinen Brief über Antitypie an Thomasius vom April 1669 ein Jahr später als Beilage zu seiner Redigierung der Nizolius-Ausgabe veröffentlicht. Es ist schwer, sich vorzustellen, dass Leibniz innerhalb eines Jahres seine eigene Meinung bezüglich der Antitypie als der wesentlichen Natur des Körpers erst verworfen und dann wieder akzeptiert und öffentlich bestätigt hat. Er scheint seine Meinung über die Antitypie als die materielle Natur des Körpers nicht geändert zu haben. Die Antitypie wird gegen Stammels Meinung im Jahr 1669 von Leibniz nicht aufgegeben. In *De rationibus motus* und ein Jahr später in der *Theoria motus abstracti* wird der Körper allein unter dem Aspekt seines ursprünglichen Zustands ohne ein hinzugefügtes Prinzip, wie z. B. die Krafterhaltung, betrachtet. Mit anderen Worten, ein Körper (wenn man ihn allein als solchen betrachtet) widersteht nach Leibniz' Auffassung um 1670 der Eindringung anderer Körper nicht auf eine aktive Weise. Er verändert weder die Bewegungsintensität noch die Bewegungsrichtung anderer eindringender Körper. Trotzdem bleibt die Undurchdringlichkeit des Körpers bestehen. Das, was in *De rationibus motus* und *Theoria motus abstracti* außer Acht gelassen wird, ist nicht die Antitypie, sondern der aktive Widerstand des Körpers, den für Leibniz damals ein bloß passiver Körper nicht besitzen kann. Dies führt aber zur Schwierigkeit der Bewegungserhaltung im Universum, welche sowohl Descartes als auch Leibniz für rational halten. Daher war für Leibniz damals ein transzendenter Geist, welcher die Bewegung in der Natur hervorbringt, unverzichtbar. Aus demselben Grund muss seine *Theoria motus abstracti*, in welcher Leibniz die abstrakte

ein Körper einem anderen, anstoßenden Körper aus, sodass sein ursprünglicher Platz vom anderen eingenommen wird, oder er wehrt den anderen Körper von sich ab und zwingt die Eindringung des anderen aufzuhören. Hier ist der Zusammenhang zwischen der Antitypie als der allgemeinen materiellen Eigenschaft des Körpers einerseits und der Bewegung des Körpers andererseits deutlich zu merken. Obwohl die Antitypie nach Leibniz' Auffassung eine wesentliche Eigenschaft des Körpers ist, hat er nicht aufgehört, nach dem rationalen Grund der Antitypie zu fragen. In *Confessio naturae contra atheistas* (1668) vertritt er die Meinung, dass der Widerstand und das Abprallen des Körpers durch die unmerkliche Bewegung der körperlichen Oberfläche erklärt werden können.[8] Doch war ihm zugleich deutlich, dass es unmöglich war, die materiellen Eigenschaften des Körpers (den Widerstand, die Kohärenz usw.) letztendlich auf diese Weise zu erklären. Wenn es auch möglich wäre, die makroskopischen Phänomene der materiellen Körper durch die unmerkliche Bewegung der Körperchen auf der Oberfläche zu erklären, führt dieses Erklärungsmodell letztendlich zur Annahme der Körperteile, deren Härte oder Undurchdringlichkeit nicht weiter analysierbar ist. Damit bleibt die Undurchdringlichkeit auf der mikroskopischen Ebene nicht mechanisch erklärt. Hier endete also die wissenschaftliche Erforschung der natürlichen Phänomene. Solange auf diese Weise die unerklärliche Härte der Körperteilchen Eingang in die wissenschaftliche Forschung fand, musste also eine göttliche Instanz zu Hilfe genommen werden, um jene absolute Härte eines Ausgedehnten zu erklären.[9]

Unabhängig von jenem Problem, die Härte der kleinen Körperteile nicht weiter analysieren zu können, betrachtete Leibniz die Bewegung selbst als ein wesentliches Phänomen des Körpers.[10] Denn aus der Bewegung erhält die Antitypie ihre Erklärung. Die Antitypie gehört aber notwendig zur Natur des materiellen Körpers. Sonst wäre der Körper vom leeren Raum nicht unterscheidbar.

Theorie der Bewegung behandelte, um die *Theoria motus concreti* ergänzt werden. Zu dieser Problematik siehe Daniel Garber, „Motion and Metaphysics in the Young Leibniz“, in: Roger S. Woolhouse (ed.), *Leibniz. Critical Assessments*, New York 1994, 148–176 (= „Motion and Metaphysics“), hier 160.

[8] Vgl. *Confessio naturae contra atheistas* (Frühjahr 1668 [?]) in A, VI,1, 491: „Unica prope via apparet, nempe corpus ideo corpori impellenti resistere, et ipsum repercutere, quia ipsius partes in superficie insensibiliter in occursum ejus moveantur.“ Ähnlich versucht Leibniz später in der *Hypothesis physica nova* (1671), den Widerstand des Körpers durch die „gewisse inwendige, in sich selber gehende Bewegung“ (*motu quodam intestino in se redeunte*) (§ 21 in A, VI,2, 228) zu erklären. In seinem Brief an Arnauld 1671 behauptete er auch, dass die Bewegung für die Konsistenz bzw. Kohäsion verantwortlich ist (vgl. A, II,1², 278: „nullam esse cohaesionem seu consistentiam quiescentis“; *Hypothesis physica nova*, § 11 in A, VI,2, 226; § 57 in A, VI,2, 248: „ultima autem cohaesionis ratio [...] est motus intestinus“; *Theoria motus abstracti*, in A, VI,2, 269; Busche, *Leibniz' Weg*, 414 f.).

[9] Vgl. A, VI,1, 491 f.

[10] Vgl. Brief an Arnauld, Anfang November 1671 in A, II,1², 278: „essentiam corporis potius consistere in motu“; Brief an Henry Oldenburg vom 15./25. Oktober 1671 in A, II,1², 272.

Die Bewegung kann aber nicht von der Ausdehnung oder Antitypie abgeleitet werden, sondern vielmehr werden sie aus der Bewegung erklärt.[11] Betrachten wir die Ausdehnung und die Antitypie als rein passive Eigenschaften des Körpers, so können sie nicht die Bewegung als eine Aktivität erklären. Die Bewegung muss ein transzendentes Aktivitätsprinzip haben. Gleichsam wie die Ursache der Bewegung eines Lebewesens in einem immateriellen, unkörperlichen Lebensprinzip liegt, war der junge Leibniz der Meinung, dass die Ursache der Bewegung des allgemeinen materiellen, leblosen Körpers allein im universalen Geist als dem Herrscher über die ganze Welt, d. h. in Gott, zu finden sei.[12] Zwischen 1668 und 1676 war die Analyse der Bewegung bei Leibniz im Grunde genommen nicht über die „transcreatio" hinausgekommen.[13] Die Bewegung gleicht also der kontinuierlichen Schöpfung Gottes in jedem Zeitmoment. Der Körper besitzt an sich kein immanentes Aktivitätsprinzip.

Bei dieser Erklärungsweise der Bewegung blieb Leibniz bis spätestens 1679. Danach tendierte er immer mehr dazu, die Meinung zu vertreten, dass das Prinzip der Tätigkeit im Körper selbst zu finden sein müsse.[14] In seinem Brief an François de la Chaise (1624–1709), den Beichtvater des Sonnenkönigs Ludwig XIV, hat Leibniz deutlich ausgedrückt:

Es gibt die substantiellen Formen, und die Natur des Körpers besteht nicht in der Ausdehnung, sondern in einer Tätigkeit, welche sich auf die Ausdehnung bezieht. Denn ich halte dafür, dass ein Körper nicht ohne Anstrengung sein könnte: Daraus ergibt sich, dass ein

---

[11] Vgl. Brief an Jakob Thomasius vom 20./30. April 1669 in A, II,1², 31: „Materia per se motus expers est"; 36: „Nihil igitur ponendum est in corporibus, quod non ex definitione Extensionis et Antitypiae fluat. Fluunt autem tantum ex ea magnitudo, figura, situs, numerus, mobilitas etc. Motus ipse ex iis non fluit."

[12] Vgl. Brief an Otto von Guericke vom 17. August 1671 in A, II,1², 240: „Nihil enim movet, nisi moveatur, excepta Mente"; *Confessio naturae contra atheistas* (Frühjahr 1668 [?]) in A, VI,1, 492: „Cum autem demonstraverimus corpora determinatam figuram et quantitatem, motum vero illum habere non posse, nisi supposito Ente incorporali [...]. Tale igitur Ens incorporale erit Mens totius Mundi Rectrix, id est DEUS."

[13] Vgl. *Demonstrationum catholicarum conspectus* (1668–1669 [?]) in A, VI,1, 494: „quod motus fieri non possit sine continua creatione"; Brief an Jakob Thomasius vom 20./30. April 1669 in A, II,1², 36: „quicquid movetur, continuo creari"; *Pacidius Philalethi* (1676) in A, VI,3, 567 f. Die Identifizierung der Bewegung als der „transcreatio" war bei der Redigierung der Nizolius-Ausgabe im Jahr 1670 unterblieben. Jener Gedanke der „transcreatio" war jedoch in *Pacidius Philalethi* wieder zurückgekehrt. Auf den Grund für die Zurückhaltung gegenüber der „transcreatio" zwischen 1670 und 1676 wollen wir hier nicht weiter eingehen. Zu deren Interpretation siehe Garber, „Motion and Metaphysics", 161; Christia Mercer/Robert C. Sleigh Jr., „Metaphysics. The Early Period to the Discourse on Metaphysics", in: Nicolas Jolley (ed.), *The Cambridge Companion to Leibniz*, Cambridge 1995, 67–123, hier 78 f.; *The Labyrinth of Continuum. Writings on the Continuum Problem, 1672–1686*, translated and edited and with an introduction by Richard T. W. Arthur, New Haven/London 2001, LXXVI.

[14] Vgl. Daniel Garber, *Leibniz. Body, Substance, Monad*, New York 2009 (= *Leibniz*), 48–53. Diese Veränderung erscheint Garber so entscheidend, dass er sie als die „philosophical revolution" (71) bei Leibniz bezeichnet.

Körper nicht notwendig mit einer bestimmten Ausdehnung ausgestattet ist, sondern neigt, sie zu haben, wenn es keine höhere Macht verhindert.[15]

Dabei manifestiert Leibniz nicht nur, dass die Ausdehnung nicht mehr zur definitorischen Basis des Körpers gehöre, anders als es vor 1678 offenbar noch seiner Meinung entsprach[16], sondern auch, dass eine bestimmte Tätigkeit und Neigung der Natur des Körpers eigen sei. Die Ausdehnung eines realen Körpers erscheint jetzt nur als ein Resultat dieser Neigung. Denn gäbe es keine Bestrebung zur Bewegung, wäre die Antitypie, bzw. der passive Widerstand des Körpers, Leibniz zufolge nicht möglich. Gäbe es keinen Widerstand des Körpers, wäre aber eine bestimmte, ausgedehnte Gestalt unmöglich. Diese Tätigkeit oder Neigung bezeichnet Leibniz hier mit dem scholastischen Ausdruck „substantielle Form". Später meint er sogar, dass die Ausdehnung eine bloße Idee sei, welche ein erkennendes Subjekt voraussetzt. Sie sei an sich eine geistige Abstraktion, bei welcher die Ideen der Vielheit, der Kontinuität und der Koexistenz in einem erkennenden Subjekt bereits vorhanden sein müssten.[17] Sie mache weder das wesentliche Attribut des Körpers aus, da sie als eine geistige Abstraktion noch weiter in andere Ideen aufgelöst werden könne, noch sei sie hinreichend, um

---

[15] Brief an de La Chaise vom April/Mai 1680, in A, II,1², 798: „Qu'il y a des formes substantielles, et que la nature du corps consiste non pas dans l'étendue, mais dans une action qui se rapporte à l'étendue, car je tiens qu'un corps ne sçauroit estre sans effort: d'ou il s'ensuit non corpus necessario determinatae extensionis esse, sed ad eam habendam inclinari nisi superior potentia impediat."

[16] Noch im Jahr 1678 schrieb Leibniz an Hermann Conring (1606–1681), dass im Körper nur Größe, Gestalt, Lage und Bewegung erkannt werden könnten, alles andere, wie beispielsweise die substantielle Form, wohl gemeint sein könnten, aber nur leere Wörter seien, welche die Natur des Körpers nicht weiter erklären könnten. „Ego nihil agnosco in rebus quam corpora et mentes, nec in mentibus nisi intellectum et voluntatem, nec in corporibus quatenus a mente sejunguntur nisi magnitudinem et figuram et situm et horum mutationem in partibus vel toto. Caetera dicuntur, non intelliguntur: sunt sine mente soni" (Brief an Conring vom 19./29. März 1678 in A, II,1², 604 f.). Doch darf man andererseits nicht vergessen, dass Conring damals ein Verfechter der alten scholastischen Philosophie am Hof von Hannover war. Das, was Leibniz versucht hat, ihm zu zeigen, impliziert unseres Erachtens eine scharfe Trennung zwischen seiner und der alten scholastischen Philosophie. Daher kommt es zu einer Überbetonung der mechanistischen Sichtweise der Natur. Sein Brief an de La Chaise möchte dagegen auf eine genauso deutliche Trennung zwischen seiner und der Cartesischen Philosophie hinweisen. Deswegen versucht er, durch die Umdeutung eines bereits bekannten scholastischen Begriffs den Cartesischen Einfluss am französischen Königshof zu bekämpfen. Diese Umdeutung hat Leibniz bereits in einer unveröffentlichten Schrift ausgedrückt, welche die Herausgeber der Leibniz'schen Akademie-Ausgabe als *Conspectus libelli elementorum physicae* betitelt haben, geschrieben zwischen Sommer und Winter 1678 (vgl. A, VI,4, 2009 f.; ähnlich schrieb Leibniz an Herzog Johann Friedrich von Hannover im Herbst 1679, in A, I,2, 225; II,1², 754). Das dem Körper immanente Bewegungsprinzip scheint Leibniz irgendwann zwischen 1678 und 1679 festgelegt zu haben.

[17] Vgl. Brief an De Volder vom 24. März/3. April 1699 in GP, II, 169: „[...] conceptus extensionis sit incompletus: nec arbitror extensionem per se concipi, sed esse notionem resolubilem et relativam; resolvitur enim in pluralitatem, continuitatem et coexistentiam"; 170: „Unitatem extensi puto nullam esse nisi in abstracto."

einen materiellen Körper zu beschreiben, weil die Tätigkeit des Körpers in der Natur durch sie nicht erklärt werden könne.

Daher sei es notwendig, dass in der Natur selbst etwas vor der Idee der Ausdehnung bestehe, woraus dieses Phänomen resultiere. Somit glaubt Leibniz, dass wir der Natur eine substantielle Form unterstellen müssten, die er später mit dem Ausdruck „Kraft" bezeichnet, weil er „verständlicher"[18] sei, indem er genau jene Tätigkeit und Neigung des Körpers bezeichne. Die natürlichen Substanzen sind somit nichts anders als Krafteinheiten.[19]

Die Ausdehnung eines realen Körpers sei einerseits eine phänomenale Erscheinung der ursprünglich aktiven Kraft einer Substanz, aus welcher nicht nur die räumliche Existenz einer Materie, sondern auch die Aktivität bzw. die Bewegung eines Körpers resultieren. Andererseits sei der Körper aber die phänomenale Erscheinung einer ursprünglichen, passiv leidenden Kraft der Substanz, welche der räumlichen Eindringung sowie der Veränderung ihres Bewegungszustandes Widerstand leiste.[20]

Auf diese Weise gleicht Leibniz durch die Einführung des körperlichen Widerstands nicht nur das Ungenügen der Cartesischen Körperlehre aus, wie er es bereits in seinen jungen Jahren versucht hat, sondern führt zugleich durch die Idee des Kraftbegriffs die wesentlichen Phänomene des Körpers auf ein Tätigkeitsprinzip zurück.[21] Mit diesem Kraftgedanken hinsichtlich der aktiven Tätigkeit und dem passiven Widerstand des Körpers verbindet Leibniz, um der weiteren Darstellung des Leibniz'schen Kraftbegriffs vorzugreifen, die phänomenale Erscheinung der Materie wie Gestalt, Bewegung, Antitypie etc. mit einer substantiellen Grundlage als der metaphysischen Quelle der materiellen Phänomene.[22] Nur so erfassen wir Leibniz zufolge einen materiellen Körper

---

[18] Vgl. GP, IV, 478 f.: „je m'apperçûs que la seule consideration d'une masse étendue ne suffisoit pas, et qu'il falloit employer encor la notion de la force, qui est tres intelligible, quoyqu'elle soit du ressort de la Metaphysique"; 479: „je les appelle peutestre plus intelligiblement forces primitives"; vgl. SD, I, in GM, VI, 242.

[19] Vgl. Brief an De Volder vom 24. März/3. April 1699 in GP, II, 170: „Itaque magis in notione *τῶν δυναμικῶν* quam extensionis cogitationem nostram compleri et terminari credo, nec potentiae vel vis aliam notionem quaerendam quam ut sit attributum ex quo sequitur mutatio, cujus subjectum ipsa est substantia"; *De ipsa natura …* (1698), 8 in GP, IV, 508: „[…] ipsam rerum substantiam in agendi patiendique vi consistere."

[20] Vgl. SD, I in GM, VI, 236 f.

[21] Vgl. Brief an Jacques Lelong vom 5. Februar 1712 in Robinet, *Malebranche et Leibniz*, 451: „L'étendue même n'est rien sans la force, puisqu'elle n'est autre chose que la diffusion ou repetition continuelle simultanée de la substance corporelle; mais l'erreur où l'on est vulgairement chez les Cartesiens de la concevoir comme quelque chose de primitif, d'absolu, et de substantiel, fait leur erreur sur la substance; au lieu que c'est une chose relative. L'étendue bien loin d'estre quelque chose de primitif, suppose la chose dont elle est la diffusion, elle est l'extension ou la continuation de ce qui est anterieur à elle. Et cet anterieur ne sauroit être que la force de resister et d'agir, qui fait l'essence de la substance corporelle"; ähnlich im Brief an Basnage De Beauval vom 3./13. Januar 1696 in GP, IV, 499; siehe auch GP, VI, 584.

[22] Vgl. SD, I in GM, VI, 235: „[…] vis illa […], imo ut intimam corporum naturam con-

vollständig auf der Basis des intellektuellen Erkennens. Den Körper allein als ein ausgedehntes Ding zu begreifen, sei dagegen unvollständig, da sich dies allein auf Basis der sinnlichen Anschauung bzw. Imagination stütze[23], obwohl wir das Phänomen durch diese bildliche Vorstellung mathematisch und mechanisch beschreiben könnten. Dies hat Leibniz in seinem 1686 verfassten *Discours de métaphysique* wie folgt klar formuliert:

Und obgleich alle besonderen Naturerscheinungen von denen, die sie wahrhaft verstehen, auf mathematische oder mechanische Weise erklärt werden können, so zeigt doch, dass nichtsdestoweniger die allgemeinen Prinzipien der körperlichen Natur und der Mechanik selbst eher metaphysischer als geometrischer Art sind und eher bestimmten Formen und unteilbaren Naturen als Ursachen der Erscheinungen angehören als der bloßen körperlichen und ausgedehnten Masse.[24]

Da nun der metaphysische Kraftgedanke bei Leibniz, wie bereits angedeutet, nicht nur eine bloße Idee der Bewegungsursache in der Mechanik ist, sondern das Wesen des Körpers, d.h. das substantielle Prinzip des Körpers[25], ausmacht, soll im Folgenden seine Substanztheorie zunächst schrittweise dargelegt werden. Durch die genaue Darstellung der Leibniz'schen Substanzlehre erhalten wir zugleich ein besseres Verständnis seines mechanischen Kraftbegriffs beim natürlichen Körper. Es ist also wichtig zu zeigen, welche Rolle der Kraftbegriff

---

stituat"; dazu auch in GP, III, 356. Blank hat mit Recht darauf hingewiesen, dass die Leibniz'sche Auseinandersetzung mit dem Kraftbegriff in der Mechanik, d.h. dem Begriff der lebendigen Kraft, am Ende der 70-er Jahre später zur Grundlage seiner Metaphysik der Monaden hinführt. Vgl. Andreas Blank, *Der logische Aufbau von Leibniz' Metaphysik*, Berlin/New York 2001 (= *Aufbau*), 101 ff.

[23] Vgl. *Specimen inventorum de admirandis naturae generalis arcanis* (1688 [?]) in GP, VII, 314 f.: „[...] essentia corporis non in extensione et ejus modificationibus, figura scilicet et motu (quae imaginarii aliquid involvunt non minus quam calor et color et aliae qualitates sensibiles), sed in sola vi agendi resistendique collocanda est, quam non imaginatione, sed intellectu percipimus"; ähnlich im Brief an Paul Pelisson, September/Oktober 1691 in Robinet, *Malebranche et Leibniz*, 281: „Je remarque que dans la nature des corps, outre la grandeur, et le changement de grandeur et de la situation, c'est-à-dire, outre les notions de la pure géométrie, il faut mettre une notion supérieure, qui est celle de la force par laquelle les corps peuvent agir et résister." Vgl. GP, IV, 478.

[24] DM, § 18 in A, VI,4, 1559: „Et il paroist de plus en plus quoyque tous les phenomenes particuliers de la nature se puissent expliquer mathematiquement ou mechaniquement par ceux qui les entendent, que neantmoins les principes generaux de la nature corporelle et de la mechanique même sont plustot metaphysiques que Geometriques, et appartiennent plustost à quelques formes ou natures indivisibles comme causes des apparences qu'à la masse corporelle ou étendue." Vgl. *Contemplatio de historia literaria statuque praesenti eruditionis* (Frühjahr 1682 [?]) in A, VI,4, 464: „Ostendemus ergo omnia quidem in corporibus fieri Mechanice, sed principia ipsa rei Mechanicae et totius Physicae non esse Mechanica sive Mathematica, sed Metaphysica, corporis naturam nullo modo in extensione positam esse, sed in notione quadam non minus clara et longe foecundiore, in omni corpore quandam esse formam substantialem."

[25] Vgl. Brief an De Volder vom 23. Juni 1699 in GP, II, 184: „[...] id principium [principium activum – Ch.-F. L.] esse substantiale et constitutivum ipsius extensi seu materiae, id est rei, quae non extensionem tantum et antitypiam sed et actionem resistentiamque habet."

in seiner reifen Metaphysik insgesamt spielt, um damit weiter zu erforschen, auf welche Weise der metaphysische Kraftbegriff seiner Mechanik zugrunde liegen kann.

3.2. Leibniz' Substanzlehre – Substanzen als wahre Einheiten

Ebenso wie die Frage nach der Realität des Körpers ist Leibniz' Substanzlehre bei den Kommentatoren sehr unterschiedlich interpretiert worden. Dabei stellt die Rolle der „körperlichen Substanz" in seiner Metaphysik eine besonders umstrittene Frage dar. Ist die Lehre von der körperlichen Substanz nur eine Übergangstheorie in der gesamten Entwicklung seines philosophischen Denkens? Oder ist sie eine Alternative zu seiner späteren Metaphysik, der Theorie der Monaden? Im Weiteren wird versucht, eine wahrscheinliche Interpretation herauszuarbeiten, sodass keine Behauptung von Leibniz leicht abgetan werden kann, etwa als nicht originell oder als begriffliche Verwechslung. Es zählt letztendlich zu unseren Aufgaben, die Leibniz'sche Metaphysik möglichst genau zu rekonstruieren. Nach unserer Auffassung ist es möglich, die Kompatibilität der reichen philosophischen Gedanken in seinen späteren Schriften (etwa nach 1680) herzustellen, solange wir uns bei äußeren Schwierigkeiten um eine interpretatorische Lösung bemühen. Daher soll im Folgenden versucht werden zu zeigen, dass eine selektive Lesart in Bezug auf die körperliche Substanz bei Leibniz unnötig ist. Mit anderen Worten, die Theorie der körperlichen Substanz ist mit der Theorie der Monaden nicht unvereinbar.

Zunächst ist festzustellen, dass das, was man als Substanz bezeichnen will, nach Leibniz eine in sich wahrhaft geschlossene Einheit sein muss. Ein Aggregat wie eine Herde oder ein Heer ist keine Substanz. Denn dort ist keine wahrhaftige, geschlossene Einheit zu finden, sondern das Ganze wird nur auf akzidentelle Weise durch die individuellen Einheiten, wie z.B. Schafe oder Soldaten, zusammengesetzt. Ein einzelnes Schaf in der Herde oder ein einzelner Soldat des Heeres ist als ein konstitutiver Teil im Ganzen beliebig zu ersetzen, ohne das Ganze wesentlich zu verändern. Obwohl wir die Herde oder das Heer oft als „Eine(s)" bezeichnen, hängen solche Einheiten nur sprachlich bzw. mental zusammen. Sie sind nur in der Repräsentation des Geistes, nur gedanklich „Eine(s)"[26]. Dagegen ist ein einzelnes Schaf oder ein individueller Soldat in der Realität eine wirkliche Einheit, da sie ein einheitliches Prinzip in sich tragen,

[26] Vgl. Brief an Arnauld vom September 1687 in GP, II, 119: „Au reste j'accorde qu'on peut donner le nom d'un à un assemblage de corps inanimés quoyqu'aucune forme substantielle ne les lie, comme je puis dire: voilà un arc en ciel, voilà un troupeau; mais c'est une unité de phenomene ou de pensée qui ne suffit pas pour ce qu'il y a de reel dans les phenomenes"; ähnlich auf 183, 250, 267.

welches Leibniz durch die bekannte Bezeichnung „Seele" verständlich macht.[27] Es geht jedoch nicht darum, dass sie organische, funktionale Einheiten sind. Die organischen Teile im Körper entstehen und vergehen, sie bleiben nur eine Zeitlang, während die individuelle Einheit fortdauert.[28] Auf ähnliche Weise besäße eine künstliche Maschine, wie z.B. eine Uhr mit Federn und Rädern[29] oder eine Mühle[30], auch eine funktionale, organisierte Einheit. Eine solche künstliche Maschine ist nach Leibniz jedoch keine Substanz, da sie kein „Prinzip des Lebens" in sich trägt.[31] Der Unterschied zwischen einem Lebewesen und einer künstlichen Maschine besteht darin, dass der organische Körper des Lebewesens an und für sich ein funktionales Ziel hat, nämlich das Leben selbst. Er strebt von sich selbst nach der weiteren Existenz und Funktion. Dieses Streben ist nach Leibniz' Auffassung selbst im kleinsten Teil eines lebendigen Körpers zu finden. Daher bezeichnet er den Körper eines Lebewesens als eine unendlich lebendige und organische „Naturmaschine"[32]. Im Gegensatz dazu sind die kleinen Teile einer künstlichen Maschine nur funktional ins Ganze integriert. Die Einheit einer solchen künstlichen Maschine ist „formal" in ihrer Gesamtheit enthalten, während die Einheit einer wahren Substanz alle ihre Teile „eminenter" umfasst, wie Leibniz es einst mit dem Sprachgebrauch der Scholastik ausdrückte.[33] Der Grund liegt besonders darin, dass die künstliche Maschine keine „Seele", d.h. kein Lebensprinzip besitzt, das sich selbst durch kontinuierliche Perzeptionen und Appetitionen (Strebungen) erfährt und mit dem Körper zusammen eine Einheit bildet. Der organische Körper allein bildet wie ein künstlicher Automat keine wirkliche Einheit, sondern er ist aus einer Vielheit der Teile

---

[27] Vgl. Brief an Thomas Burnett aus dem Jahr 1700 in GP, III, 260: „La matiere seconde est un aggregé ou composé de plusieurs substances corporelles, comme un troupeau est composé de plusieurs animaux. Mais chaque animal et chaque plante aussi est une substance corporelle, ayant en soy le principe de l'unité, qui fait que c'est veritablement une substance et non pas un aggregé. Et ce principe d'unité est ce qu'on appelle Ame ou bien quelque chose, qui a de l'analogie avec l'ame."

[28] Vgl. Brief an Arnauld vom September 1687 in GP, II, 120: „Il est vray que le tout qui a une veritable unité, peut demeurer le même individu à la rigueur, bien qu'il perde ou gagne des parties, comme nous experimentons en nous mêmes; ainsi les parties ne sont des requisits immediats que pro tempore."

[29] Vgl. GP, IV, 482.

[30] Vgl. Mo, § 17 in GP, VI, 609.

[31] Vgl. NE, 2, XXVII, § 4 in A, VI,6, 231: „L'organisation ou configuration sans un principe de vie subsistant, que j'appelle Monade, ne suffiroit pas pour faire demeurer *idem numero*, ou le même individu."

[32] PNG, § 3 in GP, VI, 599, vgl. *De ipsa natura* ... (1698) in GP, IV, 504 f.: „sed naturam universam esse, ut sic dicam, artificium Dei, et tantum quidem, ut quaevis machina naturalis (quod verum parumque observatum naturae artisque discrimen est) organis constet prorsus infinitis."

[33] Vgl. Brief an De Volder vom 21. Januar 1704 in GP, II, 263: „Substantiae non tota sunt quae contineant partes formaliter, sed res totales quae partiales continent eminenter."

zusammengesetzt, wenn auch auf intelligente Weise.[34] „Die regelmäßige oder unregelmäßige Anordnung macht für die substantielle Einheit nichts aus."[35] Die Einheit eines individuellen Lebewesens liegt nicht in der funktionalen Anordnung der Körperteile. Sie gründet sich allein auf die innere Tätigkeit eines Lebewesens, auf die Perzeptionen und Appetitionen der Seele oder des der Seele Ähnlichen, indem alle Perzeptionen durch die Appetitionen miteinander verknüpft sind.[36] Nur aus jenen inneren Tätigkeiten und nicht aus den äüßeren funktionalen Wirksamkeiten des Körpers entspringen die Lebendigkeit und die Einheit einer Substanz. Damit erhält die Appetition eine Schlüsselrolle in Leibniz' Substanzlehre, indem sie als das innerliche Bewegungsprinzip der wandelnden Perzeptionen fungiert, welche die individuelle Einheit der Substanzen ausmacht. Dieser Begriff der Appetition erscheint in seinen Schriften über die Dynamik als die ursprüngliche, aktive „Kraft" der Substanz, welche der mechanischen Kraft der Körper zugrunde liegt. Damit versucht Leibniz, in der von ihm neu begründeten Wissenschaft der Dynamik zugleich die seelische und körperliche Einheit bei den geschaffenen Substanzen festzustellen.[37] Auf dieses Thema möchten wir später noch zurückkommen. Hier nehmen wir zur Kenntnis, dass auf Grund der inneren Tätigkeit, Leibniz zufolge, ein Lebewesen eine Einheit bildet. Auf diese Weise bezeichnet Leibniz das Lebewesen als eine körperliche Substanz (*substantia corporea*).[38] Somit lehnt Leibniz gleichwohl die Ansicht der Cartesianer ab, wonach ein mit Ausdehnung versehenes Aggregat bereits als eine körperliche Substanz zu bezeichnen sei.[39] Außerdem steht die Cartesische Ansicht des Lebens in der Kritik, wonach das Leben nur die funktionale Zusammenarbeit des Körpers bedeutet.[40]

---

[34] Vgl. GP, IV, 482: „De plus, par le moyen de l'ame ou forme, il y a une veritable unité qui repond à ce qu'on appelle moy en nous; ce qui ne sçauroit avoir lieu ny dans les machines de l'art, ny dans la simple masse de la matiere, quelque organisée qu'elle puisse estre."

[35] Brief an Arnauld vom 28. November/8. Dezember 1686 in A, II,2, 119: „car l'arrangement regulier ou irregulier ne fait rien à l'unité substantielle"; vgl. dazu im Brief an Des Bosses vom 11., 17. März 1706 in GP, II, 304.

[36] Vgl. NE, Vorwort in A, VI,6, 55: „Ces perceptions insensibles marquent encor et constituent le même individu, qui est caracterisé par les traces, qu'elles conservent des estats précedens de cet individu, en faisant la connexion avec son estat present [...]"; Mo, §§ 14, 15 in GP, VI, 608 f.

[37] Vgl. SD, II, in GM, VI, 247.

[38] Vgl. Brief an Des Bosses vom 29. Mai 1716 in GP, II, 520: „Sed ita substantiam corpoream seu compositam restringo ad sola viventia, seu ad solas machinas naturae organicas."

[39] Vgl. SD, I in GM, VI, 236.

[40] Vgl. PA, § 6 in AT, XI, 330 f.; *Le Monde* in AT, XI, 120, 131. Mit den gleichen Beispielen von Uhr und Mühle sieht Descartes dagegen einen lebendigen Körper genauso wie einen künstlichen Automaten. Wenn ein solcher Automat aufgezogen ist, hat er das Bewegungsprinzip, welches rein mechanisch ist, in sich selbst, nicht in der Seele oder in einer transzendenten Substanz.

Nicht nur die Substanzlehre der Cartesianer ist Leibniz zufolge unhaltbar, sondern auch die antike Lehre der Atomisten, die in der damaligen Zeit durch Pierre Gassendi (1592–1655) und Géraud de Cordemoy (1616–1684) wiederbelebt wurde, ist Leibniz' Meinung nach ebenfalls nicht zutreffend. Bei den Atomisten geht es darum, dass ein Körper nicht bis ins nichts geteilt werden könne. Aus nichts könne kein reales materielles Seiendes konstruiert werden. Also müsse ein Körper nach den Atomisten aus vielen unteilbaren „Atomen" zusammengesetzt sein. So kann man sich die Entstehung des materiellen Körpers sinnlich am besten vorstellen. Es gebe also ein „non plus ultra"[41] als Element aller Körper. Ähnlich wie Descartes vertritt Leibniz die gleiche Meinung, dass jene Ansicht der Atomisten gemäß der rationalen Überlegung unmöglich sei.[42] Ein real ausgedehnter Körper könne nicht nur in Gedanken weiter geteilt werden, sondern er müsse auch in der Wirklichkeit weiter teilbar sein.[43] Es könne kein unteilbares Atom als letztes elementares Körperchen in der Natur geben. Jedoch kann Descartes hinsichtlich des Problems „progressus in infinitum" bei der Körperteilung keinen Ausweg finden, obwohl er der Atomlehre nicht zustimmt. Es scheint, als ob es Descartes zufolge gleichwohl ein unerklärliches Wunder der Natur sei, dass ein realer Körper unendlich geteilt werde und schließlich nicht beim Nichts ankomme. Hier ist wieder die Unverständlichkeit der rein aus der Geometrie heraus erfassten Körpernatur deutlich zu sehen. Leibniz versucht dagegen auf seine Weise, eine vernünftige Erklärung zu finden. Dies tut er folgendermaßen.

Leibniz meint zunächst, dass ein realer Körper unendlich teilbar sei. Ein realer Körper ist an sich ein Aggregat, das aus unendlich vielen Teilen zusammengesetzt ist und daher niemals eine substantielle Einheit sein kann, sondern immer eine zusammengesetzte Vielheit in sich einschließt. Jedoch würde es überhaupt keine aktuelle Vielheit geben, so argumentiert Leibniz, wenn es keine elementare Einheit gäbe.[44] Die Vielheit wäre eine bloße Illusion, wenn die

---

[41] GP, VII, 377.

[42] Diese Meinung vertritt Leibniz in seinem reifen Alter, obwohl der junge Leibniz selbst für eine kurze Zeit ein Atomist gewesen war. Vgl. GP, IV, 478; A, II,1², 209.

[43] Vgl. Brief an De Volder vom 30. Juni 1704 in GP, II, 267 f.: „Corpora enim utique semper sunt divisibilia, imo et actu subdivisa"; ähnlich auch im Brief an Des Bosses vom 14. Februar 1706 in GP, II, 300; siehe auch GP, VII, 315, 377 f.

[44] Vgl. Brief an Arnauld vom April 1687 in GP, II, 96 f.: „[…] car tout estre par aggregation suppose des estres doués d'une veritable unité, parcequ'il ne tient sa realité que de celle de ceux dont il est composé, de sorte qu'il n'en aura point du tout, si chaque estre dont il est composé est encor un estre par aggregation, […] il n'y a point de multitude sans des veritables unités." Im Brief an De Volder vom Januar 1704 (GP, II, 261) gibt es eine ähnliche Beweisführung: „Consequentiam ita ostendebam primo, quae in plura dividi possunt, ex pluribus constantia seu aggregata sunt. Jam secundo quaecunque ex pluribus aggregata sunt, ea non sunt unum nisi mente, nec habent realitatem aliam quam mutuatam seu rerum ex quibus aggregantur. Ergo tertio quae in partes dividi possunt nullam habent realitatem nisi sint in iis quae in partes dividi non possunt. Imo nullam habent aliam realitatem quam eam quae est Unitatum quae

elementare Einheit darin fehlte. Dass der Körper ein bloßes Phänomen sei, wie Träume oder Ähnliches, diese Auffassung will Leibniz aber nicht vertreten.[45] Daher muss es aktuelle elementare Einheiten in jedem Körper geben. Da nun andererseits ein geteilter Körper immer ausgedehnt bleibt und daher auch wei-

---

insunt"; vgl. auch GP, IV, 483: „[...] sans les veritables unités il n'y auroit point de multitude"; sowie in PNG, § 1 in GP, VI, 598.

[45] Vgl. Brief an Arnauld vom April 1687 in GP, II, 97: „Je ne dis pas qu'il n'y a rien de substantiel ou rien que d'apparent dans les choses qui n'ont pas une veritable unité, car j'accorde qu'ils ont tousjours autant de realité ou de substantialité, qu'il y a de veritable unité dans ce qui entre dans leur composition"; *An corpora sint mera phaenomena* (Winter 1682/83 [?]) in A, VI,4, 1464: „Hinc sequitur aut corpora esse mera phaenomena, non vero Entia realia, aut in corporibus aliud esse quam extensionem"; Brief an Fardella 1690 in A, VI,4, 1668: „Hinc nisi dentur substantiae quaedam indivisibiles corpora non forent realia, apparentiae tantum seu phaenomena sicut Iris, sublato quippe omni compositionis fundamento." Siehe dazu Daniel Garber, „Leibniz and the Foundations of Physics. The Middle Years", in: Kathleen Okruhlik/James Robert Brown (eds.), *The Natural Philosophy of Leibniz*, Dordrecht 1985, 27–130 (= „Leibniz and the Foundations of Physics"), 32 und Donald P. Rutherford, „Phenomenalism and the Reality of Body in Leibniz's Later Philosophy", *Studia Leibnitiana* XXII/1 (1990), 11–28. Ob der Körper Leibniz zufolge bloßes Phänomen ist, darüber sind sich die Interpreten nicht einig. Mir scheint Rutherford zu Recht zu behaupten, dass der materielle Körper in Leibniz' Ontologie nicht nur pure phänomenale Erscheinung, übereinstimmend zwischen Monaden, sei, sondern „real" ontologisch auf den Monaden basiere. Man müsse also die Aussage von Leibniz, dass der Körper Aggregat der Monaden sei, ernsthaft berücksichtigen. Die körperlichen Phänomene seien, wie es Leibniz selbst ausgedrückt hat, *phaenomena bene fundata*. Jedoch verfehlt Rutherford, für die beiden Möglichkeiten der Interpretation – Körper als pures Phänomen und Körper als Realität qua *phaenomena bene fundata* –, die ja anhand der Schriften von Leibniz gut begründet werden könnten, eine stimmige Erklärung zu finden, und führt sie daraufhin auf Doppeldeutigkeit („ambiguity", 22, 23) und fehlende Präzision („imprecision", 24) zurück. Ähnlich sieht Adams die Formulierungen in Leibniz' Schriften öfter als „unvorsichtig" und „unpräzise" (Robert Merrihew Adams, „Phenomenalism and Corporeal Substance in Leibniz", *Midwest Studies in Philosophy* III [1983], 217–258 [= „Phenomenalism"], hier 217; siehe auch Robert Merrihew Adams, *Leibniz. Determinist, Theist, Idealist*, New York 1994 [= *Leibniz*], 218), obwohl er sich andererseits um eine Erklärung dafür bemüht, dass die Körper nach Leibniz einerseits an sich die fundierte Realität besitzen, andererseits vom Geist wahrgenommene Phänomene sind. Dabei sieht Adams die Behauptung, Körper seien Aggregat der Monaden, einerseits mit der Meinung, Körper seien gegenseitige Repräsentationen in den Monaden, andererseits als nicht miteinander unverträglich an, sondern die erste Behauptung sei eine Ergänzung der letzteren und sogar von ihr abhängig. Damit wird das körperliche Phänomen die Realität, nicht weil Gott uns nicht betrügt, wie Descartes argumentiert hatte, sondern weil das Phänomen durch die harmonische Kontinuität in Raum und Zeit selbst eine aposteriorische Glaubwürdigkeit liefert. Diese Realität hat jedoch keine „metaphysische" Gewissheit, da die Kontradiktion möglich ist, aber doch eine „moralische" Gewissheit, weil sie „gut" geordnet ist (vgl. Adams, „Phenomenalism", 246 f.). Ich bin der Meinung, dass die verschiedenen Erklärungsweisen über den Körper in Leibniz' Schriften selbst nur Perspektivwechsel sind. Es scheint mir, dass Leibniz bei verschiedenen Adressaten (manchmal auch an denselben Adressaten gerichtet!) unterschiedliche Betrachtungswinkel auf den gleichen Gegenstand angewendet hat (vgl. Bertrand Russell, *A Critical Exposition of the Philosophy of Leibniz*, London ²1937 [= *Philosophy of Leibniz*], 1 f.). Der Grund jenes Perspektivwechsels liegt allein darin, dass ein gesamtes Bild der Realität schließlich nur aus verschiedenen Betrachtungsweisen heraus erarbeitet werden

ter teilbar ist, dürften die elementaren Einheiten im Körper keine Ausdehnung haben, dürften sie an sich kein Körper mehr sein, sonst wären sie nicht mehr Einheiten, sondern teilbare Vielheiten. Eine solche Einheit nennt Leibniz nach 1695 zunächst „einfache Substanz“[46], da eine Substanz, wie bereits erwähnt, gleichwohl eine wahrhaftige reale Einheit sei. Sie ist deswegen einfach, weil sie nicht weiter teilbar ist oder keine ausgedehnten Teile hat.[47] Kurz danach hat sie Leibniz bekanntlich auch „Monade“[48] genannt. Die Frage, die Leibniz an der Stelle offenbar noch beantworten muss, ist aber: Wie ist es möglich, dass die unausgedehnten Substanzen durch ihre Aggregation den ausgedehnten Körper bilden können? Denn genau wie Leibniz selbst auch bekanntgegeben hat: „hunderttausend Nichtse machen zusammen kein Etwas aus“[49]. Ein ausgedehnter Körper, welcher aus unausgedehnten Einheiten zusammengesetzt ist, scheint unmöglich zu sein. Leibniz hat nie direkt auf diese Frage geantwortet, obwohl dies öfter von ihm verlangt wurde.[50] Doch kann man wohl die Leibniz'sche „Aggregation“ durch die folgende Interpretation verständlich rekonstruieren.

Zunächst versucht Leibniz, während seiner wissenschaftlichen Diskussion mit Michelangelo Fardella (1650–1718), die Einheiten im unendlich teilbaren Körper durch den Umweg über einen Vergleich mit dem mathematischen Punkt in der Geometrie wie folgt zu erklären:

---

kann. Dies resultiert daraus, dass die Realität für den endlichen Geist so kompliziert ist, dass die metaphysischen Monaden und der organische Körper sich in einer unendlichen Serie, was ich im Weiteren noch erklären möchte, gegenseitig ausdrücken. Zu bemerken ist aber, dass es hinsichtlich der Realität der Natur jedoch nur eine objektive Wahrheit geben kann, die man ja aus verschiedenen Betrachtungsweisen unterschiedlich interpretiert. Dies drückt Leibniz selber einmal wie folgt aus: „Idem multis aliis modis inter se conspirantibus a me ostenditur“ (A, VI,4, 1646).

[46] Obwohl die französische Bezeichnung „substances simples“ mehrfach in Leibnizens Schriften vor 1695 gefunden werden kann, wird sie jedoch als spätere Hinzufügung nachgewiesen. Erst seit dem Spätjahr 1695 erscheint dieser Ausdruck nicht mehr als nachträgliche Einfügung (vgl. Gerda Utermöhlen, „Leibniz' Antwort auf Christian Thomasius' Frage *Quid sit substantia?*“, *Studia Leibnitiana* XI/1 [1979], 82–91, hier 89).

[47] Vgl. Brief an De Volder, April 1702 in GP, II, 239: „Cum omnem substantiam simplicem esse dico, hoc ita intelligo, ut partibus careat.“

[48] PNG, § 3 in GP, VI, 598 f.: „substance simple ou Monade distinguée“; Brief an Pierre des Maizeaux vom 8. Juli 1711 in GP, VII, 535: „les Monades, ou substances simples“. Anscheinend hat Leibniz erstmals im Brief an Guillaume De l'Hospital vom 12./22. Juli 1695 (A, III,6, 451) mit jenem Ausdruck „Monade“ die Einheit der „einfachen“ Substanz bezeichnet. In dem kurz davor veröffentlichten *Systeme nouveau* hatte er den Terminus noch nicht verwendet. Er erscheint öffentlich zum ersten Mal in der Schrift *De ipsa natura*, die im September 1698 in den *Acta eruditorum* veröffentlicht wurde.

[49] NE, Vorwort in A, VI,6, 54: „[...] cent mille riens ne sauroient faire quelque chose“; vgl. *De ipsa natura ...* in GP, IV, 511.

[50] Vgl. Johann Bernoullis Brief an Leibniz vom 16./26. August 1698 in GM, III, 528, 540; De Volders Brief an Leibniz vom 14. November 1704 in GP, II, 273; vom 5. Januar 1706 in GP, II, 279.

Also gibt es überall Substanzen in der Materie, wie Punkte in einer Linie. Und wie es keine Portion einer Linie gibt, in der unendliche Punkte nicht wären, so gibt es keine Portion einer Materie, in der unendliche Substanzen nicht wären. Aber gleichwie ein Punkt kein Teil einer Linie ist, sondern eine Linie, in der der Punkt ist, so ist auch die Seele kein Teil der Materie, sondern der Körper, in dem sie ist.[51]

In einer mathematischen Linie gibt es unzählige Punkte, die man beispielsweise durch die Teilung einer Linie annähernd lokalisieren kann. Die Punkte haben jedoch keine Ausdehnung, daher sind sie im Grunde genommen keine konstitutiven Teile der Linie. Sie sind dennoch lokalisiert „in" der Linie. Auf ähnliche Weise können sich unzählige unausgedehnte, substantielle Einheiten, die Monaden nämlich, „in" jedem Körper befinden. Anders als die mathematischen Punkte werden sie als „metaphysische Punkte"[52] von Leibniz bezeichnet. Sie sind keine konstitutiven Elemente oder Teile des Körpers, weil sie keine Extensionalität besitzen, genauso wie die Punkte keine die Linie bildenden Teile sind. Dennoch sind sie nicht weniger die wahren Einheiten oder Fundamente „in" jedem materiellen Körper.[53] Das „Insein" (*inesse*) der Monaden darf hier aber nicht räumlich begriffen werden, sondern muss als eine (onto-)logische Implikation betrachtet werden.[54] Die Monaden sind streng genommen nicht „enthalten" im Körper, sondern umgekehrt ist das körperliche Phänomen ein akzidenteller (aus der ontologischen Sichtweise) bzw. prädikativer (aus der logischen Sichtweise) Ausdruck eines subjektiven Fundaments.[55] Auf diese Weise sind die Monaden „Requisiten" der körperlichen Phänomene:

---

[51] *Communicata ex disputationibus cum Fardella* (März 1690 [?]) in A, VI,4, 1671: „Ubique igitur in materia sunt substantiae, ut in linea puncta. Et ut nulla datur portio lineae, in qua non sint infinita puncta, ita nulla datur portio materiae, in qua non sint infinitae substantiae. Sed quemadmodum non punctum est pars linae, sed linea in qua est punctum, ita quoque anima non est pars materiae, sed corpus cui inest."

[52] GP, IV, 482; den Gedanken, dass die Substanz einem geometrischen Punkt analog ist, entwickelte Leibniz bereits um 1670. Vgl. dazu Busche, *Leibniz' Weg*, 479 f.

[53] Vgl. Brief an De Volder vom 30. Juni 1704 in GP, II, 268: „Accurate autem loquendo materia non componitur ex unitatibus constitutivis, sed ex iis resultat, cum materia seu massa extensa non sit nisi phaenomenon fundatum in rebus, ut iris aut parhelion, realitasque omnis non sit nisi unitatum [...]. Unitates vero substantiales non sunt partes, sed fundamenta phaenomenorum."

[54] Dass die Leibniz'sche Substanzlehre aus seiner Logik ableitbar sei, ist eine bekannte These, welche Louis Couturat 1902 zum ersten Mal aufgestellt hat. Gurwitsch ging danach noch weiter zu behaupten, dass zwischen der Logik und der Ontologie bei Leibniz kein fundamentaler Unterschied bestehe. Das Universum sei „durch und durch als Inkarnation von Logik verstanden". Er folgte dem „Prinzip der logico-ontologischen Äquivalenz". Damit bezeichnet Gurwitsch die Leibniz'sche Philosophie als eine „Philosophie des Panlogismus". Vgl. Gurwitsch, *Leibniz*, 4; Blank, *Aufbau*, 13 f.

[55] Vgl. Mo, § 48 in GP, VI, 615 und DM, § 8 in A, VI,4, 1540: „[...] ce que les Philosophes appellent in-esse, en disant que le predicat est dans le sujet. [...] Cela estant, nous pouvons dire que la nature d'une substance individuelle ou d'un estre complet, est d'avoir une notion si accomplie qu'elle soit suffisante à comprendre et à en faire deduire tous les predicats du sujet à qui cette notion est attribuée." Mit diesem Thema hat Rutherford sich in seinem Ar-

Unterdessen wird es nicht daher gesagt, dass eine unteilbare Substanz in die Komposition eines Körpers wie ein Teil hineingeht, sondern vielmehr wie ein essentielles internes Requisit. Wie ein Punkt, obwohl er kein bildender Teil einer Linie ist, sondern ein gewisses Heterogenes, dennoch notwendig benötigt ist, damit eine Linie ist und begriffen wird.[56]

Wie der Punkt einer Linie ist die unteilbare Substanz dem Körper ein gewisses Heterogenes. Und wie der Punkt für das Sein und das Begriffen-Werden einer Linie notwendig ist, hat die Substanz eine ontologische und epistemologische Priorität gegenüber dem räumlich ausgedehnten Körper, der aus ihrer Zusammenschließung entsteht oder, wie Leibniz es selbst ausdrückt, „resultiert"[57]. Der ontologische Status einer Substanz ist primärer als die zusammengesetzte Materie, da sie die notwendige Voraussetzung eines Zusammengesetzten ist. Aus der epistemologischen Sichtweise scheint die unteilbare Substanz zunächst später als die phänomenale Materie erkannt zu werden, da sie allein durch den Intellekt zu erkennen ist, das körperliche Phänomen dagegen durch die Sinne. Der Weg durch die Sinne ist jedoch ein leichterer Zugang für die Erkenntnis als der Weg durch den Intellekt. Dennoch präsentieren andererseits die durch die Sinne gewonnenen Daten keineswegs sichere Erkenntnis, sondern dadurch werden allein subjektive Meinungen gebildet. Und wenn wir sie mit den seelischen Einheiten der Lebewesen identifizieren können, was später noch näher erklärt wird, haben sie sogar nach Leibniz' Ansicht eine epistemologische Priorität gegenüber dem Körper, „weil wir (unsre innerste) Seele tiefer durchschauen als den Körper"[58]. Außerdem versucht Leibniz noch, den Unterschied zwischen den realen Substanzen und den idealen Entitäten deutlich zu machen,

---

tikel „Leibniz's Analysis of Multitude and Phenomena into Unities and Reality" (Donald P. Rutherford, „Leibniz's ‚Analysis of Multitude and Phenomena into Unities and Reality'", *Journal of the History of Philosophy* 28/4 [1990], 525–552, hier 538–549) ausführlich auseinandergesetzt. Siehe hierzu auch André Robinet, *Le Sera. Existiturientia, G. W. Leibniz*, Paris 2004, 40–45.

[56] *Communicata ex disputationibus cum Fardella* (März 1690 [?]) in A, VI,4, 1669: „Interim non ideo dicendum est substantiam indivisibilem ingredi compositionem corporis tanquam partem, sed potius tanquam requisitum internum essentiale. Sicut punctum, licet non sit pars compositiva lineae, sed heterogeneum quiddam, tamen necessario requiritur, ut linea sit et intelligatur." Vgl. GP, II, 120: „requisit(s) immediat(s)".

[57] GP, II, 256, 268; vgl. 250, 306, 324, 379, 399; IV, 491; VI, 590; VII, 535.

[58] Brief an Friedrich Wilhelm Bierling vom 12. August 1711 in GP, VII, 501: „spiritualia sint natura priora materialibus, uti etiam nobis sunt priora cognitione, quia interius animam (nobis intimam) quam corpus perspicimus." Die erkenntnistheoretische Priorität des Selbstbewusstseins gegenüber dem materiellen Körper hat Leibniz außerdem in der *Monadologie*, § 30 dargestellt. Dass die Selbsterkenntnis früher als die Erkenntnis über die äußerliche Erfahrung sei, versteht Leibniz nicht wie Descartes durch die Erfahrung der Introspektion. Kant hat übrigens zu Recht kritisiert, dass das Cartesische „Ich" ein durch gegenständliches Denken gewonnenes ist. Damit ist es nur ein empirisches Subjekt, oder vielmehr ein objektiviertes Subjekt, und keinesfalls das transzendentale Subjekt (vgl. Kant, *Kritik der reinen Vernunft*, B274–279). Das eigentliche Subjekt in der Cartesischen Philo-

um die ontologische Priorität der Substanzen zu erklären. Anders als eine ideale Entität wie die Zahl, welche als ein Ganzes ihren potentiellen Teilen, den Brüchen nämlich, vorausgeht, „geht in den wirklichen Dingen das Einfache den Zusammengesetzten voraus, und die Teile sind aktuell und vor dem Ganzen gegeben“[59].

Zu beachten ist noch, dass die Monade sich, streng genommen, nicht in der gleichen Räumlichkeit befindet, in der der Körper ist. Die Vorstellung des Raums ist Leibniz zufolge von der Anordnung der Körper abhängig. Sie hat an sich kein unabhängiges Sein und ist nichts anderes als ein „Gedankending“[60]. Die Monade selbst ist aber unkörperlich, sie ist das, worauf sich die körperlichen Phänomene stützen. Dennoch trägt die Monade nicht weniger die Materialität in sich, obwohl sie sich nicht räumlich ausdehnt. Ohne diesen materiellen Aspekt der Monade wäre der materielle Körper als ihre Zusammensetzung (jedoch nicht räumlich) bzw. ihr Resultat nicht verständlich. Den materiellen Aspekt innerhalb der Monade nennt Leibniz nach der scholastischen Tradition *materia prima*.[61] Er ist nicht nur das passive Prin-

---

sophie ist vielmehr allein das transzendente Subjekt: Gott. Aus dieser Sichtweise ist die Cartesische Philosophie ganz nah am spinozistischen Pantheismus. Leibniz scheint dagegen in der *Monadologie*, § 30 die Meinung zu vertreten, dass das „Ich“ nicht durch ein gegenständliches Denken festgestellt wird, sondern sobald der vernunftfähige Geist die notwendigen Wahrheiten durchblickt, wird ihm „zugleich“ sein Ich offenbart und folglich alle anderen wahrhaftigen Gegenstände der Erkenntnis. In diesem Sinne hat die Selbsterkenntnis in der Leibniz'schen Philosophie einen erkenntnistheoretischen Vorrang vor der Erkenntnis über die äußerlichen Gegenstände durch die Erfahrung. Vgl. Thomas Buchheim, „Vernunft und Freiheit“ (Kap. 82–83), in: Hubertus Busche (ed.), *Leibniz. Monadologie* (Klassiker auslegen 34), Berlin 2009, 223–244, hier 228.

[59] Nicht abgeschickter Entwurf an Nicole Rémond vom 14. Juli 1714 in GP, III, 622: „[...] dans le reel le simple est anterieur aux assemblages, les parties sont actuelles, sont avant le tout.“ Vgl. dazu auch noch GP, II, 379; VII, 562.

[60] Brief an De Volder vom 30. Juni 1704 in GP, II, 268: „ut in spatio, re mentali“; vgl. dazu GP, II, 379; III, 612, 622; VII, 395 f., 467; A, VI,4, 1638. Die Behauptung, dass der Raum selbst keinen ontologisch unabhängigen Status besitzt, versuchte Leibniz seinerzeit oft durchzusetzen, vor allem gegen die Anhänger Newtons oder die mystischen Neuplatoniker wie Henry More (vgl. Fünftes Schreiben an Samuel Clarke in GP, VII, 402).

[61] Vgl. SD, I in GM, VI, 237: „material prima, [...], qua scilicet fit, ut corpus a corpore non penetretur, sed eidem obstaculum faciat.“ Der materielle Aspekt der Monade, die *materia prima* nämlich, wird oft von Kommentatoren ignoriert. Beispielsweise betont Hartz, dass die Monaden „purely spiritual substances“ (Glenn A. Hartz, *Leibniz's Final System. Monads, Matter and Animals*, London/New York 2007, 1, 156) seien, obwohl nach Leibniz nur Gott selbst „l'esprit pur“ (NE, 2, XXIII, § 28 in A, VI,6, 225) sein dürfte. Diese Überbetonung des geistigen Aspekts einer Monade mag darauf zurückzuführen sein, dass die absolute Unteilbarkeit der Monade, welche nur einem metaphysischen Wesen unterstellt werden kann, mit der Vorstellung eines materiellen, ausgedehnten Körpers als eines physikalischen Wesens unvereinbar ist. Die Meinung, dass die Monade eine pure geistige Substanz sei, impliziert dennoch eine absolute Trennung des Körpers von einer gewissen „seelischen“ Substanz. Genau solch einen Dualismus versucht Leibniz zu umgehen. Gerade durch die *materia prima* als ein materielles Grundprinzip in jeder Monade wie auch durch ein aktives Prinzip der

zip der Undurchdringlichkeit oder des aktiven Widerstandes des Körpers, sondern beinhaltet selbst einen ursprünglichen Drang nach Ausdehnung.[62] Auf diese Weise versucht Leibniz zu erklären, wie die unausgedehnten Substanzen sich zu einem ausdehnenden Körper zusammensetzen können. Dennoch ist die Ausgangsfrage immer noch nicht ausreichend erläutert, sobald wir vom Standpunkt des Körpers her die Substanzen betrachten. Wie können wir uns aus dem Betrachtungswinkel des Körpers das „Resultieren" vorstellen? Selbst in der Mathematik gilt dasselbe, dass durch die Zusammensetzung der Punkte keine Linie oder sonstige ausgedehnte Figur entstehen kann. Leibniz war selbst die Schwierigkeit bekannt. „Es ist zu wissen, dass eine Linie nicht aus Punkten zusammengesetzt ist, eine Fläche nicht aus Linien, auch ein Körper nicht aus Flächen, sondern Linie aus kleinen Stücken von Linie, Fläche aus kleinen Stücken von Fläche und Körper aus unbegrenzt kleinen Körperchen."[63] Wie eine Linie nicht aus Punkten zusammengesetzt werden kann, so wird ein Körper auch nicht aus unausgedehnten Entitäten zusammengesetzt, sondern aus vielen kleinen Körperchen. Aus diesem Blickwinkel betrachtet, können wir keinesfalls die Einheit im Körper finden, sondern schreiten „unbegrenzt" weiter zu noch kleineren Körperchen. Solange dies ein Problem sein soll, befinden wir uns im „Labyrinth des Kontinuums"[64]. Um daraus einen Ausweg zu finden, scheint der folgende Abschnitt aus dem Brief an De Volder (1643–1709) als Ariadnefaden dienen zu können:

> Wenngleich die Monaden selbst nicht ausgedehnt sind, haben sie doch eine Art von Lage in der Ausdehnung, d.h. ein geordnetes Verhältnis der Koexistenz zu allen anderen, nämlich durch die [körperliche] Maschine, die sie verwalten. Auch bin ich der Meinung, dass es keine endlichen Substanzen gibt, die vom Körper gänzlich losgelöst wären und die somit

---

Tätigkeit will Leibniz die Verbindung zwischen Körper und Seele schaffen. Dies zu vernachlässigen, würde den Körper einerseits zu einem puren mentalen Phänomen degradieren, andererseits wäre die geschaffene Seele mit den perspektivischen Perzeptionen, welche an sich nach der Deutlichkeit unterschiedlich sind, wie ich dies später noch näher ausführen möchte, zu einem unendlichen Geist ohne konfuse Perzeptionen aufgestiegen; zu diesem Thema siehe auch Markus Bergmann, *Unendlicher Panpsychismus. Kraft und Substanz in der Philosophie des Individuums von Leibniz*, Dissertation Mainz, Johannes Gutenberg-Universität, 2002 (= *Unendlicher Panpsychismus*), 141–148.

[62] Vgl. Brief an Des Bosses vom 11. März 1706 in GP, II, 306: „Secus est si intelligas materiam primam seu *τὸ δυναμικὸν πρῶτον παθητικόν, πρῶτον ὑποκειμένον*, id est potentiam primitivam passivam seu principium resistentiae, quod non in extensione, sed extensionis exigentia consistit, entelechiamque seu potentiam activam primitivam complet, ut perfecta substantia seu Monas prodeat, in qua modificationes virtute continentur"; und vom 16. Oktober 1706 in GP, II, 324: „Neque enim materia prima in mole seu impenetrabilitate et extensione consistit etsi eam exigat"; vgl. auch GP, IV, 394 f.

[63] GM, VII, 273: „Sciendum est autem non componi lineam ex punctis, nec superficiem ex lineis, neque corpus ex superficiebus; sed lineam ex lineolis, superficiem ex superficieculis, corpus ex corpusculis indefinite parvis."

[64] GP, VII, 467; vgl. auch GP, II, 119, 282, 379; III, 612; A, VI,3, 548; VI,4, 1637.

der Lage- oder Ordnungsbeziehung zu den übrigen koexistierenden Dingen des Universums entbehrten.[65]

Wichtig zu beachten ist hier zum einen, dass die endlichen Substanzen, die erschaffenen Monaden nämlich, nach Leibniz immer mit dem Körper verbunden sind.[66] Zum anderen gilt, dass die Monaden nur durch den mit ihnen verbundenen Körper eine Lage im Universum haben können, d.h. die Monaden haben ihre Präsenz in der Erscheinung nur „indirekt" durch den mit ihnen verbundenen Körper.[67] Andernfalls würde die Monade von der Lage- und Ordnungsbeziehung zu den Anderen, d.h. sowohl von der logischen als auch von der gesamten raumzeitlichen Ordnung des Universums, ausgenommen. Auf diese Weise könnte sie weder wirken noch leiden, da das Medium zwischen ihnen fehlte.[68] Damit würden sie aufhören, überhaupt eine Substanz zu sein. Mithilfe dieser zwei Postulate können wir den Körper als Aggregat der Monaden erklären. Dies möchten wir wie folgt analysieren.

Leibniz behauptet zum einen, dass ein materieller Körper aus einer Zusammensetzung unendlich vieler unausgedehnter Monaden resultiert. Dies ist insofern problematisch, als die Ausgedehntheit des Körpers aus der Zusammenschließung der einfachen Substanzen heraus, die nicht ausgedehnt sind, nicht begriffen werden kann. Zum anderen war Leibniz der Meinung, dass alle geschaffenen Monaden jeweils mit einem speziellen Körper verbunden seien, damit sie sich auf die übrigen im Universum koexistierenden Substanzen beziehen können.[69] Korrelieren wir die zweite Aussage mit der ersten, so haben wir eine neue Aussage: Ein Körper resultiert aus der Zusammenschließung unendlich vieler Monaden, die immer mit einem ihr speziell zugehörigen Körper verbunden sind. Dadurch, dass die Monaden jeweils mit ihrem speziellen Körper verbunden sind, erhalten wir, blenden wir die Monaden kurz aus, eine Aussage, die

[65] Brief an De Volder vom 20. Juni 1703 in GP, II, 253: „Monades enim etsi extensae non sint, tamen in extensione quoddam situs genus, id est quandam ad alia coexistentiae relationem habent ordinatam, per Machinam scilicet cui praesunt. Neque ullas substantias finitas a corpore omni separatas existere, aut adeo situ vel ordine ad res caeteras coexistentes universi carere puto."

[66] Die koordinierte Beziehung einer Monade zu ihrem adäquaten Körper ist eine sehr häufig betonte These in Leibniz' Spätphilosophie. Außer dem zitierten Textabschnitt schrieb er beispielsweise im Brief an Clarke vom 25. Februar 1716 in GP, VII, 365: „[...] je tiens que toute substance creée est accompagnée de Matiere"; an Lady Masham vom 30. Juni 1704 in GP, III, 357: „[...] car les ames ou formes sans les corps seroient quelque chose d'incomplet, d'autant qu'à mon avis, l'ame n'est jamais sans animal ou quelque chose d'analogique." Vgl. auch GP, II, 324; III, 368, 457, 509; IV, 395 f., 474; VI, 599, 617 f.; VII, 530.

[67] Vgl. Brief an De Volder vom 20. Juni 1703 in GP, II, 253.

[68] Vgl. C, 14: „Etsi enim omnis substantia simplex habeat corpus organicum sibi respondes, alioqui ordinem in universo caeteris ullo modo latum non haberet nec ordinate agere patique posset; ipsa tamen per se est partium expers."

[69] Vgl. Mo, §§ 62, 63 in GP, VI, 617 f. und PNG, § 4 in GP, VI, 599.

verständlicher zu sein scheint: Ein Körper resultiert aus der Zusammenschließung unendlich vieler Körper.[70]

Es ist also nicht so, dass die unausgedehnten Monaden durch ihre räumliche Zusammenschließung direkt einen ausgedehnten Körper bilden können, da sie selbst nicht räumlich sind, sondern nur auf Grund ihrer Untrennbarkeit vom körperlichen Phänomen kann ein Körper mit seiner unendlichen Teilung als Aggregat oder „Resultat" der unendlich vielen Monaden angesehen werden.

Nun bleibt nur noch, die koordinierte Beziehung der Monaden zu ihrem speziellen Körper und die Natur dieser speziellen Körper zu erklären. Den ersten Aspekt möchten wir im nächsten Abschnitt weiter erklären. Kommen wir zum zweiten, betreffend die Natur des mit der Monade besonders koordinierten Körpers. Zu diesem Thema hat Leibniz selbst näher erläutert, er sei „organisch"[71]. Dies weist aber nicht nur auf die Werkzeughaftigkeit im ursprünglichen Wortsinn des Griechischen hin, sondern bedeutet darüber hinaus, dass ein Körper dann lebendig ist, wenn er sich selbst organisieren kann, indem er nach dem für das Leben Nützlichen strebt und das vermeidet, was dem Leben schadet. Er ist also nicht nur konstruiert als ein Mittel, das einen bestimmten Zweck erfüllt, wie ein Werkzeug, ein Gerät etc., sondern er ist selbst lebendig, dadurch, dass er von der inneren Tätigkeit der mit ihm koordinierten Monaden „animiert" wird. Damit bezeichnet Leibniz die Monade auch oft als Seele oder als das der Seele Ähnliche, das einen organischen Körper zu verwalten hat. Der organische Körper erfüllt dann allein den Zweck des Lebens überhaupt. Er ist ein lebendiges „Instrument"[72] der Seele. Folglich sind alle materiellen Körper immer eine Zusammenschließung von unendlich vielen lebendigen Körpern.

---

[70] Die Sichtweise, dass ein Körper aus vielen unendlich kleinen Körperchen zusammengesetzt ist, hat Leibniz in einigen früheren Schriften um 1671 durch eine metaphysische Theorie besonders ausgebaut. Er war der Meinung, dass ein Körper aus vielen „Blasen" (*bullae*) zusammengesetzt sind, die Leibniz auch „Samen der Dinge" (*semina rerum*) nannte. In ihnen sind wiederum viele weitere Blasen oder Kügelchen enthalten. Jede solche Blase bildet eine Welt für sich, sodass ein Körper den unendlichen „Welten in Welten" (*mundi in mundis ad infinitum*) gleicht (*Hypothesis physica nova*, § 12 in A, VI,2, 226; § 43, 241; vgl. auch Busche, *Leibniz' Weg*, 449 ff.).

[71] Mo, § 63 in GP, VI, 618; vgl. GP, VI, 56: „[...] ces substances doivent tousjours subsister independemment de tout autre que de Dieu, et qu'elles ne sont jamais séparées de tout corps organisé"; NE, 2, XV, § 11 in A, VI,6, 155.

[72] Vgl. Wohlers, *Wie unnütz ist Descartes?*, 63. Auf den Unterschied zwischen Gerät und Instrument hat Wohlers mit Recht hingewiesen. Den Gedanken, dass eine animierte Monade sich in einem kleinen Körperchen befindet und dieses Körperchen auch als ein Ausdrucksmittel verwaltet, hat Leibniz bereits in seinen früheren Schriften entwickelt. In seinem Brief an Herzog Johann Friedrich vom Mai 1671 meint er beispielsweise, dass die Seele sich in einem physischen Punkt als ihrem „nächsten Instrument" wie in ihrem „Fahrzeug" befindet, den Leibniz als Kern der Substanz nannte. (Vgl. A, II,1², 176: „Wann nun dieser Kern der substantz in puncto physico consistens [proximum instrumentum et velut vehiculum Animae in puncto mathematico constitutae] allezeit bleibt [...]"; vgl. Busche, *Leibniz' Weg*, 462 f.)

Das ganze Universum ist auf diese Weise nach Leibniz von den größten bis zu den kleinsten Teilen unendlich lebendig.[73]

Besonders zu beachten ist an der Stelle aber, dass es abwegig wäre zu meinen, Leibniz vertrete eine Zwei-Welten-Theorie durch die Vermittlung der ursprünglichen Harmonie zwischen den körperlosen Monaden und den organischen Körpern. Auch die Auffassung, die sinnlichen Gegenstände als eine Art „Übersetzung"[74] des Intelligiblen darzustellen, ist nicht hinreichend, um das Leibniz'sche metaphysische System zu bestimmen. Denn die Monade drückt sich einerseits durch den von ihr untrennbaren organischen Körper im Universum aus, so ist sie wahrhaft „im" Körper und nicht in einer anderen, transzendenten Welt. Andererseits zeigt sich der organische Körper als „Resultat" der tätigen Seele als lebendig, sodass der Körper das „wohl fundierte Phänomen"[75] der Monade ist. Damit sind die Monade und der Körper nicht zwei völlig isolierte Entitäten.[76] Sie bilden zusammen untrennbare Einheiten, die in derselben Welt „leben". Wegen der begrenzten Fähigkeit der menschlichen Erkenntnis können sie jedoch nur auf unterschiedliche Weise betrachtet werden. Sie werden stückweise rekonstruiert, phänomenal durch die Sinne in der Kontinuität von Raum und Zeit einerseits und substantiell durch den schrittweisen Fortgang unserer Vernunftüberlegung andererseits. In „der Sicht Gottes" (*la veue de Dieu*)[77] sollten sie aber als ein Ganzes in jedem möglichen Moment, aus allen Perspekti-

---

[73] Vgl. GP, IV, 391: „[...] quemadmodum enim omnia sunt plena animarum, ita et organicorum corporum"; GP, VI, 550: „je tiens que toute la nature est pleine de corps organiques vivans"; PNG, § 1 in GP, VI, 598: „toute la nature est pleine de vie".

[74] Zusammen mit Guéroult war Gurwitsch der Meinung, dass „die Leibnizische Auffassung des Phänomenalen nicht im Lichte Kantischer Lehren gedeutet werden darf", wie Cassirer und Couturat es getan haben. Denn zwischen dem „mundus sensibilis" und dem „mundus intelligibilis" bestehe bei Leibniz „nicht jene völlige Trennung und Entgegensetzung, die es verbietet, die auf die eine Welt bezogenen Begriffe und Gesetze auf die andere zu übertragen". Der „mundus intelligibilis" bildet vielmehr nach Gurwitsch „die Grundlage für den ‚mundus sensibilis', der den ersten nicht verdoppelt, sondern dessen ‚Übersetzung' [...] darstellt" (Gurwitsch, *Leibniz*, 363).

[75] Brief an Des Bosses vom 5. Februar 1712 in GP, II, 435; Brief an Rémond vom 11. Februar 1715 in GP, III, 636.

[76] Bereits in der früheren Schrift *Theoria motus abstracti* (1670/71) meint Leibniz, dass jeder Körper ein „momentaner Geist" ist (A, VI,2, 266: „Omne enim corpus est mens momentanea"; vgl. auch Brief an Henry Oldenburg vom 11. März 1671 in A, II,1^2, 147; Brief an Arnauld, Anfang November 1671 in A, II,1^2, 279). Leibniz war der Meinung, dass nicht nur der Geist wegen seiner Unteilbarkeit mit einem im Raum lokalisierbaren Punkt vergleichbar ist, sondern der Körper selbst auch wegen seiner Passivität, genauer gesagt, wegen seiner Unfähigkeit zu erinnern (*recordatio*; *memoria*) und zu empfinden (*sensus*) ein momentaner Ausdruck des Geistes, also ein Zeitpunkt hinsichtlich des Geistes, sei. Der Körper allein kann den sensualen Eindruck „nicht länger als einen Augenblick halten" (*non retinet ultra momentum*). Hier findet man bereits den Keim der wechselseitigen Äußerung von Körper und Seele in seiner Spätphilosophie angelegt.

[77] DM, §§ 5, 14 in A, VI,4, 1536, 1550; vgl. T, § 363 in GP, VI, 330: „la science Divine de vision".

ven „zugleich“ (*simul*)[78], klar erfasst und in „einer“[79] von ihm erwählten besten der „möglichen Welten“[80] zugeordnet werden.

Obwohl die Monade mit einem mathematischen Punkt gewissermaßen vergleichbar ist, muss der Unterschied besonders beachtet werden. Ein mathematischer Punkt ist an sich eine abstrakte Idee.[81] Ihre Einheit, wenn der Punkt bloß isoliert betrachtet wird, ist nur numerisch. Eine Substanz ist dagegen nach Leibniz kein bloß idealer Gegenstand, sondern die „realste“ Einheit in der Natur.[82] Ihre Einheit ist nicht bloß numerisch. Jede Substanz hat eine konkrete Individualität. Diese Individualität wird besonders bezeichnet durch ihren eigenen komplexen Inhalt der Perzeption, in dem sie sich von anderen unterscheidet.[83] Denn jede Substanz hat durch den mit ihr verbundenen Körper eine konkrete Lage im ganzen Universum, und folglich bringt die lebendige, aktive Substanz das ganze Universum aus ihrem eigenen „Gesichtspunkt“[84], d.h. aus dem eigenen Betrachtungswinkel, individuell zum Ausdruck. Hierin liegt der Grund des Unterschiedes zwischen dem mathematischen Punkt und der realen Substanz. Ein Gesichtspunkt kann keinesfalls von den übrigen isoliert werden. Die reale Individualität einer Monade besteht gerade darin, dass sie auf alle anderen in der Welt koexistierenden bezogen ist. Im Gegensatz dazu kann aber ein mathematischer Punkt durch die geistige Abstraktion getrennt betrachtet werden. Um den Vergleich und den Unterschied zwischen einer Substanz und einem mathematischen Punkt deutlich zu fassen, versucht Leibniz, den einer

[78] A, VI,3, 400.

[79] Vgl. *Principia Logico-Metaphysica* (Frühjahr bis Herbst 1689 [?]) in A, VI,4, 1646: „Imo omnes substantiae singulares creatae sunt diversae expressiones ejusdem universi, ejusdem causae universalis, nempe Dei“; T, Erster Teil, § 8 in GP, VI, 107: „J'appelle Monde toute la suite et toute la collection de toutes les choses existantes, afin qu'on ne dise point que plusieurs mondes pouvoient exister en differens temps et differens lieux. Car il faudroit les compter tous ensemble pour un monde, ou si vous voulés, pour un Univers.“ A, VI,4, 1713: „Totus mundus revera est objectum cujusque mentis. Totus mundus quodammodo a quavis mente percipitur. Mundus unus et tamen mentes diversae.“

[80] T, § 7 in GP, VI, 106.

[81] Vgl. GP, IV, 478: „Or la multitude ne pouvant avoir sa realité que des unités veritables qui viennent d'ailleurs et sont tout autre chose que les points mathematiques qui ne sont que des extremités de l'étendu et des modifications dont il est constant, que le continuum ne sçauroit estre composé“; auch im Brief an Des Bosses vom 24. April 1709 in GP, II, 370: „Extensio quidem exsurgit ex situ, sed addit situi continuitatem. Puncta situm habent, continuitatem non habent nec componunt, nec per se stare possunt.“

[82] Vgl. Brief an De Volder vom 23. Juni 1699 in GP, II, 182: „Substantia autem credo Ens est reale et maxime quidem.“ Die Realität aller erfahrbaren Dinge kann Leibniz zufolge nur aus den Perzeptionen der Phänomene einfacher Substanzen bestehen. Damit sind die einfachen Substanzen selbst die Basis der Realität überhaupt und folglich maximal real: „la realité de toutes choses excepté les substances simples, ne consiste que dans le fondement des perceptions des phenomenes des substances simples“ (NE, 2, XII, § 5 in A, VI,6, 145).

[83] Vgl. Brief an De Volder vom 20. Juni 1703 in GP, II, 249 f.; und auch in NE, Vorwort in A, VI,6, 55.

[84] PNG, § 3 in GP, VI, 599: „point de veue“; vgl. Mo, § 57 in GP, VI, 616.

Monade vergleichbaren Punkt als den Spitzpunkt eines Dreiecks oder einer Pyramide zu bezeichnen, an dem unendlich viele möglichen Dreiecke oder Pyramiden mit ihren gemeinsamen Spitzpunkten gedacht werden können, d.h. aus einem Gesichtspunkt der perzipierenden Substanz die Vielfalt des Universums in sich zu repräsentieren.[85] Damit hat der Punkt unendliche Möglichkeiten der räumlichen Entfaltung, wie eine Monade in ihrer Repräsentation die unendlichen Entfaltungen des Universums perzipieren kann, obwohl die Perzeptionen manchmal sehr verworren oder ihr selbst unbewusst sein können. Es wäre nur eine Einbildung, so hat Leibniz gewarnt, wenn wir uns die Monade vorstellen, als ob sie „in einem Punkt zusammengeballt oder im Raum verstreut"[86] wäre. Denn die Vorstellung des Raums hängt, wie bereits erwähnt, nur mit der

[85] Vgl. Brief an Des Bosses vom 24. April 1709 in GP, II, 370. Ähnlich vergleicht Leibniz die Monade mit dem Brennpunkt von Strahlen in seinem Brief an die Kurfürstin Sophie vom 6. Februar 1706 (GP, VII, 566). Wie die unendlich vielen Strahlen in einen Brennpunkt fokussiert werden können, ohne die Vielheit von Strahlen miteinander zu vermischen, so können die Mannigfaltigen in einer Monade repräsentiert werden, ohne miteinander verwechselt zu werden, und daraufhin von dem aufmerksamen Geist erkannt werden. An der Differenzierung des Gesichtspunkts von einem isolierten mathematischen Punkt hat Leibniz bereits angefangen, vor seiner Parisreise 1671 zu arbeiten. So meint er beispielsweise in der *Theoria motus abstracti* durch die Übernahme der Methode Bonaventura Cavalieris, dass ein Punkt als ein „Scheitelpunkt" begriffen werden kann, welcher keine Ausdehnung besitzt, jedoch abstandslose Teile und Größe hat, deren Quantität durch den Winkel des Zusammenlaufens (*concursus*) entschieden wird. Es gibt also unendlich viele Möglichkeiten für einen Punkt, auf welchem ein bestimmter Schnittwinkel entstehen kann. Es ist aber immer derselbe Punkt, wo die unendlichen Winkel zusammenlaufen. Wenn man die unendlichen Winkel als Teile des Punkts begreifen kann, dann ergeben sich unendlich viele Teile eines Punktes, die abstandslos auf den Schnittpunkt fokussieren (vgl. A, VI,2, 267). Ähnlich lautend schrieb Leibniz am 21. Mai 1671 an Herzog Johann Friedrich, dass der Geist (*mens*) „in puncto tantum spatii bestehet, [...] weil das Gemüth sein muß in Loco concursus aller bewegungen die von den objectis sensuum unß imprimirt werden" (A, II,1², 174), und später in demselben Jahr: „gleichwie in Centro alle strahlen concurriren, so lauffen auch in mente alle impressiones sensibilium per nervos zusammen, und also ist mens eine kleine in einem Punct begriffene Welt, so aus denen Ideis, wie centrum ex Angulis bestehet, denn angulus ist pars centri, obgleich centrum indivisibel, dadurch die ganze natura mentis [geometrice] ercläret werden kan" (A, II,1², 265). Diese Vorstellung des In-einen-Punkt-Zusammenlaufens hat Leibniz zu seinen Lebenszeiten immer beibehalten. Die Punktualität des Geistes mit dem zusammenlaufenden vielfältigen Inhalt wird später als Charakteristikum der Monade im Allgemeinen übertragen. Mit anderen Worten, aus dem psychischen Punkt des Geistes wurde der metaphysische Punkt der Monade. Deshalb konnte Leibniz im Jahr 1714 in den *Principes de la Nature et de la Grâce fondé en Raison* wie folgt schreiben: „C'est comme dans un centre ou point, tout simple qu'il est, se trouvent une infinité d'angles formés par les lignes qui y concourent" (PNG, § 2 in GP, VI, 598). Mehr zu diesem Thema siehe Busche, *Leibniz' Weg*, 478 f.; Hubertus Busche (ed.), *Leibniz. Monadologie* (Klassiker auslegen 34), Berlin 2009, 15 f., 21, 52 ff.

[86] Brief an Des Bosses vom 16. Juni 1712 in GP, II, 450 f.: „[...] nec ulla est monadum propinquitas aut distantia spatialis vel absoluta, dicereque, esse puncto conglobatas, aut in spatio disseminatas, est quibusdam fictionibus animi nostri uti, dum imaginari libenter vellemus, quae tantum intelligi possunt"; ähnlich im Entwurf eines Briefs an Rémond, 1714 in GP, III, 623. Dadurch, dass zwischen dem mathematischen und dem metaphysischen Punkt ein wichtiger Unterschied besteht, hat Leibniz bereits 1709 Des Bosses darauf hingewiesen, dass

Anordnung der Körper zusammen, die wiederum auf den Monaden fundierte Phänomene sind. Die Monade ist selbst aber nicht räumlich geordnet. Was den Punkt anbetrifft, so meint Leibniz, ist dies nur ein Vergleich, damit wir uns sinnlich leicht die Unteilbarkeit vorstellen können, obwohl die Monade gänzlich ein Gegenstand des Verstandes ist. „Die Einheit oder Vielheit [der Monaden] wird nicht aus dem Prädikament Quantität genommen, sondern aus dem Prädikament Substanz, d.h. nicht aus Punkten, sondern aus der ursprünglichen Kraft des Handelns."[87] Die Einheit und die Vielfältigkeit einer Monade sollen letztendlich allein aus der inneren Tätigkeit der Substanz statt aus der räumlichen Entfaltung erklärt werden.

3.3. Die körperliche Substanz

Nun kommen wir zu der verbliebenen Frage in Leibniz' Substanzlehre: Wie ist die koordinierte Beziehung zwischen Monaden und ihren speziell zugehörigen organischen Körpern zu erklären? Aus welcher Kraft „verbindet" sich eine Monade mit dem ihr zugeordneten organischen Körper? Gibt es ein apriorisches Argument bzw. eine metaphysische Notwendigkeit, die jener Verbindung zu eigen ist?

Zur Beantwortung dieser Frage kommen wir zunächst zu der bekannten These von Leibniz, dass die Monade mit ihrem Körper durch die prästabilierte Harmonie, d.h. eine ursprüngliche Entsprechung, verbunden ist. Einen realen Einfluss zwischen Körper und Seele gibt es nicht, die Seele und der Körper sind ursprünglich miteinander koordiniert. Diese These wird jedoch nicht auf eine geometrische Art (*more geometrico*) streng bewiesen, sondern sie ist Leibniz zufolge eine notwendige Voraussetzung seines ganzen metaphysischen Systems. Sie ist nämlich eine Hypothese. Obwohl sie unbegründet ist, gebe es nach Leibniz keine andere Möglichkeit, um die Koordinierung der Seele und des Körpers, die „der Vernunft am besten entspricht"[88], zu erklären, außer dass Gott am Anfang der Weltschöpfung die seelischen Einheiten mit den körperlichen Phänomenen vollkommen in Einklang gebracht hat. Dies bedeutet jedoch nicht, dass Leibniz Gott als Zuflucht nimmt, um die ursprüngliche Entsprechung zu erklären, wie Samuel Clarke (1675–1729) ihm vorgeworfen hat.[89]

---

er es indessen für unpassend halte, die Seelen als Punkte zu betrachten: „Interim non puto convenire, ut animas tanquam in punctis consideremus" (GP, II, 370).

[87] Entwurf aus dem Brief an Des Bosses vom 24. April 1709 in GP, II, 372: „unitatemque earum aut multitudinem sumendam non ex praedicamento quantitatis, sed ex praedicamento substantiae, id est non ex punctis, sed ex vi primitiva operandi."

[88] GP, IV, 485.

[89] Vgl. GP, VII, 386: „That the Soul should not operate upon the Body; and yet the Body, by mere mechanical impulse of Matter, conform itself to the Will of the Soul in all the infinite variety of spontaneous animal-motion, is a perpetual Miracle. Pre-established Harmony, is a

Sondern die Voraussetzung ist die Basis der Theoriebildung, welche wir in die Natur hineinlegen. Sie kann durch die Vernunft selbst nicht begründet, sondern nur durch die Mythologie der Weltschöpfung Gottes begriffen werden. Solange seine Hypothese auf diese Weise verständlich begriffen werden kann und solange sie mit sich selbst und mit den Phänomenen in Einklang steht, braucht sie nach Leibniz keinen anderen apriorischen Beweis bzw. keine Demonstration in geometrischer Strenge.[90] Sie müsse also angenommen werden, solange es keine andere, bessere Erklärung der Phänomene gebe. Die Hypothese der prästabilierten Harmonie ist also schließlich „etwas mehr als eine bloße Hypothese, da es ja kaum möglich scheint, die Dinge in anderer Weise verständlich zu erklären“[91].

Da nun eine geschaffene Monade in der Wirklichkeit immer mit einem adäquaten Körper koordiniert ist, ist sie ohne Körper nur eine gewisse Abstraktion des Geistes, nämlich eine Idee in Gott. Nur durch die Vereinigung der Monaden mit dem organischen Körper entsteht wirklich eine komplette substantielle Einheit in der Welt.[92] „Eine wahre Substanz (wie ein Tier) ist zusammengesetzt aus einer immateriellen Seele und einem organischen Körper, genau dieses Zusammengesetzte und diese beiden nennt man *unum per se.*“[93]

---

mere Word or Term of Art, and does nothing towards explaining the cause of so miraculous an effect.“

[90] Vgl. Brief an De Volder vom 24. März/3. April 1699 in GP, II, 168: „[...] quae rigidis demonstrationibus munire nondum in proclivi est, commendabunt sese interim jure hypotheseos clarae et sibi ac phaenomenis pulchre consentientis.“

[91] GP, IV, 486: „c'est quelque chose de plus qu'une Hypothese, puisqu'il ne paroist gueres possible d'expliquer les choses d'une autre maniere intelligible.“

[92] Vgl. Brief an Johann Bernoulli vom 20./30. September 1698 in GM, III, 542: „Monadem completam seu substantiam singularem voco non tam animam, quam ipsum animal aut analogum, anima vel forma et corpore organico praeditum.“ Dass die *monas completa* hier ein die Seele und den organischen Körper in sich vereinigendes Lebewesen ist, steht meines Erachtens nicht in Widerspruch mit Leibniz' Schreiben an De Volder (GP, II, 252) und Des Bosses (GP, II, 306, 324), wonach die *monas completa* oder *monas perfecta* eine die ursprüngliche Materialität und die Entelechie Vereinende, jedoch ohne den organischen Körper ist. Der Unterschied liegt allein in den unterschiedlichen Stufen der Vollständigkeit einer geschaffenen Substanz. Wenn eine geschaffene Monade ohne ihren organischen Körper unmöglich ist, dürfte die Monade selbst von einem konkreten Lebewesen nicht aktual getrennt sein. Daher ist eine Monade ohne Körper nicht vollkommen komplett. Auf die Vollständigkeit einer Substanz hat Leibniz auf die folgende Weise hingewiesen: „L'opinion de l'Ecole, que l'ame et la matiere ont quelque chose d'incomplet, n'est pas si absurde qu'on pense. Car la matiere sans les ames et formes ou entelechies n'est que passive, et les ames sans matiere ne seroient qu'actives: *la Substance corporelle complete, veritablement une* [Hervorhebung von Ch.-F. L.], que l'Ecole appelle unum per se (opposé à l'Estre par aggregation) devant resulter du principe de l'unité qui est actif, et de la masse qui fait la multitude et qui seroit passive seulement, si elle ne contenoit que la matiere premiere“ (GP, IV, 572). Vgl. dazu Blank, *Aufbau*, 94 f.

[93] Brief an Rémond vom 4. November 1715 in GP, III, 657: „Une veritable substance (telle qu'un animal) est composée d'une ame immaterielle et d'un corps organique, et c'est le Composé et ces deux qu'on appele Unum per se.“

Die geschaffene Monade ist also ohne ihren adäquaten, vitalen Körper ontologisch nicht zugelassen.[94] Die Beziehung zwischen den geschaffenen Monaden und ihrem speziellen, zugehörigen, organischen Körper muss wie die beiden Seiten derselben Medaille begriffen werden, sodass das eine ohne das andere ontologisch undenkbar ist. Die Monade als eine unteilbare Substanz mit innerlicher, seelischer Tätigkeit, jedoch ohne Körper, und ein organischer Körper allein ohne Seele sind nur unvollkommene Gedanken. Sie sind nur gewisse abstrakte Vorstellungen, wie die Zahlen ohne die gezählten Dinge, die nicht allein in der Wirklichkeit existieren können. „Ein Atom wäre ein unvollständiges substantielles Ding, und auch die Seele ohne Körper oder der Körper ohne Seele; ebenso eine Ausdehnung ohne Festigkeit. Das ist wie eine Zahl ohne die gezählten Dinge und wie eine Dauer ohne die Dinge, die dauern. Sie sind unvollständige Vorstellungen der Philosophen."[95] Da nun der Körper als *ens per aggregationem* Leibniz zufolge ein bloßes Phänomen ist, welches auf der Monade fundiert ist[96], oder anders gesagt, da die einfachen Substanzen in Bezug auf ihre Entstehung nicht vom Körper, sondern nur von Gott abhängig sind, verlieren sie nicht ihre Substantialität und Individualität, indem sie immer mit einem ständig wechselnden organischen Körper verbunden sind,

---

[94] Diesbezüglich hat Cassirer bereits 1902 einen wichtigen Hinweis gegeben: „[...] vielmehr wird umgekehrt in der Trennung von Seele und Körper ein ursprünglich und begrifflich einheitliches Grundverhältnis durch die Reflexion in eine Verschiedenheit von Momenten zerlegt. [...] Seele und Körper [...] sind ihrer begrifflichen Konzeption, also ihrem ‚Wesen' nach unmittelbar auf einander angewiesen" (Cassirer, *Leibniz' System*, 408). Vgl. dazu GP, VI, 545: „[...] que les corps organiques ne sont jamais sans ames, et que les ames ne sont jamais separées de tout corps organique."

[95] GP, III, 363: „Un Atome seroit une chose substantielle incomplete, et l'ame sans corps, ou le corps sans ames aussi; de même une etendue sans solidité. C'est comme un nombre sans choses denombrées, et comme une duration sans les choses qui durent. Ce sont des notions incompletes des philosophes."

[96] Vgl. Brief an De Volder vom 30. Juni 1704 in GP, II, 268: „materiam autem et motum non tam substantias aut res quam percipientium phaenomena esse, quorum realitas sita est in percipientium secum ipsis (pro diversis temporibus) et cum caeteris percipientibus harmonia." An dieser Stelle scheint es, dass Leibniz die Materie und die Bewegung auf bloße Phänomene in den miteinander übereinstimmenden Perzeptionen reduzieren möchte. Jedoch schrieb er De Volder 1705 Folgendes: „Ego vero non tollo corpus, sed ad id quod est revoco, massam enim corpoream quae aliquid praeter substantias simplices habere creditur, non substantiam esse ostendo, sed phaenomenon resultans ex substantiis simplicibus quae solae unitatem et absolutam realitatem habent" (GP, II, 275). Somit scheint Leibniz andererseits die Meinung zu vertreten, dass die körperlichen Phänomene nicht bloß subjektive Gedanken sind, sondern dadurch, dass ihre Realität von den zugrunde liegenden Monaden abhängig bzw. abgeleitet ist, haben sie nur eine mindere objektive Realität, wie Leibniz sie später als „Halbseiende (*semiens*)" (GP, II, 506) nennt. Daher schrieb er weiter in einem Entwurf des Briefes an De Volder vom 19. Januar 1706 Folgendes: „Caeterum facile hinc intelligis, substantias materiales non tolli sed conservari, modo *ἐν τῷ δυναμικῷ* quod se per phaenomena exserit, seu vi activa passiva percipientium, non extra quaerantur" (GP, II, 282). Vgl. dazu Brief an Rémond vom Juli 1714 in GP, III, 622: „Cependant tous ces corps et tout ce qu'on leur attribue, ne sont point des substances, mais seulement des phenomenes bien fondés."

obwohl sie allein, ohne Körper, unvollkommen sind. Die Einheit einer körperlichen Substanz muss auf ihre „seelische" Einheit verweisen.[97] Die adäquate Monade als die Seele eines Lebewesens ist „die Quelle und die Grundlage für all die mannigfaltigen Ideen desselben Körpers"[98]. Damit ist die wechselseitige Bezogenheit zwischen Monade und Körper nicht symmetrisch, sondern asymmetrisch.[99]

Weil nun der adäquate Körper lebendig ist, ist jene zusammengesetzte, komplette Substanz nichts anderes als ein konkretes Lebewesen, nämlich eine *substantia corporea*, die aus der mit der Seele identifizierten Monade und dem organischen Körper zusammengesetzt ist. „*Substantia corporea* nenne ich, die in einer einfachen Substanz oder Monade (das ist die Seele oder der Seele Analoges) und dem mit ihr vereinten organischen Körper besteht."[100] Aus der ontologischen Untrennbarkeit der Monade von ihrem organischen Körper folgt die ontologische Untrennbarkeit der Monade (einfache Substanz) von der körperlichen Substanz. Die geschaffene Monade ist, außer in der geistigen Abstraktion, immer mit einem organischen Körper koordiniert, daher auch immer eine körperliche Substanz, obwohl jener Körper sich ständig ändert, weil er sich in einem „ständig fließenden Fluss" der materiellen Veränderung befindet.[101] Aber insofern die geschaffene Monade ontologisch immer von einem adäquaten organischen Körper untrennbar ist, der wiederum unendlich viele Monaden in sich einschließt, heißt es, dass sie in der Wirklichkeit nur mit anderen koexistierenden Monaden zugelassen werden kann. Die geschaffenen Monaden sind in der Natur nur unter koexistierender Pluralität möglich. Ein von allen anderen getrenntes Individuum existiert nur im Denken. Ein derartiges Individuum wird ontologisch immer auf das Mitsein mit Anderen im Universum angewiesen sein. Das Miteinandersein gehört also zur wesentlichen Seinsweise der Monade.

Damit deutet die ontologische Untrennbarkeit der Monade von ihrem organischen Körper darauf hin, dass eine geschaffene Monade zugleich eine körperliche Substanz sein muss. Die Ausdrücke von einfacher und körperlicher Substanz bezeichnen nur dieselbe Substanz aus verschiedenen Betrachtungs-

---

[97] Vgl. GP, VI, 586.

[98] Brief an De Volder vom 24. März/3. April 1669 in GP, II, 172: „[...] ut ita anima sit fons et fundus idearum ejusdem corporis diversarum"; vgl. T, Dritter Teil, § 400 in GP, VI, 354.

[99] Vgl. Klaus Erich Kaehler, „Subjekt und Welt – das Problem der Monade", in: Friedrich Hermanni/Herbert Breger (eds.), *Leibniz und die Gegenwart*, München 2002, 1–11, hier 9.

[100] Brief an Bierling vom 12. August 1711 in GP, VII, 501 f.: „Substantiam corpoream voco, quae in substantia simplice seu monade (id est anima vel Animae analogo) et unito ei corpore organico consistit."

[101] Dies hat Leibniz in seinen Briefen an Des Bosses wiederholt betont, wie z.B. im Brief vom 11./17. März 1706 in GP, II, 306: „Nam Materia instar fluminis mutatur, manente Entelechia, dum machina subsistit"; vom 24. April 1709 in GP, II, 370: „Verum considerandum est, hoc ipsum corpus organicum idem manere, ut navis Thesei, seu ut flumen, id est esse in fluxu perpetuo, nec fortasse ullam materiae portionem assignari posse, quae eidem semper animali vel animae propria maneat"; vom 23. August 1713 in GP, II, 482: „in perpetuo fluxu".

weisen. Darum beantwortete Leibniz die Frage von Johann Bernoulli (1667–1748): „Wie weit man fortschreiten muss, um zu einer singulären und unteilbaren einfachen Einheit zu kommen, wo man sagen kann, dort Substanz und nicht Substanzen zu haben?“[102], nicht etwa mit der Antwort: durch eine unendliche Fortschreitung bis zur unausgedehnten Monade, sondern: „Ich erwidere, dass sich uns etwas Derartiges unmittelbar und ohne Teilung darbietet, da nämlich jedes tierische Geschöpf etwas Derartiges ist. Denn auch ich, du, jener – wir setzen uns ja nicht aus den Teilen unsres Körpers zusammen.“[103] Hier scheint die körperliche Substanz, ein Lebewesen nämlich, das wahrhaftige Element des Körpers zu sein, obwohl wir aus einer anderen Betrachtungsweise genauso nach Leibniz sagen können, dass die einfachen Substanzen die wahren Einheiten des materiellen Körpers sind. Aus dieser wechselseitigen Bezogenheit zwischen der einfachen und der körperlichen Substanz ergibt sich für uns, dass einige kommentatorische Ansätze zur Interpretation von Leibniz' Substanzbegriff fehlgeschlagen sind. Denn einige von ihnen postulieren, dass es seitens Leibniz eine Meinungsänderung in der Verfassung des „aristotelischen“, körperlichen Substanzbegriffs in der Mitte der 80-er und 90-er Jahre des 17. Jahrhunderts (dem Zeitraum, welchen Daniel Garber durch den Ausdruck „the middle years“ hinsichtlich der Schaffensperiode Leibniz' geprägt hat) hin zu der des späteren „platonischen“, unteilbaren und unzerstörbaren einfachen Substanzbegriffs gebe. Andere hingegen sind der Meinung, dass Leibniz zwischen zwei miteinander konkurrierenden Substanzlehren schwankte, und wiederum andere meinen, dass es sich um zwei verschiedene Konzepte der „esoterischen“ und der „exoterischen“ Substanzlehre handelte.[104] Sie sind sich alle einig, dass die Monade allein als die substantielle

---

[102] Johann Bernoullis Brief an Leibniz 1698 in GM, III, 540: „quosque ergo progrediendum, ut perveniam ad simplicem unitatem singularem et individuam, ut possim dicere hanc esse substantiam, non substantias [sic!]?“

[103] Brief an Johann Bernoulli vom 20./30. September 1698 in GM, III, 542: „Quaeris, quousque progrediendum, ut habeamus aliquid, quod sit substantia, non substantiae. Respondeo, talia statim offerri etiam sine subdivisione, et unumquoque animal tale esse. Neque enim ego, Tu, ille componimur ex partibus corporis nostri“; vgl. Brief an Arnauld vom 28. November/8. Dezember 1686 in GP, II, 77.

[104] Broad, Brown und Garber meinen, dass in der Zeit der Arnauld-Korrespondenz (1686–1690) Leibniz an der „aristotelischen“ körperlichen Substanz festhalte, danach aber allein für die Monade als einzige Art der Substanzen plädiere, wobei Garber diese These etwas zurückhaltender als Broad vertritt (vgl. Charlie Dunbar Broad, *Leibniz. An Introduction*, London 1975, 87; Stuart Brown, *Leibniz*, Brighton 1984, 137–143; Garber, „Leibniz and the Foundations of Physics“, 28, 65). Dies versucht Hartz zu widerlegen, indem er zeigt, dass Leibniz bis ans Ende seines Lebens auf die körperliche Substanz als solche nicht verzichtet hat. Zusammen mit Adams („Phenomenalism“) ist er der Meinung, dass Leibniz' Substanzlehre zwischen den unkörperlichen Monaden und den körperlichen Substanzen schwanke (vgl. Adams, „Phenomenalism“, 253; Glenn A. Hartz, „Why Corporeal Substances Keep Popping up in Leibniz's Later Philosophy?“, *British Journal of the History of Philosophy* 6/2 [1988], 193–207). Dabei scheint Adams seine Meinung später geändert zu haben und drückt

Einheit eine völlig andere Substanzlehre bezeichnen müsse als ein konkretes Lebewesen als solche Einheit, obwohl es scheint, dass Leibniz selbst niemals damit Schwierigkeiten hatte. Er hat sich einerseits zu der Meinung bekannt, dass Monaden die einzigen Substanzen im Universum seien[105], andererseits sagt er auch ausdrücklich, dass die Substanz „entweder einfach oder zusammengesetzt“[106] sei. Wir sind davon überzeugt, dass jede geschaffene Monade nach Leibniz zugleich eine körperliche Substanz sein muss, da sie immer mit einem organischen Körper verbunden ist. Nur so ist eine Monade wirklich vollständig. Umgekehrt schließt jede körperliche Substanz eine seelische Einheit in sich, die Leibniz „herrschende Entelechie“[107] oder „Zentralmonade“[108] nennt. Diese körperliche Substanz ist also nichts anderes als eine sich durch das körperliche Phänomen im Universum ausdrückende Monade, obwohl jener Körper wieder unzählige Monaden in sich schließt, wenn man den organischen Körper des Lebewesens allein als eine Zusammensetzung der Körperteile betrachtet. Jene Monaden wiederum ordnen sich einerseits der ursprünglichen herrschen-

---

unmissverständlich aus: „I am convinced, however, that Leibniz did not vacillate or change his mind on this point“ (Adams, *Leibniz*, 218). Wiederum sind C. Wilson und Rutherford der Meinung, dass es eine „esoterische“ einerseits und eine „exoterische“ Lehre andererseits von Leibniz bezüglich dieses Themas gebe. Im Gegensatz zur ersten, welche Leibniz wirklich vertreten wollte, habe Leibniz eine „exoterische“ Lehre der Öffentlichkeit bekannt gegeben und wollte damit den Konflikt mit der Mehrheitsmeinung und mit der Kirche vermeiden (vgl. Catherine Wilson, *Leibniz's Metaphysics. A Historical and Comparative Study*, Manchester 1989 [= *Leibniz's Metaphysics*], 193–196; Rutherford, *Rational Order*, 281 f.). Ich glaube aber, dass die „exoterische“ Lehre die „esoterische“ keinesfalls ausschließt. Sie stehen einander nicht entgegen, sondern die letzte ist eine Ergänzung, Vertiefung und Vervollständigung der ersten. Die historische Tatsache, dass Leibniz bis um 1690 nur die Theorie über eine „aristotelische“ körperliche Substanz vertrat und erst nach 1690 die einfache „platonische“ Substanz (Monade) herausarbeitete, zeigt keine Wende oder gar Schwankung in seiner Substanzlehre, sondern eine weitere, konsequente Vervollkommnung. Garber scheint später die gleiche Ansicht zu vertreten (vgl. Garber, *Leibniz*, 382 f.). Auch Blank ist der Meinung, dass die Theorien der einfachen und körperlichen Substanzen zwei verschiedene Sichtweisen sind, die parallel anerkannt werden sollen. Sie implizieren keine Meinungsänderung oder -schwankung. Die Theorie der körperlichen Substanz ist nach Blanks Ansicht ein methodischer Übergang, ein „Zwischenschritt“, über welchen die Analyse der Ausdehnung auf die Existenz der immateriellen Substanzen führt (vgl. Blank, *Aufbau*, 91–98).

[105] Vgl. Brief an De Volder vom 30. Juni 1704 in GP, II, 270: „Imo rem accurate considerando dicendum est nihil in rebus esse nisi substantias simplices et in his perceptionem atque appetitum.“

[106] PNG, § 1 in GP, VI, 598: „La Substance [...] est simple ou composée“; GP, II, 439: „Substantiae sunt simplices aut compositae.“ Vgl. C, 13: „Substantia est vel simplex ut anima, quae nullas habet partes, vel composita ut animal, quod constat ex anima et corpore organico.“ Zusammengesetzte Substanz ist ein oft von Leibniz gebrauchter Ausdruck für körperliche Substanz (vgl. GP, II, 474, 520; VII, 556). Dabei weist der Ausdruck „zusammengesetzt“ nicht auf die Zusammensetzung von Körperteilen hin, sondern auf die Zusammensetzung aus Seele und organischem Körper.

[107] Mo, § 70, in GP, VI, 619: „Entelechie dominante“.

[108] PNG, § 3 in GP, VI, 599: „monade centrale“.

den Entelechie unter, andererseits sind sie wieder mit organischen Körpern verbunden und damit selbst die herrschenden Monaden.[109] Die Monaden und die organischen Körper drücken auf diese Weise gegenseitig in einer unendlichen Serie aus, was Leibniz oft mit dem Ausdruck „Falten“ (*replis*)[110] bezeichnet. Nicht nur, dass die unzähligen Monaden im Körper sind und sich damit durch die Vermittlung des Körpers in der raumzeitlichen Ordnung des Universums ausdrücken, sondern sowohl der adäquate Körper als auch die anderen Körper sind auch als perzipierte Vorstellungen nach dem Grade der Deutlichkeit in der Monade repräsentiert. Nicht nur, dass die Monaden Requisiten der Körper sind, weil ohne die substantiellen Einheiten die körperlichen Phänomene überhaupt nicht real sein könnten, sondern die Körper sind auch Requisiten der Monaden, weil ohne die perzipierten Inhalte die Monaden nicht voneinander unterscheidbar und damit nicht real wären.[111] Das ganze Universum ist auf diese Weise voll von solchen lebendigen Substanzen, welche die organischen Körper besitzen. Keine einfache Substanz ist nicht mit einem organischen Körper verbunden. Jede geschaffene Monade ist im Verhältnis zu ihrem Körper die herrschende Monade und impliziert zugleich eine körperliche Substanz.[112]

---

[109] Leibniz erklärt dies beispielsweise durch die „Würmer“ bzw. Mikroorganismen im eigenen Körper: „Vermis aliquis potest esse pars corporis mei, et sub mea monade dominante, qui idem alia animalcula in corpore suo habere potest sub sua monade dominante“ (Brief an Des Bosses vom 16. Juni 1712 in GP, II, 451). Die unzähligen Mikroorganismen gehören beispielsweise meinem Körper, ohne sie würde ich das Essen nicht verdauen können etc., dennoch haben sie eigene Organismen. In jedem Mikroorganismus gibt es, so meint Leibniz, wiederum unzählige Mikroorganismen, die sich jenem ursprünglichen Mikroorganismus unterordnen. Dieser Gedanke scheint vor allem durch die damalige Erfindung des Mikroskops angeregt worden zu sein, wodurch viele Mikroorganismen plötzlich sichtbar wurden (vgl. GP, II, 122). Siehe dazu *Hypothesis physica nova*, § 43 in A, VI,2, 241: „[...] cum continuum sit divisibile in infinitum, quaelibet atomus erit infinitarum specierum quidam velut mundus, et dabuntur mundi in mundis in infinitum.“ In diesem Paragraph aus der *Hypothesis physica nova* erwähnt Leibniz auch die Beobachtungen von Kirchner und Hooks durch das neu erfundene Mikroskop und meint daher, dass durch die unendliche Teilbarkeit des Kontinuums jedes vermeintliche Atom, das selbst eine eigene Welt habe, unendlich viele Unterarten enthielte, sodass es „Welten in Welten bis ins Unendliche“ (*mundi in mundis in infinitum*; zu dieser Formulierung siehe auch Brief an De Volder vom 17./27. Dezember 1698 in GP, II, 162) geben müsse. Zum Thema über die mehrfach strukturierte Ordnung der Entelechien siehe auch Mo, § 70 in GP, VI, 619; GP, II, 120, 305 f.; III, 260; VII, 501.

[110] Mo, § 61 in GP, VI, 617; GP, VI, 517.

[111] Vgl. Brief an Des Bosses vom 16. Oktober 1706 in GP, II, 324: „Materia itaque prima cujuslibet substantiae in corpore ejus organico existentis, alterius substantiae materiam primam involvit, non ut partem essentialem, sed ut requisitum immediatum, at pro tempore tantum, cum unum alteri succedat“. Brief an Arnauld vom September 1687 in GP, II, 20: „ainsi les parties ne sont des requisits immediats que pro tempore“; vgl. Mo, §§ 8–14 in GP, VI, 608.

[112] Meiner Ansicht widersprechend gibt es gelegentlich Stellen in späteren Schreiben Leibniz', wo die *substantia corporea* allem Anschein nach abgelehnt oder als eine Substanz, die etwas anderes ist als eine Monade, bestimmt wird. Dies hat besondere Folgen bei den Interpretationen. Beispielsweise schrieb Leibniz im Brief an Des Bosses vom 16. Juni 1712: „Explicationem phaenomenorum omnium per solas Monadum perceptiones inter se conspirantes,

3.4. Die metaphysische Union der Monaden – *vinculum substantiale*

Eine andere Schwierigkeit in der Leibniz'schen Monadenlehre zeigt sich als die folgende Frage: Wie ist es zu erklären, dass eine bestimmte Monade die anderen Monaden, welche in dem mit ihr koordinierten organischen Körper sind, beherrscht? Denn die Monaden haben Leibniz zufolge keinen realen Einfluss aufeinander. Die Vereinigung bzw. die Subordinierung der Monaden unter einer herrschenden Monade hat Leibniz als die „metaphysische Union"[113] der Monaden bezeichnet. Leibniz behandelt dieses Thema nur selten. In seiner Korrespondenz mit dem jesuitischen Theologen Bartholomäus Des Bosses (1668–1738) hat er sich aber durch ein Gedankenexperiment mit der metaphysischen Union der Monaden beschäftigt. Dort hat er der körperlichen Substanz ein „substantielles Band" (*vinculum substantiale*)[114] hypostasiert, durch welches die Monaden in einen organischen Körper vereinigt werden sollen. Ob Leibniz diese Erklärungsweise wirklich vertreten wollte, wird von einigen Kommentatoren bestritten. Bertrand Russell meint beispielsweise, dass die Lehre des substan-

---

seposita substantia corporea, utilem censeo ad fundamentalem rerum inspectionem" (GP, II, 450). Die *substantia corporea* wird hier jedoch nicht, wie viele meinen, abgelehnt, sondern methodologisch beiseite gelegt. Das Wort „seposita" hat Loemker an dieser Stelle im Englischen als „rejected" wiedergegeben. Diese Wiedergabe scheint dem Text unangemessen zu sein. Trotzdem hat sie eine entscheidende Wirkung auf die Kommentatoren. Mit der Übernahme von Loemkers Übersetzung an dieser Stelle unterstützen C. Wilson und Rutherford beispielsweise die Meinung, dass Leibniz in seiner Spätphilosophie die körperliche Substanz ablehnen wollte (vgl. Wilson, *Leibniz's Metaphysics*, 193; Rutherford, *Rational Order*, 281). Auch Zehetner übersetzt „seposita substantia corporea" als „ohne körperliche Substanz" ins Deutsche, sodass die körperliche Substanz als solche etwas zu stark negiert erscheint. Wenn man „seposita" nur als „beiseite gelegt" oder „in Absehung von" (Bergmann, *Unendlicher Panpsychismus*, 70) im Deutschen wiedergibt oder wie unlängst Look und Rutherford als „with corporeal substance excluded" (*The Leibniz-Des Bosses Correspondence*, translated, edited with an introduction by Bandom C. Look/Donald Rutherford, New Haven/London 2007 [= *The Leibniz-Des Bosses Correspondence*], 255) ins Englische übersetzt, wird die *substantia corporea* in der Wirklichkeit nicht als abgelehnt erscheinen, sondern ihre Realität wird methodologisch bloß außer Kraft gesetzt. Eine andere Randbemerkung Leibniz' scheint auch den Begriff „körperliche Substanz" von dem der „einfachen Substanz" scharf abzugrenzen: „Concretum distingui potest in accidentale, velut Caldium, Homo Caldius, et substantiale. Porro substantialia divido in substantias simplices, ut Deus, Angelus, anima et substantiata; substantiatum in unum per se seu substantiam compositam, et unum per accidens seu aggregatum" (GP, II, 459). Die *substantia composita* bzw. *substantia corporea* scheint hier einer anderen Gattung als der Gruppe der Monaden zugeordnet zu sein. Dennoch glaube ich, dass diese scharfe Abgrenzung zwischen Monaden und den körperlichen Substanzen, wofür auch weitere ähnliche Stellen in Leibniz' eigenen Schreiben gefunden werden könnten (beispielsweise in GP, II, 506), nur eine begriffliche Differenzierung ist. Wenn man die Leibniz'sche Monadentheorie konsequent begreifen möchte, muss die einfache Substanz zugleich eine körperliche Substanz implizieren.

[113] GP, II, 355, 390; T, Vorwort in GP, VI, 45; T, Discours préliminaire, § 55 in GP, VI, 81; GP, VI, 595.

[114] Brief an Des Bosses 1706–1715 in GP, II, 300, 435, 438, 486, 496.

tiellen Bandes statt eines philosophischen Glaubens ein diplomatisches Zugeständnis von Leibniz sei.[115] Robert Merrihew Adams ist dagegen der Meinung, dass eine metaphysische Union notwendig sei, wenn Leibniz das Lebewesen mit einem organischen Körper als eine komplette Substanz annehmen möchte, was Leibniz selbst auch niemals geleugnet hat. Dennoch sei diese Lehre der metaphysischen Vereinigung durch ein hinzugefügtes substantielles Band „über der Vernunft", daher könne sie innerhalb der Philosophie nicht behandelt werden, sondern allein innerhalb der Religion ihren Platz finden. Die Lehre des substantiellen Bandes gehöre nicht der Vernunftüberlegung der Philosophie an, sondern sie sei selbst ein Mysterium des Seienden, welches nur in der religiösen Überzeugung seinen Platz finden könne.[116] Damit wird erklärt, warum Leibniz die metaphysische Vereinigung in seiner Monadenlehre nicht ausdrücklich behandelt hat und wahrscheinlich auch nicht durch rationale Überlegung im Rahmen der Monadenlehre bearbeiten konnte.[117] Auf diese Weise hat Adams verständlich dargestellt, dass die Lehre des substantiellen Bandes nicht ernsthaft als Teil der Leibniz'schen Philosophie betrachtet werden könne.[118] Dennoch gelangt die vorliegende Untersuchung zu der Auffassung, dass Leibniz' ganze philosophische Lehre als lückenhaft, folglich auch als unglaubwürdig zu zerfallen droht, wenn die metaphysische Union der Monaden in der systematischen Darstellung seiner Philosophie nicht rational erklärt werden kann. Darauf gründet sich die Überzeugung, dass die Lehre des substantiellen Bandes

---

[115] Vgl. Russell, *Philosophy of Leibniz*, 152.

[116] Vgl. Adams, *Leibniz*, 303 ff.; ähnlich auch Donald P. Rutherford, „Simple Substances and Composite Bodies (§§ 1–5)", in: Hubertus Busche (ed.), *Leibniz. Monadologie* (Klassiker auslegen 34), Berlin 2009, 35–48, hier 45.

[117] Rutherford betrachtet dies als einen weiteren Hinweis darauf, dass die veröffentlichten Schriften von Leibniz eine vorsichtige, „exoterische" Lehre für das gemeine Volk oder die Nicht-Philosophen seien, dagegen beinhalte der Briefwechsel mit Des Bosses seine „akroamatische" bzw. „esoterische" Lehre, in welcher das substantielle Band als eine problematische Idee von Leibniz vorgestellt wird und infolgedessen die Lehre der *substantia corporea* auch abgelehnt werden solle. Diese Interpretation ist jedoch mit keiner Stelle aus Leibniz' Schriften zu belegen. Meiner Meinung nach dürfen die so genannte „exoterische" und die „esoterische" Lehre nicht als zwei vollkommen voneinander getrennte, unüberbrückbare Gedanken betrachtet werden. Auch die Wechselbehauptung der einfachen Substanz und der körperlichen Substanz ist kein ständiges „blurring" (Rutherford, *Rational Order*, 269 f.) oder eine „inconsistency" (Brandon Look, *Leibniz and the „Vinculum Substantiale"* [Studia Leibnitiana, Sonderheft 30], Stuttgart 1999, 28), sondern eine komplexe und intelligente Verflechtung der Realität selbst, welche Leibniz versucht, durch seine Monadenlehre zu erklären. Schließlich bezeichnet Leibniz selbst sein metaphysisches System insgesamt als „akroamatisch" im Gegensatz zur Philosophie von Locke, welche der Erwartung der alltäglichen Vorstellung entspricht. Er war der Meinung, dass seine Philosophie nicht allein die gemeinen Leser überzeugen wolle, sondern auch in höchster Strenge bewiesen werden könne. Vgl. NE, Vorwort in A, VI,6, 48; A, VI,2, 416; George MacDonald Ross, „Are There Real Infinitesimals in Leibniz's Metaphysics?", in: Antonio Lamarra (ed.), *Das Unendliche bei Leibniz. Problem und Terminologie*, Rom 1990, 125–141, hier 138 f.; Busche, *Leibniz' Weg*, XIV.

[118] Vgl. Adams, *Leibniz*, 300 f.

als ein Zwischenschritt in der Leibniz'schen Monadenlehre betrachtet werden kann. Sie wird im Zuge der Diskussion mit Des Bosses von Leibniz selbst als ein Gedankenexperiment entworfen und fokussiert vor allem darauf, die substantielle Wandlung des Brots und Weins bei der Eucharistiefeier zu erklären.[119] Zugleich scheint die Lehre des substantiellen Bandes eine wichtige Hilfe zu leisten, um die metaphysische Union der Monaden innerhalb der Leibniz'schen systematischen Philosophie zu erklären. Dies soll im Folgenden noch genauer erklärt werden.

Die Lehre des substantiellen Bandes erzeugt ohne Zweifel eine andere Perspektive als seine eigene Lehre der Monaden als alleinige Substanzen in der Welt, die durch die prästabilisierte Harmonie miteinander verknüpft sind. Daher muss Leibniz das substantielle Band in seine eigene Monadenlehre integrieren können, wenn das substantielle Band die metaphysische Union der Monaden bezeichnet. Um dies zu erreichen, unterscheidet Leibniz zunächst methodologisch die „gemeine Hypothese (*hypothesin vulgarem*)" des substantiellen Bandes, welches ein „der Monade Hinzugefügtes (*additum Monadibus*)"[120] ist, von seinem eigenen Verständnis des substantiellen Bandes („*meo vinculo substantiali*"), welches nichts anders als ein „Widerhall (*Echus*)" des Prinzips der Vereinigung in der Substanz selbst sei. Das substantielle Band verhalte sich also nach Leibniz' eigener Auffassung „wie die substantielle Form nach der Schulphilosophie oder wie die Quelle der Modifikation"[121]. Jenes Band der metaphysischen Union aus der gemeinen Vorstellung ist Leibniz zufolge aber nur eine gedachte Idee in uns, die sich allein auf einen denkenden Geist bezieht, denn ein substantielles Band als eine den Monaden hinzugefügte, reale Entität kann weder als eine andersartige Substanz noch als ein akzidenteller Zustand von Monaden verständlich gemacht werden. Es ist an sich, allein wie die „gemeinsame Relation" zwischen der Vaterschaft Davids und der Sohnschaft Salomos, die auf den Modifikationen der beiden basiert, eine „*res mentalis*, deren Fundament die

---

[119] Vgl. Brief an Des Bosses vom 20. September 1712 in GP, II, 459. Es war viel mehr das Anliegen von Des Bosses als eines katholischen Theologen, mithilfe der Leibniz'schen Monadenlehre eine ontologische Grundlage des christlichen Sakraments zu schaffen, als die wahre Metaphysik der Natur zu untersuchen. Denn die Cartesische Philosophie durch ihre strenge Trennung der geistigen und körperlichen Substanz kann keine Grundlage für die Transsubstantiation von Brot und Wein in Leib und Blut Jesu Christi bieten. Daher liegt die Erklärung der Eucharistiefeier anhand der Monadenlehre besonders im Zentrum seines Interesses.

[120] Brief an Des Bosses vom 24. Januar 1713 in GP, II, 474. „Quodsi vulgarem sequamur Hypothesin de substantiis corporeis vel compositis, dicerem (ut jam praecedente Epistola mentem meam exposui) vinculum substantiale seu additum Monadibus substantiale"; vgl. 495: „quae vulgo docentur".

[121] Brief an Des Bosses vom 19. August 1715 in GP, II, 504: „Sed nondum video quomodo tale quid explicari possit, si differt a meo vinculo substantiali, quod revera in subjecto est, non tamen ut accidens, sed ut forma substantialis apud Scholam, seu ut fons modificationum, licet per modum Echus."

Modifikation jedes Individuums sei"[122]. Das substantielle Band sei also nur eine besondere Relation der Monaden.

Die Vereinigung der körperlichen Substanz in einem Pferde entspringt nicht irgendeinem Aufbrechen der Monaden, sondern dem hinzugefügten substantiellen Band, durch welches sich in den Monaden selbst gar nichts ändert.[123]

Durch das hinzugefügte substantielle Band wird nichts geändert, weil es weder physisch im organischen Körper existiert noch metaphysisch in der Monadenlehre Leibniz' vorausgesetzt wird, sondern allein als eine Idee, eine *res mentalis* rein von uns imaginiert wird, um die besondere Relation der Vereinigung zwischen den Monaden in einem organischen Körper zu verstehen. Es ist eine reine Abstraktion unseres Geistes. Wenn man sich vorstellt, dass ein Körper Leibniz' Monadenlehre zufolge immer ein fundiertes Phänomen der Monaden ist, braucht man aus der Perspektive des Körpers kein substantielles Band in der Wirklichkeit:

Es reicht, dass die körperliche Substanz ein gewisses Etwas ist, welches die Phänomene außerhalb der Seelen realisiert. Aber ich will nur insofern darin Teile aktual begreifen, als sie durch die aktuale Teilung entstehen, und Unteilbare nur als die äußerste Begrenzung.[124]

Jede Monade hat einen ihr zugehörigen organischen Körper, welcher ein realisiertes Phänomen „außerhalb" ihrer selbst ist. Zusammen mit dem organischen Körper bringt die Monade eine körperliche Substanz hervor. Dieser Körper schließt wiederum unzählige Monaden in sich ein, die ihre jeweiligen organischen Körper haben, weil er als ein „reales" Phänomen nicht nur „potentiell" wie bei einem „idealen" Kontinuum – einer Zahl oder Linie –, sondern auch „aktual" unendlich teilbar ist.[125] Daher enthält er kein unteilbares Teil außer der äußersten Begrenzung (*extrema*), welche an sich kein konstitutiver Teil des Körpers ist.[126] Sofern er aber nicht aktual geteilt wird, bleibt er andererseits als

[122] Brief an Des Bosses vom 21. April 1714 in GP, II, 486: „Ita de Relationibus censeo, aliud esse paternitatem in Davide, aliud filiationem in Salomone, sed relationem communem utrique esse rem mere mentalem, cujus fundamentum sint modificationes singulorum."

[123] Brief an Des Bosses vom 16. Juni 1712 in GP, II, 451: „Unitas substantiae corporeae in equo non oritur ab ulla refractione Monadum, sed a vinculo substantiali superaddito, per quod in ipsis monadibus nihil prorsus immutatur."

[124] Ebd.: „Sufficit, substantiam corpoream esse quiddam phaenomena extra Animas realizans; sed in quo nolim concipere partes actu, nisi quae actuali divisione fiunt, nec indivisibilia, nisi ut extrema."

[125] Vgl. Brief an De Volder 1705 in GP, II, S, 276: „[...] actualis vero divisio in massis facit res apparentes distinctas, et supponit substantias simplices"; auch im Brief an Des Bosses vom 14. Februar 1706 in GP, II, 300: „Infinitum actu in natura dari non dubito".

[126] Die Begrenzung (*extrema*) wird mathematisch durch die Punkte als die äußersten Enden einer Linie oder durch die Linien als die äußersten Ränder einer Fläche bezeichnet. In einem früheren Brief an Des Bosses schrieb Leibniz: „Puncta non sunt partes continui, sed extremitates, nec magis minima datur pars lineae, quam minima fractio Unitatis" (Brief an Des Bosses vom 14. Februar 1706 in GP, II, 300; vgl. T, Dritter Teil, § 384 in GP, VI, 343: „[...] les moments et les points comme de simples modalités du continu, c'est-à-dire comme des

„ein" realisiertes Phänomen außerhalb der Monade und mit ihr koordiniert. Die Monade ist als diskretes Individuum die reale Basis jenes körperlichen Phänomens, sie ist allein das Aktualste überhaupt in der Natur. Obwohl ein Körper aktual unendlich teilbar ist, wird ein reales und aktuales substantielles Band, durch welches die substantiellen Einheiten im Körper verbunden sind, nicht gebraucht. Indem eine bestimmte Monade ihrem organischen Körper korrespondiert, kann man wohl sagen, dass diese Monade unzählige Monaden in jenem Körper beherrscht und mit ihnen vereinigt ist, da gemäß der rationalen Überlegung des körperlichen Phänomens ein Körper unendlich teilbar ist. Jedoch darf in der körperlichen Substanz kein Moment der aktualen Beherrschung oder Vereinigung gegeben sein. Die Beherrschung und das Gehorchen in einem organischen Körper sind nur eine uneigentliche Redensart. Sobald wir uns unendliche Monaden in einem organischen Körper vorstellen, haben wir jenes körperliche Phänomen in unendliche Teile, wenn auch nur gedanklich, aufgeteilt. Durch diese Teilung wird die Einheit des organischen Körpers und damit auch das ganze Lebewesen zerstört. Folglich würde die Existenz der Zentralmonade oder der herrschenden Monade nur eine leere Rede sein. Aus der Perspektive der Zentralmonade ist ihr organischer Körper ein von ihr abgeleitetes, durch die Sinne wahrnehmbares Phänomen, die beiden bilden zusammen ein Ganzes, nämlich eine aus der Seele und dem organischen Körper zusammengesetzte Substanz. Aus diesem Blickwinkel gibt es keine aktuellen Teile im organischen Körper. Die Identität der Teile im organischen Körper geht überall in jenes Ganze über.[127] Aus dieser Perspektive ist der organische Körper wie ein Kontinuum, bei welchem nur unbestimmte oder ideale Teile gedacht werden können.[128] Eher ist der organische Körper ein zugleich gefaltetes und entfaltetes Kontinuum als ein aus Individuen zusammengesetztes Aggregat. Viel mehr ist

---

extrémites des parties qu'on y peut assigner, et non pas comme des parties constitutives"; A, VI,3, 564: „[...] neque enim aliud punctum in rerum natura admittendum seneo, quam quod sit alicuius extensi extremum"; 566: „[...] indivisibilia non partes, sed partium extrema sunt"; auch in GP, I, 416). Damit erkennt man deutlich, dass Leibniz den Punkt auch als *„extremitas"* oder *„extremum"* bezeichnet. Dies ist eine Bezeichnung, die auf Aristoteles zurückführbar ist (vgl. Aristoteles, *Physik*, VI,1, 231a21). Es ist aber denkbar, dass Leibniz hier mit der Bezeichnung *„extrema"* auf die unteilbare Substanz im Körper, d. h. die Monade, hinweisen wollte, da er die Monade oft mit einem mathematischem Punkt vergleicht, wie ich oben bereits erläutert habe. Die *„extrema"* im Körper scheinen also mit einer punktuell konzentrierten Monade vergleichbar zu sein. Leibniz schrieb dazu im oben zitierten Brief an Des Bosses: „Cum ubique Monades seu principia unitatis substantialis sint in materia, consequitur hinc quoque infinitum actu dari, nam nulla pars est aut pars partis quae non monades contineat" (GP, II, 301). Ein Körper kann aktual unendlich geteilt werden, in allen Teilen sind aber Monaden immer enthalten, welche wir uns nur anhand der geometrischen Vorstellung der *„extrema"* bildlich vorstellen können.

127 Vgl. Brief an Des Bosses vom 24. April 1709 in GP, II, 371: „in toto corpore organico".

128 Vgl. *Definitiones cogitationesque metaphysicae* (Sommer 1678 bis Winter 1680/1681 [?]) in A, VI,4, 1401: „Cujuslibet corporis partes unum continuum constituent"; Brief an De Volder vom 19. Januar 1706 in GP, II, 282; Thomas Buchheim, „Zum Verhältnis von Exis-

er faltbar als teilbar.[129] Nur wenn wir jene Zentralmonade beiseite lassen und den Körper allein betrachten, resultiert der Körper aktual aus unendlich vielen Monaden. „Diese Entelechie [...] setzt immer irgendeinen organischen Körper auf die natürliche Weise in Tätigkeit, welcher separat genommen, d.h. die Seele beiseite gelegt, keine Substanz ist, sondern ein Aggregat von mehreren, mit einem Wort, eine natürliche Maschine."[130] Den organischen Körper in unendliche Teile aufzulösen, heißt zugleich, die Seele, die Zentralmonade nämlich, außer Kraft zu setzen. Insofern der organische Körper mit seiner Seele zusammen gedacht wird und mit ihr ein Ganzes bildet, ist er wie ein Kontinuum, bei welchem nur eine mögliche, jedoch keine wirkliche Teilung stattfinden kann. Der an sich aktuale geteilte Körper erscheint aus dieser Perspektive nur als ein mögliches Zusammensein der Teile.[131] Suchen wir in der Ordnung des Möglichen nach wirklichen Teilen, begeben wir uns selbst ins „Labyrinth des Kontinuums", genauso wie wir im Aggregat des Wirklichen nach unbestimmten Teilen suchen.[132]

Ausgehend von diesem Gedanken, dass der organische Körper mit der Zentralmonade zusammen ein kontinuierliches Ganzes bildet, ist das den Monaden hinzugefügte substantielle Band bei einer körperlichen Substanz nicht metaphysisch erforderlich. „Selbst wenn die körperliche Substanz oder das substantielle Band der Monaden natürlicherweise oder physisch die Monaden beanspruchen würde, wird es diese – weil es doch nicht in ihnen als in einem Subjekt enthalten ist – nicht metaphysisch erfordern."[133] Solange wir aus der Perspektive der Zentralmonade die körperliche Substanz betrachten, ist das Verhältnis des

---

tenz und Freiheit in Leibniz' Metaphysik", *Zeitschrift für philosophische Forschung* 50 (1996), 386–409, hier 398 f.

[129] Vgl. *Definitiones cogitationesque metaphysicae* (Sommer 1678 bis Winter 1680/1681 [?]) in A, VI,4, 1401: „Nam unitas semper manet quanta maxima potest, salva multitudine, quod fit si corpora plicari potius quam dividi intelligantur."

[130] GP, IV, 396: „Adeoque haec Entelechia vel anima est, vel quiddam Animae analogum, et semper corpus aliquod organicum naturaliter actuat, quod ipsum separatim sumtum, seposita scilicet seu semota anima, non una substantia est, sed plurium aggregatum, verbo, machina naturae."

[131] Vgl. Brief an De Volder vom 19. Januar 1706 in GP, II, 276: „Sed continua Quantitas est aliquid ideale, quod ad possibilia et *actualia, qua possibilia* [Hervorhebung von Ch.-F. L.], pertinet."

[132] Vgl. ebd.: „Continuum nempe involvit partes indeterminatas, cum tamen in actualibus nihil sit indefinitum, quippe in quibus quaecunque divisio fieri potest, facta est. Actualia componuntur ut numerus ex unitatibus, idealia ut numerus ex fractionibus: partes actu sunt in toto reali, non in ideali. Nos vero idealia cum substantiis realibus confundentes, dum in possibilium ordine partes actuales, et in actualium aggregato partes indeterminatas quaerimus, in labyrinthum continui contradictionesque inexplicabiles nos ipsi induimus."

[133] Brief an Des Bosses vom 23. August 1713 in GP, II, 482: „Hinc substantia corporea vel vinculum substantiale Monadum, etsi naturaliter seu physice exigat Monades, quia tamen non est in illis tanquam in subjecto, non requiret eas metaphysice." Vgl. Mo, § 78 in GP, VI, 620: „Ces principes m'ont donné moyen d'expliquer naturellement l'union, ou bien la conformité de l'Ame et du corps organique."

Beherrschens und Gehorchens zwischen den Monaden nicht real, sondern nur „ideal". „Die Modifikationen einer Monade sind ideale Ursachen der Modifikationen einer anderen Monade."[134] Unter den Monaden und zwischen der Monade und ihren körperlichen Phänomenen gibt es keine andere Beziehung als die prästabilierte Harmonie.[135] Der Unterschied zwischen den Monaden besteht allein aus den im monadischen Subjekt enthaltenen Perzeptionen und besonders hinsichtlich der verschiedenen Deutlichkeitsgrade zwischen der Zentralmonade und den ihr untergeordneten Monaden in ihrem organischen Körper. Der vermeintliche Zusammenhang zwischen der herrschenden Monade und den gehorchenden Monaden ergibt sich nur gemäß der harmonischen Beziehung der Perspektiven aus der Zentralmonade und der unendlichen Vielzahl der Monaden in ihrem organischen Körper. Aus der Perspektive der Zentralmonade besteht eine körperliche Substanz nur aus jener Monade selbst und den mit ihr verbundenen körperlichen Phänomenen. Jene Monade bringt ihre eigenen Perzeptionen gemäß ihrem eigenen Prinzip hervor, „als ob nichts außer Gott und ihr existieren würde"[136]. Der organische Körper ist der raumzeitliche Ausdruck der Zentralmonade. Aus der Perspektive der Pluralität der diskreten Monaden im organischen Körper nimmt jede Monade das ganze Universum wiederum durch den ihr korrespondierenden Körper wahr, und vor allem und am deutlichsten den ihr selbst zugehörigen Körper.[137] Das Beherrschen und Gehorchen zwischen der Zentralmonade und ihrem organischen Körper oder das auf die natürliche oder physische Weise beanspruchte substantielle Band der Monaden ist metaphysisch allein die Relation der perzeptionalen Deutlichkeit unter der Pluralität der Monaden. Die Pluralität der Monaden ist aber notwendig, insofern eine Zentralmonade mit einem organischen Körper verbunden sein muss und jener Körper an sich ein Aggregat der monadischen Einheiten ist. Die innerweltlichen Monaden können auf diese Weise nur in einer von Gott erwählten, möglichen Gemeinschaft integriert werden. „Die substantiellen Bande", wie man sie sich gewöhnlich vorstellt, „haben nur die Realität in der Modifikation einer jeden Monade und in der Harmonie oder der Übereinstimmung der Monaden miteinander."[138] Die Verbindung der Monaden ist nur ideal. Indem eine Monade ihren Zustand modifiziert, wird der Zustand aller anderen Monaden entsprechend

---

[134] Brief an Des Bosses vom 24. Januar 1713 in GP, II, 475: „Modificationes unius Monadis sunt causae ideales modificationum alterius monadis."

[135] Vgl. Brief an Des Bosses vom 16. Juni 1712 in GP, II, 451: „Dominatio autem et subordinatio monadum considerata in ipsis monadibus non consistit nisi in gradibus perfectionum." Brief an Des Bosses vom 26. Mai 1712 in GP, II, 444: „Monades enim per se ne situm quidem inter se habent, nempe realem, qui ultra phaenomenorum ordinem porrigatur. Unaquaeque est velut separatus quidam mundus, et hi per phaenomena sua consentiunt inter se, nullo alio per se commercio nexuque."

[136] GP, IV, 484: „comme s'il n'existoit rien que Dieu et elle".

[137] Vgl. Mo, § 62 in GP, VI, 617.

[138] Brief an Des Bosses vom 21. April 1714 in GP, II, 486: „ideo vincula illa, quod habent

verändert. Die Vorstellung des substantiellen Bandes hängt eng mit der Vorstellung der körperlichen Substanz zusammen.[139] Das substantielle Band ist insofern dem organischen Körper einer körperlichen Substanz ähnlich, indem es ein „Echo"[140] der Tätigkeit und Leidenschaft einer perzipierenden Zentralmonade ist, nämlich ein Widerhall ihrer „Perzeptionen und Strebungen, die in der Monade gelesen werden können".[141] Denn der Betrachtungswinkel aus der Perspektive der Monade ist ursprünglicher als die bzw. ontologisch vorrangig gegenüber der Harmonie der perspektivischen Relation zwischen Monaden. Damit wird das gemeine Verständnis des substantiellen Bandes als das von Leibniz selbst erwähnte „mein substantielles Band" erklärt. Das substantielle Band wird selbst als eine Idee der Relation zwischen den Monaden im organischen Körper des Lebewesens in seiner Monadologie integriert. Die Schwierigkeit, den metaphysischen Status des substantiellen Bandes oder des Beherrschens/Gehorchens der Monaden zu erklären, kann wohl innerhalb von Leibniz' eigenem ontologischen System überwunden werden.

3.5. Der Kraftbegriff in der Leibniz'schen Mechanik

3.5.1. Die ursprüngliche und die abgeleitete Kraft

Nachdem die Leibniz'sche Substanzlehre aus einer bestimmten Perspektive in groben Zügen dargestellt wurde, möchten wir nun weiter nach dem Wesen der physikalischen Kraft der Körper bei Leibniz fragen. Sein mechanischer Kraftbegriff ist einerseits eine inhaltslogische Fortführung der metaphysischen Substanzlehre, andererseits können wir aber von hier ausgehend eine neue Perspektive auf die oben dargestellte Substanzlehre über Leib und Seele gewinnen.[142] Wie bereits gezeigt wurde, hat der Körper in der Leibniz'schen Substanzlehre eine doppeldeutige Stellung. Er ist sowohl phänomenal, insofern er sich auf die Perzeption der Monade gründet, als auch real, insofern er sich als ein Aggregat

---

reale, habebunt in modificatione cujuslibet Monadis, et harmonia seu consensu Monadum inter se."

139 Daher wird der Ausdruck „vinculum substantiale seu substantia corporea" sehr häufig in den Briefen an Des Bosses verwendet, z.B. im Brief vom 24. Januar 1713 in GP, II, 474: „substantiis corporeis, seu vinculis substantialibus"; vom 23. August 1713 in GP, II, 481: „vinculum substantiale, seu ipsa substantia compositi"; 482: „vinculum substantiale, seu substantiam corporis animati"; „Hinc substantia corporea vel vinculum substantiale Monadum".

140 GP, II, 495, 504.

141 Brief an Des Bosses vom 24. Januar 1713 in GP, II, 474: „Vinculum substantiale superadditum Monadibus, mea sententia, est absolutum quoddam, quod etsi in naturae cursu accurate respondeat monadum affectionibus, nempe perceptionibus et appetitionibus, ita ut in Monade legi possit, cui corpori corpus ejus insit."

142 Darauf hat Leibniz selber hingewiesen: „Unde aliquando lucem quoque novam explicandae corporis animaeque unioni accendemus" (SD, II in GM, VI, 247).

auf die reale, metaphysische Basis der Monade stützt. Auf diese Weise sind der Körper und die „geistige" Substanz zusammengebunden. Leibniz bemüht sich, allein durch den Kraftbegriff einen engeren Zusammenhang zwischen Körper und „geistiger" Substanz herzustellen. Dies ist vor allem in der 1695 veröffentlichten Schrift mit dem Titel *Specimen dynamicum* zu lesen:

Zweifach also ist die *aktive Kraft* (die man mit einigen nicht schlecht *Wirksamkeit* nennen mag), und zwar entweder *ursprünglich*, die jeder körperlichen Substanz an sich innewohnt (denn ich erachte einen völlig ruhenden Körper als mit der Natur der Dinge unverträglich), oder *abgeleitet*, die gleichsam aus der Begrenzung der ursprünglichen [Kraft] aus dem Zusammenprall der Körper untereinander hervorgehend, auf verschiedene Weise ausgeübt wird.[143]

Es wird hier behauptet, dass jeder körperlichen Substanz eine ursprüngliche aktive Kraft an sich innewohnt. Dies muss dem damaligen Leser überraschend erscheinen, denn wenn man die „körperliche Substanz" nach der damals verbreiteten Cartesischen Vorstellung als *res extensa* erfasst, scheint es keinen Grund zu geben, eine ihr innewohnende aktive Kraft anzunehmen. Daher würde die Behauptung, dass kein Körper an sich völlig ruhig ist[144], ein angeblicher Beweis dafür sein, dass es eine ursprüngliche aktive Kraft im Körper gibt. Ob man den obigen Text auf diese Art lesen kann, ist aber fraglich. Denn nach Leibniz ist ein beliebiger Körper, wie oben bereits erklärt wurde, keine körperliche Substanz, sondern ein Aggregat der Substanzen. Nur ein Lebewesen mit einem organischen Körper kann eine körperliche Substanz sein. Dass Leibniz die ursprüngliche Kraft im Weiteren mit der Seele gleichsetzt, zeigt genau, dass es sich hier bei der körperlichen Substanz um ein Lebewesen handelt. Einem Lebewesen muss selbstverständlich Aktivität innewohnen, selbst wenn wir sie nicht immer wahrnehmen, denn die Lebendigkeit eines Lebewesens ist gerade auf seine Aktivität gegründet. Die Behauptung, dass kein Körper an sich völlig ruhig ist, kann also nicht der Beweis dafür sein, dass jeder Substanz eine Kraft innewohnt, sondern sie ist vielmehr die Folge davon, dass jeder Körper eine Zusammenschließung von unendlich vielen lebendigen Monaden ist. Ein Körper in der Natur kann nicht völlig ruhig sein, denn er schließt Leibniz zufolge unendlich viele Lebewesen in sich ein.

Besonders zu beachten ist an dieser Stelle wieder das „Insein" (*inesse*) als die (onto-)logische Implikation. Die ursprünglich aktive Kraft ist „an sich in jeder körperlichen Substanz" (*quae in omni substantia corporea per se inest*). An der

143 SD, I in GM, VI, 236: „Duplex autem est Vis Activa (quam cum nonnullis non male Virtutem appelles), nempe ut primitiva, quae in omni substantia corporea per se inest (cum corpus omnimode quiescens a rerum natura abhorrere arbitrer), aut derivativa, quae primitivae velut limitatione, per corporum inter se conflictus resultans, varie exercetur."

144 Vgl. Brief an De Volder ohne Datierung in GP, II, 161: „quiescens credo intelligis, nam proprie immobile non datur". Darüber hat Leibniz bereits um 1669 versucht, Argumente zu finden. Vgl. A, VI,2, 165.

vergleichbaren Stelle der ersten, unveröffentlichten Fassung heißt das „inest" noch „indita est" (eingeführt ist).[145] Es scheint, dass Leibniz durch diese Änderung die Ursprünglichkeit oder die (onto-)logische Priorität der ursprünglichen Kraft besonders deutlich machen wollte. Die ursprüngliche aktive Kraft ist nicht etwas, das (onto-)logisch oder epistemologisch später „hineingeführt" ist, sondern sie ist „ursprünglich" bereits „in" der Substanz. Sie gehört zum Wesen der Substanz. Ohne sie könnte eine Substanz nicht wirken und damit auch nicht wirklich sein. Sie ist also die notwendige ontologische Voraussetzung einer Substanz. Durch den Schlüsselbegriff „inesse" scheint es auch, dass die Kraft als solche in einer körperlichen Substanz, ähnlich wie die Monade im Körper, keines Beweises bedarf, weil sie ein ontologisches Requisit in der körperlichen Substanz ist. Insofern als die körperliche Substanz keine bloße Ausdehnung ohne Inhalt ist, und insofern sie eine Aktivität in sich hat, muss sie einen „realen", ursprünglichen Grund der Aktivität in sich tragen, sodass sie sich manifestieren kann. Jene ursprüngliche aktive Kraft wird nicht durch die sinnliche Wahrnehmung erfasst, sondern, ähnlich wie die Monade, durch den Verstand begriffen. Sie bedarf also weder einer weiteren Erklärung noch eines anderen Beweises. Sie wird allein als eine notwendige Voraussetzung vom Verstand gesetzt und gebilligt. So erklärt Leibniz in seiner Abhandlung *Über die Natur selbst*[146]:

> Diese innewohnende Kraft kann deutlich begriffen, jedoch nicht sinnlich erklärt werden; sie darf nicht auf diese Weise erklärt werden, nicht mehr als die Natur der Seele; denn die Kraft gehört zu den Dingen, die nicht durch die Vorstellung, sondern durch den Intellekt getroffen werden.[147]

Ähnlich schrieb Leibniz an De Volder und versuchte, ihm dies deutlich zu machen:

> Sie sagen, Sie hätten danach gefragt, woher eigentlich die Kräfte der körperlichen Substanz entsprängen; ich dagegen schiene die Körper gänzlich aufzuheben, sie als bloße Erscheinungen zu betrachten und anstelle der Dinge lediglich Kräfte zu setzen: und zwar nicht einmal körperliche Kräfte, sondern Perzeption und Streben.[148]

In diesem Sinne ist die innewohnende ursprüngliche Kraft etwas Substantielles. Der Körper ist dagegen nur etwas Phänomenales. Die Kraft ist von Leibniz we-

---

[145] Erste unveröffentlichte Fassung von SD, in *Specimen Dynamicum*, hrsg. und übersetzt von Hans Günter Dosch/Glenn W. Most/Enno Rudolph, Hamburg 1982 (= *Specimen Dynamicum*, hrsg. v. H. G. Dosch et al.), 66.

[146] Der vollständige Titel der Abhandlung lautet: *De ipsa natura sive de vi insita actionibusque Creaturarum, pro Dynamicis suis confirmandis illustrandisque.*

[147] GP, IV, 507: „Haec autem vis insita distincte quidem intelligi potest, sed non explicari imaginabiliter; nec sane ita explicari debet, non magis quam natura animae; est enim Vis ex earum rerum numero, quae non imaginatione, sed intellectu attinguntur."

[148] GP, II, 275: „Quaesivisse Te ais, undenam fluerent substantiae corporeae vires, me vero videri corpora plane tollere, et in visis tantum ponere, et pro rebus substituere solas vires, et ne vires quidem corporeas, sed perceptionem et appetitum."

sentlich anders definiert als bei Descartes. Descartes verstand unter demselben Begriff ein gewisses Etwas, das aus der Erfahrung der Bewegung nachträglich in die bewegten Körper hineingedacht wird, und nicht das Wesen der Substanz selbst. Anders versteht Leibniz die Kraft. Sie gehört nach seiner Auffassung zum Wesen der Substanz selbst. Sie ist das Prinzip der immer anstrebenden Perzeptionen, aus denen die Einheit der Substanz gebildet wird. Selbstverständlich konnte Descartes hinsichtlich seines Körperbegriffs keine innewohnende Kraft im bloß ausgedehnten Körper voraussetzen. Durch den Kraftbegriff will Descartes allein die spezielle Ursache der Körperbewegung bezeichnen und quantitativ bestimmen. Wir müssen die Kraftvorstellung der beiden Denker auf der gleichen Ebene der physikalischen Phänomene vergleichen. Darum möchten wir den Text aus dem *Specimen dynamicum* weiter lesen:

> Die ursprüngliche freilich (die nichts anders ist als die erste Entelechie) entspricht *der Seele oder der substantiellen Form*; aber gerade deswegen gehört sie nur zu den allgemeinen Ursachen, die nicht ausreichen können, um die Phänomene zu erklären. Und so stimmen wir denen bei, die sagen, dass beim Angeben der eigentlichen und besonderen Ursachen der sinnlichen Dinge keine Formen angewandt werden sollen.[149]

Die ursprüngliche aktive Kraft ist also genau das, was Leibniz unter dem Begriff „der ersten Entelechie" verstehen wollte. Sie entspreche also dem, was in der damaligen Schulphilosophie bekanntlich als die Seele oder die substantielle Form bezeichnet wurde. Es soll hier keine historische, vergleichende Forschung über diese Begriffe betrieben werden. Wir möchten nur darauf hinweisen, dass keiner der hier genannten bereits bekannten Begriffe mit der Leibniz'schen ursprünglichen aktiven Kraft deckungsgleich ist. Das Wort „entsprechen" (*respondere*) darf nicht als „übereinstimmen" begriffen werden, sondern es impliziert lediglich eine harmonische Beziehung zwischen seinem Kraftbegriff und den bereits bekannten Begriffen der Seele und der substantiellen Form. Die Benennung, so Leibniz, tut wenig zur Sache. Wenn durch den Begriff „Kraft" das substantielle Streben nach Aktivität deutlich zum Ausdruck kommt, so hat der Begriff den Vorteil, dass er auf eindeutige Weise verstanden wird. „Ob wir jenes Prinzip Form oder Entelechie oder Kraft nennen, macht keinen Unterschied, solange wir in Erinnerung behalten, dass es allein durch den Begriff der Kräfte auf einsichtige Weise erklärt wird."[150] Dass Leibniz hier über die Seele spricht, ist ja eigentlich aus der den Lesern bekannten Cartesischen Sichtweise der Natur unerwartet. Man muss nur daran denken, dass der ursprüngliche Untertitel der Abhandlung „Die bewundernswerten Gesetze der Natur, die Kräfte der

---

[149] SD, I in GM, VI, 236: „Et primitiva quidem (quae nihil aliud est, quam *ἐντελέχεια ἡ πρώτη*) animae vel formae substantiali respondet, sed vel ideo non nisi ad generales causas pertinet, quae phaenomenis explicandis sufficere non possunt. Itaque illis assentimur, qui formas in rerum sensibilium causis propriis specialibusque tradendis adhibendas negant."

[150] SD, I in GM, VI, 241: „Id principium Formam, an *ἐντελέχειαν*, an Vim appellemus, non refert, modo meminerimus per solam virium notionem intelligibiliter explicari."

Körper und ihre wechselseitigen Aktionen betreffend (*Admirandae Naturae Leges, circa corporum vires et mutuas actiones*)"[151] lautet. Das Ziel der Abhandlung scheint zunächst auf die Naturgesetze bezüglich der körperlichen Kräfte begrenzt zu sein. Die Beschäftigung mit der Seele und den Lebewesen würde über den Forschungsrahmen hinausgehen. Wahrscheinlich deswegen wird der Untertitel bei der Veröffentlichung folgendermaßen ergänzt: „Zur Aufdeckung der bewundernswerten Gesetze der Natur bezüglich der Kräfte und der wechselseitigen Aktionen der Körper und zu deren Rückführung auf ihre Ursachen (*pro admirandis Naturae Legibus circa corporum vires et mutuas Actiones detegendis et ad suas causas revocandis*)"[152]. Die ursprüngliche aktive Kraft, die jedem Lebewesen an sich innewohnt, entspricht der ergänzenden Absicht der Abhandlung: „Rückführung auf ihre Ursache". Darunter versteht Leibniz, dass die ursprüngliche aktive Kraft dem allgemeinen Grund gehört, woraus die Aktivität einer Substanz entspringt. Sie ist der allgemeine Grund dafür, dass eine Substanz, welche ihm zufolge immer lebendig ist, sich ständig aktiv ausdrückt. Aus diesem Grund wird der innerliche Zustand der Substanz von einer Perzeption zu einer anderen Perzeption getrieben, oder anders gesagt, darin wird die Welt aus einer bestimmten Perspektive durch die Referenzen von Raum und Zeit ständig repräsentiert. Die ursprüngliche Kraft ist eine „interne Tendenz (*tendentia interna*)"[153] in jeder einfachen Substanz und der allgemeine Grund des Sich-Ausdrückens einer jeden Substanz, und damit gehört sie zum Wesen der Substanz selbst.

Dass die Körper und die körperlichen Kräfte in die Phänomenalität aufgehoben werden und allein die ursprüngliche Kraft der Grund der körperlichen Substanz sein soll, bedeutet nicht, dass allein aus jener ursprünglichen Kraft die körperlichen Phänomene erklärt werden können. Die ursprüngliche aktive Kraft ist der allgemeine Grund der Aktivität der Substanz. Ein spezielles physikalisches Phänomen ist immer ein bestimmtes Geschehnis zwischen Körpern, oder genauer gesagt, es ist eine Wirkung aus der Oberflächenberührung der Körper durch ihre gegenseitige Bewegung.[154] Um das Verhältnis jener gegenseitigen Körperbewegung zu erklären, müssen wir uns auf eine spezielle Kraft stützen[155], die insofern von der ursprünglichen Kraft abgeleitet ist, als sie, wie

[151] Erste unveröffentlichte Fassung von SD, in *Specimen Dynamicum*, hrsg. v. H. G. Dosch et al., 64 f.

[152] SD, I in GM, VI, 234.

[153] Brief an De Volder 1705 in GP, II, 275: „[...] vires primitivas manifestum esse censeo nil aliud esse posse quam tendentias internas substantiarum simplicium, quibus certa suae naturae lege de perceptione in perceptionem transeunt".

[154] Dies besagt jedoch nicht, dass die Wirkung der körperlichen Bewegung nur auf die unmittelbare Umgebung beschränkt ist. Weil das Universum nach Leibniz voller Materie ist, spürt jeder Körper die kleinste Bewegung des entferntesten Körpers mittels der Körper zwischen ihnen (vgl. Mo, § 61 in GP, VI, 617).

[155] Leibniz versteht die abgeleitete Kraft nicht anders als die physikalische Kraft, welche

oben bereits zitiert wurde, der „Begrenzung" (*limitatio*) der ursprünglichen Kraft gleicht, während die Körper aufeinander wirken:

Die abgeleitete Kraft also, wodurch nämlich Körper im Treiben aufeinander wechselseitig agieren oder voneinander wechselseitig leiden, verstehen wir hier nicht anders als diejenige, welche mit der (freilich örtlichen) Bewegung zusammenhängt und wiederum dazu tendiert, örtliche Bewegung weiter zu erzeugen. Denn wir erkennen an, dass durch die örtliche Bewegung alle übrigen materiellen Phänomene erklärt werden können.[156]

Leibniz versteht die abgeleitete Kraft nicht anders als die bewegende Kraft in der Naturwissenschaft. Denn das, was die Wirkung der ursprünglichen Kraft anbetrifft, soll man nur bei der einzelnen Substanz an sich suchen, nämlich nur bei einer Monade oder einem Lebewesen als einem Ganzen. Mit anderen Worten, nur die geistigen Phänomene bzw. Perzeptionen können Wirkungen der ursprünglichen Kraft sein. Um die zwischenkörperlichen Phänomene zu erklären, müssen wir eine andersartige Vorstellung von der Kraft haben, die ihren Ursprung im Körper selbst hat.

Mit dem Begriff der Kraft hat nun Leibniz einerseits die Metaphysik und die Naturwissenschaft dadurch zusammengebracht, dass derselbe Kraftbegriff in seinen verschiedenen Stufen jeweils das Wesen von beiden Wissensbereichen ausmacht. Andererseits versucht Leibniz damit der Schwierigkeit in der Cartesischen Naturlehre zu entgehen. Die Cartesische Naturphilosophie lässt, wie oben bereits erwähnt, das Wesen der physikalischen Kraft im Dunkeln. Die physikalische Kraft in der Cartesischen Philosophie ist eine uneigentliche Redeweise. Man muss sie in der Cartesischen Philosophie als eine *res mentalis* annehmen, die nicht zugleich in der körperlichen Natur ist. Dies hat Leibniz bemerkt. Der Cartesische Begriff der körperlichen Substanz „kann die Gründe der abgeleiteten Kraft nicht angeben"[157]. Seiner Meinung nach ist die physikalische Kraft mehr als eine bloße Idee in uns. Sie basiert auf einer realen Kraft oder einem Streben in jeder Substanz, auf der *vis primitiva* als dem Wesen jeder Substanz schlechthin. Damit begeht Leibniz nicht den Fehler, den Descartes öfter kritisiert, dass man die seelische Kraft auf unklare Weise auf das körperliche Phänomen überträgt, sodass die Kraft im Körper eine okkulte Eigenschaft zu sein scheint. Leibniz nimmt geschickt eine Umkehrung der Cartesischen Philosophie vor. Nicht die Kraft ist eine bloße Idee der Kausalität in uns, sondern

---

die Bewegung erzeugt. Wir sehen hier einen Versuch, alle körperliche Auseinandersetzung auf die örtliche Bewegung zu reduzieren. Alle anderen Erklärungsweisen waren Leibniz unverständlich.

[156] SD, I in GM, VI, 237: „Vim ergo derivativam, qua scilicet corpora actu in se invicem agunt aut a se invicem partiuntur, hoc loco non aliam intelligimus, quam quae motui (locali scilicet) cohaeret, et vicissim ad motum localem porro producendum tendit. Nam per motum localem caetera phaenomena materialia explicari posse agnoscimus."

[157] GM, VI, 236: „[...] nec legum naturae vim derivativam moderantium, rationes afferre potest".

es müsse eine ursprüngliche Kraft als Requisit in jeder Substanz geben, welche die Ideen bildet. Die primitive aktive Kraft, die der Seele oder dem der Seele Ähnlichen entspricht, ist selbst die Quelle aller geistigen Ideen. Aus dieser ursprünglichen Kraft als dem lebendigen Prinzip kommen erst die Ideen in der Repräsentation des Geistes zustande, obwohl die Ideen andererseits nicht beliebig sind, sondern aus ihrer eigenen Natur entspringen müssen. Daher benennt Leibniz die Seele als die „ideenbildende Substanz (*substantia ideans*)":

> In der Seele ist eine adäquate Idee der Materie vorhanden, trotzdem aber ist für mich die Seele nicht die Idee der Materie selbst, sondern der Quell einer Mannigfaltigkeit von Ideen, die in ihr selbst aus ihrer eigenen Natur entspringen und die die verschiedenen materiellen Zustände der Ordnung nach repräsentieren. Die Idee ist sozusagen etwas Totes und in sich Unveränderliches wie die Gestalt; die Seele dagegen etwas Lebendes und Tätiges. In diesem Sinne behaupte ich nicht, dass es irgendeine einzelne Idee gibt, die aus sich heraus zur Veränderung strebt, sondern sage nur, dass ihr eine Mannigfaltigkeit von Ideen folgt, deren jede indes aus der anderen erschlossen werden kann. In einem anderen Sinne des Wortes könnte ich allerdings in gewisser Weise sagen, die Seele sei die lebendige oder die substantielle Idee, besser indessen, sie sei die ideenbildende Substanz (*substantia ideans*).[158]

Einige Schwierigkeiten bleiben dennoch zu erklären, vor allem die folgenden Fragen: Wie ist die abgeleitete Kraft einerseits als etwas zu verstehen, das der Begrenzung der ursprünglichen Kraft gleicht, andererseits als ein aus dem Zusammenprall der Körper untereinander Hervorgehendes? Wie ist hier die „Begrenzung" der ursprünglichen Kraft zu verstehen? Wenn die ursprüngliche Kraft ein intrasubstantielles Streben der Repräsentation ist, wenn es andererseits zwischen den Substanzen keine reale Wirkung gibt, wie Leibniz offenkundig behauptet, wie ist es dann möglich, dass die zwischenkörperliche Kraft in den physikalischen Phänomenen aus ihr abgeleitet wird?

Es gibt keine Stelle, die deutlich bezeugen würde, dass Leibniz selbst jene Schwierigkeiten sah. Dagegen schrieb er wie folgt an De Volder:

> Die Kräfte, die aus Masse und Geschwindigkeit entstehen, sind abgeleitete Kräfte und gehören in den Bereich der Aggregate oder Phänomene. Wenn ich daher von der Fortdauer der primitiven Kraft rede, so meine ich damit nicht die Erhaltung der bewegenden Kraft im Universum, von der wir früher gehandelt haben, sondern die Entelechie, die neben allen anderen Erscheinungen auch diese Gesamtkraft beständig ausdrückt. Die abgeleiteten Kräfte aber sind tatsächlich nichts als Modifikationen und Ergebnisse der ursprünglichen.[159]

---

[158] Brief an De Volder vom 23. Juni 1699 in GP, II, 184 f.: „In anima est idea materiae adaequata, attamen anima mihi non est ipsa materiae idea, sed fons idearum ipsi in ipsa ex natura sua nascentium, quibus diversi materiae status ordine repraesententur. Idea est aliquid ut sic dicam mortuum et in se immutabile, ut figura, anima vero aliquid vivum et actuosum, et hoc sensu non dico esse unam aliquam ideam, quae ex se ad mutationem tendat, sed varias sibi succedere ideas, quarum una tamen ex alia colligi possit. Alio quidem sensu vocis dicere aliquo modo possim, Animam esse ideam vivam seu substantialem, rectius tamen esse substantiam ideantem."

[159] Brief an De Volder vom 20. Juni 1703 in GP, II, 251: „Vires quae ex massa et velocitate

Die aus der Masse und der Geschwindigkeit entstehenden Kräfte sind sowohl physikalisch im Bereich der Phänomene als auch abgeleitet von der ursprünglichen Kraft. Anstatt mit der „Begrenzung" im *Specimen dynamicum* erklärt Leibniz hier die Ableitung der physikalischen Kräfte aus den ursprünglichen seelischen Kräften durch die „Modifikationen" (*modificationes*) und „Ergebnisse" (*resultationes*) der ursprünglichen. Die Schwierigkeit bleibt aber bestehen. Die Erklärung für die Art und Weise der physikalischen Kräfte durch die Modifikationen und Ergebnisse der ursprünglichen seelischen Kräfte fehlt hier. Leibniz scheinen die Schwierigkeiten nicht bewusst gewesen zu sein. Mit diesem Problem hat sich besonders Adams auseinandergesetzt. Auf seine Exegese kann man hier zustimmend hinweisen. Seine zentralen Überlegungen können wie folgt zusammengefasst werden[160]:

(1) Die abgeleitete Kraft als die Begrenzung oder die Modifikation der ursprünglichen Kraft ist ein bestimmter temporärer Zustand der ursprünglichen Kraft.
(2) Ein Körper wird nicht durch eine gewisse bewegende Kraft eines anderen Körpers bewegt, sondern durch die eigene modifizierte Kraft, nämlich die elastische Kraft.
(3) Die elastische Kraft ist ein kollektiver Ausdruck der modifizierten ursprünglichen Kraft.

Zu (1): Die abgeleiteten Kräfte sind Modifikationen der ursprünglichen. Dies hat Leibniz in den oben zitierten Stellen bereits ausgedrückt. Außerdem schreibt Leibniz wie folgt:

> Man muss bedenken, dass die abgeleitete oder akzidentelle Kraft, welche den Körpern bei der Bewegung nicht abgelehnt werden kann, eine Modifikation der ursprünglichen [Kraft] sein muss, gleichsam wie die Gestalt eine Modifikation der Ausdehnung ist. Die akzidentellen Kräfte können in einer Substanz ohne eine essentielle Kraft nicht stattfinden, denn die Akzidenzen sind nichts anderes als die Modifikationen oder die Begrenzungen, und sie können an Vollkommenheit oder der Realität die Substanz nicht übertreffen.[161]

Leibniz versteht die Ableitung aus der ursprünglichen Kraft als die Modifikationen oder Begrenzungen derselben. Wenn die Körper zusammenstoßen, wird der Zustand der ursprünglichen Kräfte in den körperlichen Substanzen durch die Veränderung der Repräsentation entsprechend modifiziert bzw. temporär bestimmt, worauf der Ausdruck „Begrenzung" (*limitatio*) hinweist. Auf diese

---

oriuntur, derivativae sunt et ad aggregata seu phaenomena pertinent. Et cum de vi primitiva manente loquor, non intelligo conservationem potentiae motricis totalis de qua olim inter nos actum est, sed Entelechiam cum alia tum vim illam totalem semper exprimentem. Et sane vires derivativae non sunt nisi modificationes et resultationes primitivarum."

[160] Vgl. Adams, *Leibniz*, 383–386.

[161] Brief an Isaac Jaquelot vom 22. März 1703 in GP, III, 457: „Et il faut considerer que la force derivative ou accidentelle qu'on ne peut point refuser aux corps en mouvement, doit estre une modification de la primitive, comme la figure est une modification de l'etendue. Les forces accidentelles ne sauroient avoir lieu dans une substance sans force essentielle, car les accidens ne sont que des modifications ou limitations, et ne sauroient enfermer plus de perfection ou realité que la substance."

Weise entstehen die abgeleiteten Kräfte. Sie sind nämlich die modifizierten ursprünglichen Kräfte. Außerdem versteht Leibniz die Modifikation mit Hilfe der Begriffspaare von Akzidenz und Substanz, sodass die modifizierte abgeleitete Kraft eine mindere Realität als die ursprüngliche seelische Kraft besitzt, wie das Sein der Akzidenzien von der zugrunde liegenden Substanz abhängt. Darauf hat Leibniz in ähnlicher Weise durch den Ausdruck „Ergebnisse" (*resultationes*) in dem bereits zitierten Brief an De Volder hingewiesen. Das „Ergebnis" bzw. „Resultat" hat also einen geringeren (onto-)logischen Status als das, woraus es resultiert, wie wir bereits oben zu zeigen versuchten. Auf die Problematik der Realität oder der Vollkommenheit der physikalischen Kräfte wird später noch eingegangen.

Zu (2): Ein Körper fängt an, sich zu bewegen, durch die eigene elastische Kraft, die beim Zusammenstoß entstanden ist. Dies erklärt Leibniz mithilfe zweier aufgeblasener Bälle, die miteinander kollidieren. Die Bälle werden bei der Kollision zuerst in Ruhe gebracht und dann kontinuierlich zusammengedrückt, erst danach springen sie aus der eigenen elastischen Kraft, d.h. der die ursprüngliche Gestalt wiederherstellenden Kraft, voneinander weg.[162] Da alle Veränderungen in der Natur nach Leibniz auf diese Weise kontinuierlich geschehen müssen, darf es in der Natur keinen absolut harten Körper geben, wie Descartes oder Huygens es sich vorgestellt haben, sodass der Bewegungszustand in einem Augenblick ohne Zwischenstufe verändert wird.[163] „Kein Körper ist so winzig, dass er keine Elastizität hätte."[164] Alle Körper müssen sich bei der Kollision auf die gleiche Weise durch die elastische Kraft kontinuierlich bewegen, d.h., die Körper werden beim Zusammenstoß zuerst verformt und bewegen sich erst danach aufgrund der die ursprüngliche Gestalt wiederherstellenden Kraft. Damit werden das Problem zwischen der innerlichen und äußerlichen Kraft und das über den Krafttransport gelöst. Die Kraft ist allein innerlich im Körper, eine von außen kommende Kraft gibt es nicht.[165] Es gibt nur einen äußerlichen Anlass, aus dem gemäß der universalen Harmonie der innerliche Zustand der körperlichen Substanz modifiziert oder limitiert wird.

Schließlich zu (3): Hier können wir nun endlich durch (1) und (2) auf die oben gestellte Frage eine verständliche Antwort geben. Unsere Frage lautet also: Wie

---

[162] Vgl. SD, II in GM, VI, 248 f.

[163] Vgl. Westfall, *Force*, 294.

[164] SD, II in GM, VI, 249: „ut nullum corpus tam exiguum sit, quin elastrum habeat". Dass kein Körper so winzig sei, als dass er keine Elastizität hätte und von keiner vollständig flüssigen Materie, dem Äther nämlich, durchdrungen würde, gehört nach Leibniz dem „höchsten Wunderbaren" (*maxime mirabile*) an (a.a.O.). Vgl. dazu GM, VI, 491; GP, II, 161.

[165] Vgl. SD, II in GM, VI, 251: „adeoque non vi alterius sed propria ab eo recedet"; „a vi interna seu intus existente oriatur"; Brief an De Volder vom 20. Juni 1703 in GP, II, 251: „Interim verum comperio in phaenomenis quoque et viribus derivatis ut massae massis non tam dent novam vim, quam determinent jam inexistentem, ita ut corpus potius se propria vi ab alio repellat quam ab eo propellatur."

ist es möglich, dass die physikalische Kraft, welche beim Zusammenprall von Körpern die Veränderung des Bewegungszustands bewirkt, aus der ursprünglichen seelischen Kraft der Substanz abgeleitet sei? Dies kann nach Adams dadurch erklärt werden, dass die bewegende Kraft bei den physikalischen Phänomenen nicht dem Körper extern sei, sondern sie sei Leibniz zufolge als die elastische Kraft dem Körper intern (2). Nun müssen wir nur die dem Körper interne elastische Kraft mit der Modifikation der ursprünglichen Kraft verbinden, um die physikalische Kraft als die abgeleitete Kraft betrachten zu können, weil die abgeleitete Kraft die Modifikation oder Begrenzung der ursprünglichen ist (1). Die Verbindung zwischen der elastischen Kraft und der Modifikation der ursprünglichen Kraft kann verständlich gemacht werden, wenn wir die oben bereits dargelegte Phänomenalität der körperlichen Erscheinung festhalten. Die körperlichen Erscheinungen haben also keine Eigenständigkeit. Sie sind bloß phänomenale Ausdrücke von Monaden. Insofern das gesamte körperliche Phänomen von den zugrunde liegenden Monaden abhängig ist, ist die elastische Kraft selbst ein Ausdruck der Monaden. Daher ist es möglich, die elastische Kraft bei der körperlichen Bewegung als die abgeleitete Kraft aus dem substantiellen Ursprung zu betrachten. Die Beziehung zwischen beiden ist eine harmonische Entsprechung.[166] Im Begriff der abgeleiteten Kraft sind also zwei Bedeutungen in der Leibniz'schen Philosophie unausgesprochen vermischt, die Modifikation oder Beschränkung der ursprünglichen Kraft und die physikalische Kraft beim Stoß.

So weit die Zusammenfassung der Exegese von Adams. Anhand dieser Ausarbeitung möchten wir nun versuchen, der abgeleiteten Kraft folgende vier Charaktere zuzuschreiben, die zum großen Teil im Gegensatz zu der bereits erläuterten Kraftvorstellung von Descartes stehen, damit der Kontrast deutlich zu sehen ist:

(1) Die abgeleitete Kraft ist eine immanente Kraft „im" Körper (3.5.2.);
(2) sie gehört einerseits der Vorstellung an, andererseits ist sie „real" (3.5.3.);
(3) sie drückt den „momentanen" Inhalt der Tätigkeit aus, der jedoch in der fortbestehenden Beziehung im Hinblick auf den früheren und folgenden Zustand zu betrachten ist (3.5.4.);
(4) sie ist nicht nur das die Ursache der Bewegung erklärende Vermögen, sondern vielmehr der Drang zur Bewegung in jedem Augenblick (3.5.5.).

---

[166] Vgl. Brief an Christian Wolff, 1711 in LW, 131: „Vis autem Elastica in corpore nascitur ex motu intestino nobis invisibili. His autem mechanicis seu derivativis ipsa Entelechia primitiva respondens modificatur."

3.5.2. *Die körperliche Elastizität und die abgeleitete Kraft*

Die abgeleitete Kraft, an welcher Leibniz die physikalische Kraft erkennen wollte, hat einen innerlichen Ursprung im Körper. Bei der Bewegung nach dem Zusammenprall der Körper ereignet sich Leibniz zufolge nicht, dass eine gewisse „Kraft" eines Körpers den anderen bewegt, sondern durch die Veränderung des körperlichen Phänomens, wie z. B. durch Stoß oder Druck, verändert sich zunächst die Art und Weise der eigenen körperlichen Ausdehnung. Daraus entsteht aus sich heraus eine die ursprüngliche Form wiederherstellende Kraft, die elastische Kraft nämlich, die als der Grund identifiziert wird, aus dem die eigene Bewegung hervorgeht. Diese elastische Kraft ist insofern abgeleitet aus der ursprünglichen Kraft, als sie mit der Veränderung der innerlichen Perzeption der Monaden korrespondiert, die die körperlichen Phänomene ausdrücken. Die anderen Körper, die beim Stoß extern sind, seien nur „begleitende Requisiten", welche die Elastizität des eigenen Körpers hervorrufen. „Und was wir Ursachen nennen, sind nur begleitende Requisiten in der metaphysischen Strenge. Dies ist bezeichnet durch unsere Erfahrungen der Natur, denn Körper weichen in der Tat durch ihre eigene elastische Kraft von anderen Körpern zurück, nicht durch eine fremde Kraft, wenn auch ein anderer Körper erforderlich ist, um die Elastizität (welche aus etwas dem Körper selbst Inwendigem entsteht) in Bewegung setzen zu können."[167]

Die Wurzel dieser Sichtweise, dass alle Körper sich aus der eigenen elastischen Kraft bewegen, kann man bereits in Leibniz' Schriften kurz nach 1670 finden, obwohl er um diese Zeit noch keinerlei Hinweis auf die Dynamik als ein autonomes physikalisches Gebiet gegeben hat. Bis um 1670 unterlag der junge Leibniz außer der von Aristoteles geprägten, schulphilosophischen Ausbildung noch deutlich erkennbaren Einflüssen aus der mechanistischen Philosophie der damaligen Zeit, die die Überzeugung vertrat, dass die Ursache der Körperbewegung außerhalb der Körper liegen müsse, wobei der Körper allein aus der Cartesischen Sichtweise als ein geometrisch Ausgedehntes begriffen werden soll.[168] Nach 1670 scheint Leibniz die essentielle Bestimmung des Körpers immer mehr auf der Bewegung als auf der Ausdehnung oder geometrischen Figur aufzubau-

---

[167] *Principia Logico-Metaphysia* (Frühjahr bis Herbst 1689 [?]) in A, VI,4, 1647: „Et quae causas dicimus esse tantum requisita comitantia in Metaphysico rigore. Idem ipsis naturae experimentis illustratur, revera enim corpora ab aliis corporibus recedunt vi proprii Elastri, non vi aliena, etsi corpus aliud requisitum fuerit, ut Elastrum (quod ab aliquo ipsi corpori intrinseco oritur) agere posset."

[168] So schrieb Leibniz beispielsweise am 26. September/6. Oktober 1668 an seinen Lehrer Thomasius in Leipzig: „Cum enim corpus nihil aliud sit, quam materia et figura, et vero nec ex materia nec figura intelligi possit caussa motus; necesse est, caussam motus esse extra corpus. [...] quicquid movetur; habet caussam motus extra se [...]" (A, II,1^2, 19). Vgl. Sung Myung Lee, *Die Metaphysik des Körpers bei G. W. Leibniz. Zur Konzeption der körperlichen Substanz*, Berlin 2008, 12–21; Stammel, *Kraftbegriff*, 75 f.

en.[169] Die Geometrie sei nur ein Instrument dafür, die körperliche Bewegung zu erforschen. Gerade hierin hat Leibniz wohl die Schwierigkeit gesehen. Denn die damalige Geometrie war nicht hinreichend, um die Bewegung zu untersuchen. Erst mit Leibniz' Erfindung der Infinitesimalrechnung als einer „erhabenere[n] Geometrie“[170], welche zur Untersuchung des unendlich kleinen Moments der Bewegung[171] tauglich ist, und nach der Einführung des metaphysischen Kraftbegriffs als „der innigsten Natur der Körper“[172] konnte Leibniz den dynamischen Vorgang der körperlichen Bewegung wissenschaftlich untersuchen. Er selber stellte rückblickend im Jahr 1714 fest: „Als ich aber die letzten Gründe des Mechanismus und der Gesetze der Bewegung selbst nachforschte, war ich ganz überrascht zu sehen, dass es unmöglich war, sie in der Mathematik zu finden, und dass ich zur Metaphysik zurückkehren musste.“[173]

Dabei scheint die Rezeption der oben erwähnten Arbeiten über den elastischen Stoß von Huygens und Wren im Jahr 1669 durch Leibniz ein wichtiger Wendepunkt zu sein.[174] Erst danach wird die elastische Kraft (*vis elastica*) als ein allgemeines Prinzip der Bewegung in seiner Hypothese über die Natur berücksichtigt. Einige seiner Schriften, die in der darauffolgenden Zeit entstanden, wurden deutlich aus jenem Anlass verfasst, wie z.B. *De rationibus motus* (1669), *Hypothesis physica nova*, *Theoria motus abstracti* (beide 1670/71) und *Leges reflexionis et refractionis demonstratae* (1671). So hieß es beispielsweise in der *Hypothesis physica nova* (1670/71): „Doch durch die wundersame Kunstfertigkeit oder die zum Leben notwendige Wohltat des Schöpfers sind alle wahr-

---

[169] Siehe 3.1.

[170] GM, V, 226.

[171] Nach Leibniz existiert die Bewegung, wie schon erwähnt, nicht wirklich als ein Ganzes, da sie keine koexistierenden Teile hat. Daher ist die Bewegung nur etwas Momentanes. Sie existiert in jedem unendlich kleinen Moment des wirklich durchgeführten Prozesses des Ortswechsels (vgl. SD, I,1, 235). Durch die Erfindung der Infinitesimalrechnung sind wir nicht in der Lage, die Reihe der unendlichen Einzelglieder bei der Analyse der Bewegung gedanklich zu durchlaufen und damit ein Unendliches zu erfassen, sondern dadurch wird ein aktual Unendliches gemäß seiner Gesetzmäßigkeit zeichenhaft erfasst. Mithilfe der Infinitesimalrechnung wird die Bewegung also nicht durch die raumzeitliche Teilung, welche ja selbst unendlich ist, erfasst, sondern durch die Gesetzmäßigkeit der raumzeitlichen Relation. Die Bewegung ist in jedem kleinen Moment bereits realisiert. Vgl. Hans Poser, „Die Idee des Unendlichen und die Dinge. Infinitum und immensum bei Leibniz“, in: Antonio Lamarra (ed.), *Das Unendliche bei Leibniz. Problem und Terminologie*, Rom 1990, 225–233, hier 232.

[172] SD, I in GM, VI, 235: „intimam naturam corporum“; vgl. GP, IV, 469 f.

[173] Brief an Rémond vom 10. Januar 1714 in GP, III, 606: „Mais quand je cherchay les dernieres raisons du Mechanisme et des loix mêmes du mouvement, je fus tout surpris de voir qu'il etoit impossible de les trouver dans les Mathematiques, et qu'il falloit retourner à la Metaphysique.“

[174] Bernstein hat auf eine andere Quelle des Leibniz'schen Interesses an der Elastizität hingewiesen. Er ist der Meinung, dass dieses Interesse sich wahrscheinlich aus seinem intensiven Studium der Hobbes'schen Philosophie Ende der 60-er Jahre ergibt. Vgl. Howard Bernstein, „Conatus, Hobbes and the Young Leibniz“, *Studies in History and Philosophy of Science* 11/1 (1980), 25–37 (= „Conatus“), hier 35.

nehmbaren Körper wegen der Zirkulation des Äthers nach unserer Hypothese elastisch, also prallen alle wahrnehmbare Körper zurück (*reflectunt*) oder biegen sie in eine andere Richtung ab (*refringunt*) [nach dem Zusammenprall]."[175] Alle Körper sind demnach in der Leibniz'schen Hypothese elastisch. Das Vorkommen von unelastischen Körpern, dem man ja tagtäglich begegnet, führt Leibniz auf die interne Bewegung der Körperteile zurück.[176] Die Elastizität selbst ist auf den Drang zum Gleichgewicht der feinflüssigen ätherischen Materie zurückzuführen.[177] Möchte man nun noch wissen, warum die ätherische Materie ihren ursprünglichen Zustand immer wieder herstellt, so führt Leibniz dies nicht wie Descartes auf die Beständigkeit Gottes zurück, sondern auf die universale Rationalität. Die Wiederherstellung des ursprünglichen Gleichgewichts sei mit der „Vernunft übereinstimmend (*rationi consentaneum*)"[178]. Ohne die-

---

[175] A, VI,2, 229: „Sed admirando Creatoris sive artificio sive ad vitam necessario beneficio, omnia corpora sensibilia ob aetheris circulationem per hypothesin nostram sunt Elastica; igitur omnia corpora sensibilia reflectunt aut refringunt."

[176] Vgl. wiederholt in Briefen an De Volder in GP, II, 154, 161, 169 und im fünften Schreiben an Clarke in GP, VII, 414; GM, VI, 230.

[177] Vgl. SD, II in GM, VI, 251: „ut scilicet repercussio ac dissultus ab elastro in ipso, id est a motu materiae fluidae aethereae permantis"; Brief an De Volder vom 17./27. Dezember 1698 in GP, II, 161: „Elasma ego corporibus essentiale puto ex rerum ordine et metaphysicis principiis, etsi in natura non aliter quam per fluidum intercurrens peragatur"; GM, VI, 228.

[178] *Leges reflexionis et refractionis demonstrate* (2. Hälfte 1671 [?]) in A, VI,2, 314: „Et rationi consentaneum est motus plerosque omnes quos sentimus ab ejusmodi aequilibrio esse [...], quia systema ipsum occasionem se restituendi non negligit." Busche scheint die Meinung zu vertreten, dass Leibniz den die elastische Kraft verursachenden feinflüssigen Äther mit der ursprünglichen Kraft des Leidens der Monade, der *materia prima* nämlich, hintergründig identisch gesetzt habe. Mir scheint jedoch, dass die *materia prima* als das körperliche Prinzip in der Monade mit dem real ausgedehnten Äther nicht schlechthin gleichzusetzen ist. Der Äther ist ein feinflüssiger materieller Körper, welcher ausgedehnt und damit auch teilbar ist (vgl. A, II,1^2, 120, 209 f.). Er bleibt meines Erachtens in der Leibniz'schen Philosophie ein körperliches Phänomen, welches sich auf die zugrunde liegenden Monaden bezieht. Dagegen ist die *materia prima* bzw. die ursprüngliche passive Kraft Leibniz zufolge „weder ausgedehnt noch teilbar" (*ne seroit point étendue ny divisible*), obwohl sie nicht minder das „Prinzip der Teilbarkeit" (*le principe de la divisibilité*) (GP, II, 120) selbst ist. Außerdem meint Leibniz ausdrücklich im *Specimen Dynamicum*, dass es keine Elemente der Körper gebe, weder eine flüssige Materie noch feste Kügelchen. Damit scheint Leibniz die Möglichkeit abgelehnt zu haben, den feinflüssigen Äther als das Bauprinzip des materiellen Körpers zu setzen. (Vgl. SD, II in GM VI, 249: „nulla esse Elementa corporum, nec materiam fluidissimam, nec globulos nescio quos secundi Elementi solidos, exactos et durabiles dari, sed analysin procedere in infinitum." Siehe auch in Leibniz' Brief an De Volder vom 17./27. Dezember 1698 in GP, II, 162: „Sed vel hinc sequuntur, ut sic dicam, Mundi in Mundis, atque adeo nullum esse Elementum primum, sed ipsum fluidum Elastrificum, etsi respectu corporis cui Elasma conciliat, uniforme videatur et simplex, revera tamen rursus proportione sua constare ex corporibus qualia sunt illa quae videmus, atque adeo et ipsa rursus alio subtiliore fluido ad proprium Elasma indigere, et sic iri in infinitum.") Das materielle Prinzip, die *materia prima* nämlich, ist also kein ausgedehnter Äther. Dass Leibniz sie allgemein als eine den Raum erfüllende und homogene Materie erkennt, die laut Busche mit Recht als metaphysisch zu bezeichnen ist, ist vor allem in seinen früheren Schriften zu finden. Der Inhalt des nämlichen Begriffs ist

sen wiederherstellenden Drang des Äthers könnten der Rückprall (*reflexio*) oder die Bewegungsrichtungsänderung (*refractio*) nicht stattfinden.[179] Damit würde das ganze Universum in Unordnung verfallen. Denn der Rückprall und die Bewegungsrichtungsänderung des Körpers sind für das Leben erforderlich. Die Hervorbringung jenes wiederherstellenden Drangs des Äthers gehört zur für jegliches „Leben notwendige[n] Wohltat des Schöpfers". Der wiederherstellende Drang des Äthers hat somit eine teleologische Notwendigkeit. Die universelle Elastizität hat also einen rationalen Grund. Sie ist nicht unerklärbar wie eine bloß okkulte Eigenschaft.[180]

Obwohl die den Körper bewegende Kraft nach Leibniz innerkörperlich ist[181], empfinden wir doch eine fremde Gewalt in der Erfahrung. Dies sei aber nur eine Übertragung der Veränderung des eigenen innerlichen Zustandes auf etwas anderes. Denn über die Veränderung des eigenen innerlichen Zustandes haben wir bloß verworrene Perzeptionen. Von äußerlichen Umständen dagegen erhalten wir eine Erklärung. „Gewaltsam ist für mich ein Schmerz, weil ich sein Prinzip in dem, was ich in meinem Geist deutlich auffasse, nicht finde. Was in uns aus verworrenen Perzeptionen entsteht, übertragen wir auf den Körper oder auf Äußeres, und das ist nicht schlecht, denn vom Äußeren erhält es eine Erklärung."[182] Über die Schmerzen, wie z.B. Kopfschmerzen, die wir in all

---

aber ein wesentlich anderer, als der, den er später im *Specimen dynamicum* verwendet. Zum früheren Begriffsinhalt von Leibniz' *materia prima* siehe vor allem seinen Brief an Jacob Thomasius vom 29./30. April 1669 in A, II,1^2, 26; zur Interpretation von Busche siehe besonders seinen Artikel „Monade und Licht" (Hubertus Busche, „Monade und Licht. Die geheime Verbindung von Physik und Metaphysik bei Leibniz", in: Carolin Bohlmann/Thomas Fink/Philipp Weiss [eds.], *Lichtgefüge des 17. Jahrhunderts. Rembrandt und Vermeer – Spinoza und Leibniz*, München 2008, 125–163, hier 142, 144); zur Widerlegung des Äthers als der immateriellen Entität siehe Andreas Blank, *Leibniz. Metaphilosophy and Metaphysics 1666–1686*, München 2005, 64–68.

[179] Vgl. SD, I in GM, VI, 240.

[180] Vgl. Brief an Johann Bernoulli vom 22. August 1698 in GM, III, 536 und vom 20./30. September 1698 in GM, III, 544; Brief an Bierling vom 12. August 1711 in GP, VII, 501; GM, VI, 228f.: Hier im *Essay de dynamique* verbindet Leibniz die Notwendigkeit der Elastizität mit den zwei „großartigen und schönen Gesetzen, die ihr Urheber unendlich weise sich vorgenommen hat", nämlich dem Gesetz der Krafterhaltung und dem Gesetz der Kontinuität.

[181] Dies besagt jedoch nicht, dass ein lebloser Körper sich selbst aus seiner reinen Passivität ohne äußerlichen Anlass bewegen kann. Beim Körper allein gilt immer noch der Satz: „Nihil enim movet, nisi moveatur" (Brief an von Guericke vom 17. August 1671 in A, II,1^2, 240). Der Körper wird in der Leibniz'schen hypothetischen Theorie der Natur von Ätherdrang bewegt. Der Äther existiere durchdringend in allen Körpern, und er reagiere passiv auf Grund des externen Anlasses. Er drückt sich aber als innerkörperliche Elastizität aus. In diesem Sinne ist die bewegende Kraft innerkörperlich.

[182] Vgl. Brief an Des Bosses vom 14. Februar 1706: „Violentus mihi dolor est quia principium ejus in iis non invenio, quae in mea mente distincte percipio. Quae ex confusis perceptionibus in nobis oriuntur corpori seu externis transcribimus, neque id male explicationem enim capiunt ab externis." (Die obigen Sätze der Handschrift wurden von Leibniz selber in der Endfassung gestrichen und daher bei der Edition von Gerhardt nicht aufgenommen.

ihrer Intensität deutlich empfinden, wissen wir nicht, wie sie in unserer innerlichen Repräsentation vorgekommen sind. Daher haben wir nur die „verworrenen Perzeptionen" von ihnen. Dagegen können wir mit Sicherheit manche körperlichen Veränderungen nachweisen, wie etwa eine Virusinfektion. Dort erhalten wir eine deutliche Erklärung für die Schmerzen. Ähnlich schreiben wir den Grund der Bewegung beim Zusammenstoß von Körpern dem zustoßenden Körper zu, da wir dort deutlich die Erklärung für die Bewegung erhalten, obwohl der eigentliche Grund der Bewegung nach Leibniz in der eigenen Elastizität liegt. Daher wird beim Zusammenstoß zweier Körper den beiden Körpern von Leibniz sowohl der Part des Agierenden als auch der des Leidenden zugeschrieben, ungeachtet dessen, welcher von beiden die stärkere Kraft hat. Denn hinsichtlich des Ursprungs der Kräfte sind die Körper immer Agierende, da die Kräfte innerlich sind und nur auf sich selbst wirken[183]. Vom Standpunkt des äußerlichen Anlasses her betrachtet, ist der Körper immer etwas Leidendes, da der Anlass der Modifikation der innerlichen Kräfte beim Zusammenstoß in anderen Körpern liegt.[184] Nur in diesem Sinne kann man sagen, dass sich die Kraft von einem auf den anderen überträgt. Aber auch aus dieser Betrachtungsweise kann die Kraftübertragung nicht in einem Augenblick unvermittelt geschehen, wie Descartes dies darstellt, sondern die Veränderung des Bewegungszustands darf keine Sprünge enthalten, sie muss immer durch die Zwischenstufen vermittelt werden.[185]

Was die Verbindung zwischen den intrasubstantiellen Kräften der Repräsentationen mit der den Körper bewegenden elastischen Kraft anbetrifft, muss diese also, wie oben bereits erläutert wurde, unter der Hypothese der prästabilierten Harmonie begriffen werden. Die nächste Schwierigkeit, der wir begegnen, ist die Frage: Wenn allein die intrasubstantielle Kraft real ist, sollte dann die elastische Kraft Leibniz zufolge eine bloße Vorstellung der Wahrnehmenden sein, ähnlich wie sie sich bei Descartes zeigt?

In den neuen Übersetzungen der Leibniz'schen Korrespondenz mit Des Bosses wurden sie sowohl von Zehetner als auch von Look und Rutherford ediert, vgl. *Der Briefwechsel mit Bartholomäus Des Bosses*, herausgegeben und übersetzt von Cornelius Zehetner, Hamburg 2007, 462; *The Leibniz-Des Bosses Correspondence*, 20, 22.)

[183] Dass der Äther durch das Phänomen der Elastizität auf sich wirkt, gesteht Leibniz offen in *Hypothesis physica nova*: „aether movet [...] in elatere se ipsum" (§ 58 in A, VI,2, 249).

[184] Vgl. SD, II in GM, VI, 251: „[...] quod omnis corporis passio sit spontanea seu oriatur a vi interna, licet occasione externi."

[185] Vgl. Leibniz an Denis Papin vom Februar 1692 in A, III,5, 258: „Equidem potentiam totam corporis majoris in minus immediate unico concursu transferri non posse, satis mihi compertum est, sed sufficit rem fieri posse mediate."

3.5.3. Die Ambivalenz der abgeleiteten Kraft

Die Frage, ob die abgeleitete Kraft eine bloße Vorstellung ist, soll wieder, wie bei der Frage nach der Realität der Körper, zwei verschiedenen Betrachtungsweisen folgend beantwortet werden. Die physikalische Kraft als Grund der körperlichen Bewegung ist einerseits nur in der subjektiven Vorstellung präsent, denn selbst der Körper und die Bewegung haben keine vollständige Realität, wenn ihre substantielle Grundlage außer Acht gelassen wird. Der Körper allein ist nur als ein Phänomen zu betrachten, dessen Ursprung auf die individuellen Substanzen zurückgeführt werden muss, wie vorher bereits dargestellt wurde. Seine Realität ist nicht absolut an sich, sondern in Bezug auf die substantiellen Einheiten. Und die Bewegung an sich ist nichts anderes als der Ortswechsel des Körpers. „Die Bewegung ist, wenn man sie aus einem genauen und formellen Verständnis betrachtet, nämlich als der Ortwechsel, kein vollständig reales Ding."[186] Die Bewegung ist insofern nicht real, als sie immer von dem Bezugssystem abhängig ist. Wenn mehrere Körper sich gegenseitig in Bewegung befinden, ist es uns unmöglich, aus der bloßen Betrachtung festzustellen, welcher Körper mit welcher Intensität sich absolut bewegt bzw. sich in Ruhe befindet, da die Entscheidung über das Bezugsystem beliebig ist. Je nachdem, welchen bestimmten Körper wir als Bezugspunkt wählen, werden die anderen Körper dadurch in ihrer Bewegungsintensität bestimmt. Auf diese Weise scheint der Bewegung noch weniger Realität als dem Körper selbst zuzukommen. Die physikalische Kraft als die Ursache der Bewegung kann damit nur virtuell sein. Wenn sie, ähnlich wie bei Descartes, allein als die Ursache der Bewegung oder des Widerstands vom denkenden Geist erfasst wird, ist es möglich, sie sich so vorzustellen, als ob sie beim Stoß von einem Körper zu einem anderen übergehe,[187] da die gesamte Kraft des Universums konstant bleiben muss. Beim Zusammenstoß zweier Körper muss also die Kraft, die ein Körper verliert, ein anderer Körper in genau demselben Maße erhalten. Andererseits hat aber die abgeleitete Kraft eine reale Basis. Sie gründet sich nach Leibniz auf die ursprüngliche Kraft, die als das ontologische Requisit der Welt als Ganzes zugrunde liegt und die jeder subjektiven Vorstellungskraft untersteht. Daher muss der abgeleiteten Kraft eine gewisse Realität zukommen. Auf diese Weise ist die Kraft viel „begründeter" als der Körper und die Bewegung, welche in der mathematischen Physik allein aus der Geometrie erfasst werden.[188] In diesem Sinne ist sie mehr als bloß vorgestellt.

---

[186] DM, § 18 in A, VI,4, 1559: „le mouvement, si on n'y considere que ce qu'il comprend precisement et formellement, c'est à dire un changement de place, n'est pas une chose entierement reelle."

[187] Vgl. fünftes Schreiben an Clarke in GP, VII, 413.

[188] Vgl. Brief an Johann Bernoulli vom 28. Januar/7. Februar 1696 in A, III,6, 651: „Quanti autem momenti sit, recte constitui principia hujus Matheseos, vel physico-Matheseos tam late

Das, was die Harmonie zwischen den beiden Kraftebenen – der ursprünglichen und abgeleiteten – gewährleistet, ist dieselbe Kontinuität in derselben universellen Ordnung. „Das, was Reales bei der Ausdehnung und der Bewegung ist, besteht nur im Fundament der Ordnung und in der geregelten Reihenfolge der Phänomene und Perzeptionen."[189] Für jeden gegenwärtigen Zustand innerhalb der „fensterlosen" Monade, welcher mit dem vorherigen und zukünftigen kontinuierlich verbunden ist, kann auf ein körperliches Phänomen als Ausdruck der innerlichen Tätigkeit jener Monaden verwiesen werden, sodass jeder räumliche und temporäre Zustand eines Körpers mit dem vorherigen und zukünftigen nahtlos verbunden ist. Parallel zu innerlichen, perzeptionellen Zuständen der Monade, die eben durch jene kontinuierliche Verflechtung der Perzeptionen als eine und dieselbe bleibende Einheit gewährleistet sind[190], gibt es raumzeitliche Phänomene als Ausdrücke „derselben", die in einem nahtlosen kausalen Zusammenhang stehen. Ein strenger Beweis der universellen Kontinuität wird von Leibniz nicht gegeben. Sie ist ihm zufolge das zugrunde liegende Prinzip der Natur selbst und entspricht vollkommen sowohl der Erfahrung als auch der Vernunft, und damit muss sie auch allgemein anerkannt werden.[191] Auf diese Weise können das körperliche Phänomen und die physikalische Kraft als die Ursache der Bewegung als etwas Reales begriffen werden, insofern sie eine reale Basis haben. In diesem Sinne ist die abgeleitete Kraft mehr als eine bloß vorgestellte Idee. Das körperliche Phänomen wird nicht wie bei Descartes von einem untrüglichen Gott gewährleistet, sondern erscheint allein durch die Kontinuität als ein der Natur immanentes Prinzip wahrscheinlich und wohl fundiert, obwohl jenes Prinzip selbst, so argumentiert Leibniz, auf der Weisheit Gottes, welcher die Welt als ein geordnetes Ganzes geschaffen hat, fußt. Durch das Prinzip der Kontinuität ist das körperliche Phänomen genauso evident wie die innerliche Erfahrung von Perzeption und Appetition. Die Ursache der körperlichen Bewegung – die abgeleitete Kraft – ist in diesem Sinne real, wenn ihre Realität auch nur eine abgeleitete ist.

3.5.4. Die Kraft als die Ansammlung des sukzessiven Drangs

Kommen wir zum dritten Merkmal der abgeleiteten Kraft. Der Körper ist, wie schon erwähnt, ein kontinuierliches Phänomen in Raum und Zeit. Dasselbe gilt auch für die Bewegung. Ohne die raumzeitliche Kontinuität kann die Bewegung nicht einmal imaginiert werden. Um die Bewegung zu erfassen,

---

patentis, quae considerationem Virium (rem imaginationi non subditam) addit Geometricae seu scientiae imaginum universali, facile intelligis."

[189] Vgl. GP, IV, 523: „ce qu'il y a de reel dans l'étendue et dans le mouvement, ne consiste que dans le fondement de l'ordre et de la suite reglée des phenomenes et perceptions"; DM, § 14 in A, VI,4, 1550.

[190] Vgl. G, II, 372.

[191] Vgl. Brief an De Volder vom 24. März/3. April 1669 in GP, II, 168.

reicht es nicht, die momentane, raumzeitliche Ordnung des Körpers hervorzurufen, sondern das unmittelbare, raumzeitliche Vorher und Nachher müssen mit berücksichtigt werden. Die bewegende Kraft als der Grund der Bewegung wirkt daher in einer raumzeitlichen Kontinuität. Wenn die Kraft der interne Grund der körperlichen Bewegung ist und die Bewegung als die Veränderung des körperlichen Zustands nicht momentan sein kann, darf die Kraft streng genommen auch nicht momentan sein, sondern sie ist der dauerhafte Grund der Bewegung in jedem möglichen Moment. Da sie sich nach Leibniz auf eine reale Basis der ursprünglichen Kraft in der Substanz stützt, darf sie nicht aus Nichts entstehen und auch nicht ins Nichts vergehen. Die dem Körper interne physikalische Kraft ist von den sichtbaren raumzeitlichen Wirkungen abhängig, sie muss also dauerhaft und ununterbrochen im Körper sein.

Fragen wir nun, ob die lebendige Kraft nach Leibniz selbst eine momentane Größe wie die Cartesische Bewegungsgröße ist, so ist die Momentaneität der mathematisch formulierbaren Kraftberechnung selbstverständlich nicht dadurch aufgehoben, dass die Kraftmessung nach Leibniz statt durch die einfache, gegenwärtige Geschwindigkeit mit dem Quadrat derselben bestimmt wird. Allein in der mathematischen Formulierung unterscheiden sich die zwei verschiedenen Kraftmessungen hinsichtlich der Momentaneität nicht. Dennoch ist zu beachten, dass die Formulierung der Kraftmessung und die Kraft im Körper selbst bei Leibniz nicht einerlei sind. Er hat deutlich ausgedrückt, worauf wir im 1. Kapitel bereits hingewiesen haben, nämlich dass die Kraftgröße nach seiner Rechnung auf eine mathematische Größe „zurückgeführt" wird. Damit zeigt er gerade, dass die durch die gegenwärtige Geschwindigkeit erfasste lebendige Kraft ein mathematischer Ausdruck der dem Körper internen, bewegenden Kraft ist. Die bewegende Kraft selbst ist aber kontinuierlich bei der Bewegung der Körper intern vorhanden. Sie ist nicht die Idee der Ursache, insofern sich der nüchterne Geist die Ursache der Bewegung in einem Körper als evident vorstellen muss, sondern sie ist Leibniz zufolge dauerhaft und real im Körper selbst.

Dass die bewegende Kraft hinsichtlich ihrer Entstehung keine momentane Qualität des Körpers ist, darauf hat Leibniz im *Specimen dynamicum* deutlich hingewiesen. Dort behauptet er, dass die lebendige Kraft eine kontinuierliche Ansammlung der „toten Kraft (*vis mortua*)" ist, d.h. eine Akkumulation der unendlich kleinen „Anregung zu Bewegung (*solicitatio ad motum*)"[192]. Sie erscheint als ein momentaner Inhalt der Tätigkeit eines Körpers, steht jedoch in Beziehung sowohl zu den vergangenen als auch den zukünftigen Zuständen des Körpers.[193] Zusammen mit der oben erwähnten Elastizität des Körpers hat die

---

[192] SD, I in GM, VI, 238.

[193] Vgl. Brief an De Volder vom 30. Juni 1704 in GP, II, 270: „Et scis ex meo calculo quo veram virium (derivatarum) aestimationem a priori demonstravi, vim (quam dixi) ductam in tempus quo exercetur facere actionem esseque adeo quod in actione momentaneum est, sed cum relatione ad statum sequentem."

bewegende Kraft eine kontinuierliche Existenz im Körper, wie das Phänomen des Stoßens eine kontinuierliche raumzeitliche Veränderung des Körperzustandes ist, wenn auch die bewegende Kraft im Körper nicht immer wahrgenommen werden kann. Sie wird nur durch die mathematische Formel „mv^2" auf eine momentane Größe zurückgeführt.

Die Frage, wie die lebendige Kraft aus der kontinuierlichen Ansammlung der toten Kraft entsteht, kann wie folgt dargestellt werden. Die tote Kraft als die Anregung zur Bewegung entspricht der mathematischen Formel m(dv). Damit ist die Cartesische Bewegungsgröße, mv, ihr Integral. Die Formel der lebendigen Kraft kann aber nicht unmittelbar aus der Integration der toten Kraft hervorgebracht werden, sondern nur über die Bewegungsgröße, mv, mit einem Proportionalitätsfaktor „½"[194]:

$$\int mv\,(\mathrm{dv}) = \int \left(\int m(\mathrm{dv})\right)\mathrm{dv} = \frac{1}{2}\,\mathrm{mv}^2$$

Hier ist zu sehen, dass die Leibniz'sche Kraftmessung nur durch eine raumzeitliche Kontinuität der Bewegung zu gewinnen ist, obwohl sie durch die mathematische Bezeichnung, mv^2, auf eine momentane Größe zurückgeführt wird. Dies harmoniert mit seinen metaphysischen Gedanken, wonach die physikalische Kraft ein kontinuierlicher Ausdruck der intrinsischen, metaphysischen Kraft aus dem Wesen der körperlichen Substanz ist. Damit können wir wieder den Leibniz'schen Kraftbegriff wie folgt in drei Stufen, auf die ich im 2. Kapitel hingewiesen habe, erkennen:

1. Die metaphysische, ursprüngliche Kraft als die substantielle Quelle: Auf diesem Fundament werden die physikalischen Phänomene begrifflich rational erklärt;
2. die physikalische, abgeleitete Kraft als die volle Ursache der gesamten Wirkung in den natürlichen Phänomenen: Auf dieser Stufe können die physikalischen Phänomene durch den Kraftbegriff direkt, kausal bzw. mechanisch, erklärt werden;
3. Der mathematische Ausdruck der physikalischen Kraft: Gemäß der mathematischen Formel wird die physikalische Kraft quantitativ kalkuliert. Die mathematisch ausgedrückte Kraft ist aber an sich eine Idee des erkennenden Geistes.

Alle Kraftbegriffe auf diesen drei Stufen sind eigentlich dieselbe Kraft aus drei verschiedenen Perspektiven gesehen. Auf der metaphysischen Stufe wird die Kraft aus der Perspektive der Vernunft erklärt, auf der phänomenalen Stufe

[194] Vgl. Stammel, *Kraftbegriff*, 259–272. Auf diese mathematische Beziehung hat Leibniz ausdrücklich in seinem Brief an De Volder hingewiesen: „Ut ita secundum analogiam Geometriae seu analysis nostrae solicitationes sint ut dx, celeritates ut x, vires ut xx seu ut $\int xdx$" (Brief an De Volder vom 17./27. Dezember 1698 in GP, II, 156).

wird sie aus der Perspektive der sinnlichen Wahrnehmung betrachtet, und schließlich auf der mathematischen Stufe wird sie aus der Perspektive der Einbildung durch die geistige Fähigkeit der Abstraktion formuliert. Da alle drei Kraftbegriffe eigentlich dieselbe Kraft aus drei verschieden Perspektiven bezeichnen, stehen sie miteinander in einer harmonischen Beziehung. Somit ist der Unterschied des Leibniz'schen Kraftbegriffs zu der Cartesischen Idee der körperlichen Kraft, die nur virtuell als die Idee der Ursache vom denkenden Geist im Körper gedacht wird, deutlich sichtbar. In der Cartesischen Naturlehre ist auf die erste, metaphysische Stufe des Kraftbegriffs streng genommen nur Gottes Allmächtigkeit und Beständigkeit zu setzen. Auf Grund der Beständigkeit Gottes bleibt die gesamte Bewegung im Universum eine konstante Größe. Auf dieser Ebene kann man in der Cartesischen Naturlehre eigentlich nicht über die Kraft sprechen, sondern nur über die metaphysischen Naturgesetze, welche die fingierte Kraft in der Natur regulieren. Auf der zweiten, phänomenalen Stufe folgt der Kraftbegriff der Idee der kausalen Vernetzung. Auf Grund jener Idee fordert jede Bewegung des Körpers einen externen Beweger als Täter, der die bewegende Kraft ausübt. Auf der dritten, mathematischen Stufe steht eine intuitive Formulierung, mit welcher die Kraft als eine von der extensionalen Größe und Geschwindigkeit der Bewegung abhängige Maßeinheit erfasst wird. Aus Leibniz' Blickwinkel muss aber die Cartesische Kraftberechnung scheitern, weil die Kraftbegriffe auf der metaphysischen und der phänomenalen Stufe bereits fehlerhaft erfasst werden. Wenn es sich bei Descartes auf der metaphysischen Ebene nicht mehr um die Kraft handelt, sondern um die natürliche Gesetzmäßigkeit, heißt es aus der Leibniz'schen Perspektive, dass die Rationalität nicht tief genug eindringt, um die Vitalität der Natur zu erklären. Die Natur sei allein Gottes Maschine mit einer unveränderlichen Gesetzmäßigkeit. Außerdem ist die Cartesische Kraft auf der phänomenalen Stufe aus der Leibniz'schen Perspektive allein eine virtuelle Idee der Kausalität, die aber die volle Ursache für die gesamte Wirkung vernachlässigt. Der Fehler der Cartesischen Kraftmessung scheint bereits in der problematischen Konstruktion des Kraftbegriffs auf den ersten beiden Stufen zu liegen. Dieses Problem wurzelt aber auch in der Vernachlässigung der Kontinuität des natürlichen Phänomens, auf die wir oben hingewiesen haben. Auf den Unterschied hinsichtlich der Momentaneität oder der Kontinuität der Bewegung werden wir im nächsten Kapitel noch näher eingehen.

3.5.5. Die physikalische Kraft als Drang zur Bewegung

Die physikalische Kraft ist Leibniz zufolge niemals nur eine bloße Disposition des Körpers, sondern sie ist wesentlich ein Drang zur Bewegung oder zum Widerstand gegen die Bewegung. Dies hat Leibniz wiederholt betont.[195] Damit

[195] Vgl. beispielsweise SD, I in GM, VI, 235; GP, IV, 479.

will er nicht allein die Unterscheidung zum Cartesischen Kraftbegriff markieren, sondern vor allem die Differenz zum aristotelisch-scholastischen Kraftbegriff betonen. Bereits in seiner Jugendschrift *Theoria motus abstracti* hat er versucht, durch die Übernahme der Hobbes'schen *conatus* den minimalen Drang zur Bewegung herauszuarbeiten.[196] In dieser Zeit hat Leibniz schon geahnt, dass der Begriff *conatus* das „Tor der Philosophie" (*porta philosophiae*)[197] sei. Doch scheint dieser Zugang zur Philosophie nicht erfolgreich gewesen zu sein, da wahrscheinlich das notwendige mathematische bzw. geometrische Mittel noch fehlte, nämlich die Infinitesimalrechnung, welche er später neben Newton als einer ihrer Mitbegründer erfunden hat. Der Begriff *conatus* wird in der *Theoria motus abstracti* immer noch auf eine statische Weise begriffen. Er kann sich nicht von der mathematischen Vernunft befreien und mit der lebendigen Kraft der Natur verbinden, wie es Leibniz später herausgearbeitet hat. Der Begriff *conatus* bleibt als eine mathematische Bezeichnung stehen, wie Descartes und Hobbes ihn auch verwendet hatten, um den Anfang oder das Ende der Bewegung zu begreifen.[198] Er bezeichnet also die minimale Bewegung im Augenblick der Bewegung. Dadurch, dass er instantan ist, kann er im Augenblick aus mehreren verschiedenen *conatus* zusammengesetzt werden.[199] Später präzisiert Leibniz ihn im *Specimen dynamicum* als die Geschwindigkeit zusammen mit der Richtung.[200] Außer *conatus* hat Leibniz den Begriff *solicitatio* dort als die Bezeichnung für den infinitesimalen Drang zur Bewegung bzw. das anfängliche Element der Geschwindigkeit in die Physik eingeführt, um die Unterscheidung zwischen *conatus* und *solicitatio*, zwischen aufkommender Geschwindigkeit und infinitesimalem Element der Geschwindigkeit, deutlich zu machen.[201]

---

[196] A, VI,2, 265; vgl. Bernstein, „Conatus".

[197] A, VI,2, 332.

[198] Vgl. PP, III, §§ 56 ff. Außer dem physikalischen Drang der körperlichen Bewegung bezeichnet Leibniz mit dem Begriff *conatus*, wie ebenfalls schon Hobbes, auch den psychologischen Willensdrang (vgl. Hobbes, *Leviathan*, I,6, in: Thomas Hobbes, *Opera philosophica quae latine scripsit omnia*, hrsg. v. William Molesworth, 5 Bde., London 1839–1845 [Nachdruck Aalen 1966] [= *Opera philosophica*], Bd. III: *Leviathan sive de materia, forma et potestata civitatis ecclesiasticae et civilis*, 40; A, II,1^2, 181: „cogitationem esse conatum seu motum minimum"; 279: „cogitationem consistere in conatu, ut corpus in motu"). Leibniz glaubt aber, dass der *conatus* als der physikalische Drang zur Bewegung nur im Augenblick der Bewegung existieren kann, da er den Körper damals um 1670 allein für passiv hielt. Dagegen ist der psychologische Willensdrang dauerhaft im Geist. Dies wird von jedem Subjekt deutlich in sich wahrgenommen. In Hinsicht darauf, dass *conatus* auch als mentaler Willensdrang bezeichnet werden kann, wird der Körper von Leibniz auch als ein momentaner Geist bezeichnet. Vgl. Garber, „Motion and Metaphysics",160 ff.

[199] Vgl. A, VI,2, 266 f.

[200] Vgl. SD, I, in GM, 237. Auf die Beziehung zwischen den *conatus* und der Geschwindigkeit hat Hobbes bereits hingewiesen. Vgl. seine *Opera philosophica*, Bd. I, 178.

[201] Vgl. SD, I, in GM, VI, 237 f. Obwohl Leibniz im *Specimen dynamicum* zwischen *solicitatio* und *conatus* wohl unterscheidet, war diese Unterscheidung in seinen früheren Schriften nicht immer vorhanden. In *Deux problemes* (1693) schreibt Leibniz Folgendes: „J'appelle

Der Kraftbegriff aus dem Drang zur Bewegung entspricht auch der ursprünglichen seelischen Kraft. Sie ist keine bloße Disposition zur Vorstellung, sondern ein realer Drang, um die Perzeptionen immer wieder zu generieren. In manchen seiner späteren Werke wird sie, wie bereits erwähnt, durch den Begriff „Appetition" ersetzt. Auf die Art und Weise der Verbindung zwischen dem Drang zur Bewegung und der lebendigen Kraft sowie die Unterscheidung zwischen dem *conatus* als der Geschwindigkeit und der *solicitatio* als dem infinitesimalen Drang zur Bewegung werden wir im nächsten Kapitel noch näher eingehen.

sollicitations les efforts infiniment petits ou conatus" (GM, VI, 234). Ähnlich setzt Leibniz *conatus* im von Costabel genannten *Essay de dynamique* (1692) mit der „toten Kraft" (*force morte*) gleich, welche Leibniz später im *Specimen dynamicum* deutlich mit der *solicitatio* identifiziert (vgl. Costabel, *Leibniz*, 104). Mir scheint aber die Gleichsetzung von *solicitatio* und *conatus* zwischen 1692 und 1693 keine willkürliche Anwendung der Termini zu sein, wie Bernstein meint, sondern die Gleichsetzung entsteht eher in einer Übergangsphase, in der er die beiden Termini noch nicht deutlich getrennt hat (vgl. Bernstein, „Conatus", 33).

4. Die metaphysische Basis der Kontroverse um die lebendige Kraft

In diesem Kapitel geht es darum, den Zusammenhang zwischen den verschiedenen Konzepten der physikalischen Kraft und der Kontroverse um die Kraftmessung herzustellen. Zunächst wird der Unterschied zwischen dem Cartesischen und dem Leibniz'schen Kraftbegriff kurz zusammenfassend rekapituliert.

Im 2. Kapitel haben wir bereits gesehen, dass der Cartesische Kraftbegriff eine ideale, imaginäre Größe ist, die als Ursache der Bewegung in einem Augenblick fungieren kann. Dies ist darauf zurückzuführen, dass die Cartesische Naturlehre im Wesentlichen auf der Geometrie gründet. Die Geometrie aber ist eine ideale, abstrakte mathematische Lehre, welche im Grunde genommen von der Zeit unabhängig ist. Daher werden sowohl der Körper als auch die Bewegung in der Cartesischen Naturlehre auf ideale und abstrakte Weise begriffen. Der Körper ist nur ein räumlich Ausgedehntes, die Bewegung eine Überführung des Körpers hinsichtlich seiner benachbarten Umgebung. Damit glaubt Descartes, dass seine Naturphilosophie sich auf einen sicheren Grund stützt, denn die auf diese Weise erfasste Naturlehre ist leicht durch die Mathematik festzustellen. Die Mathematik ist aber eine universale Wissenschaft, die jeder kraft der eigenen Vernunft klar und deutlich verstehen kann.

Leibniz dagegen lässt seine Naturphilosophie nicht auf der Geometrie fußen. Für ihn sind Klarheit und Deutlichkeit kein sicherer Grund der Wissenschaft. Denn sehr oft, so meint er, würden wir selbst von vermeintlicher Klarheit und Deutlichkeit getäuscht. Die Prüfungsmaßstäbe einer Wissenschaft dürfen nach Leibniz daher nicht allein Klarheit und Deutlichkeit sein, obwohl sie unentbehrlich seien. Er versucht, die Wissenschaft durch die Vernunft selbst einerseits und die Erfahrung andererseits zu begründen.[1] Eine Wissenschaftslehre muss zum einen auf der Vernunft basieren. Mit anderen Worten, es muss ein begründeter Zusammenhang der Lehrmeinungen hergestellt werden, wobei die Klarheit und Deutlichkeit der Begriffe hier notwendig ist. Alle okkulten Begriffe müssen bei der wissenschaftlichen Forschung entweder verworfen oder weiter erhellt werden. Zum anderen darf eine Wissenschaftslehre der Erfahrung nicht widersprechen. Die Empirie ist der Prüfstein einer aus der Vernunft konstitu-

[1] Vgl. Brief an De Volder vom 24. März/3. April 1699 in GP, II, 170: „Itaque duo, quibus semper hic nitor, experientiae successus et ratio ordinis."

ierten Lehre. An diesem Punkt sind schon manche Grundfehler der Cartesischen Naturphilosophie zu erkennen.

Auf dieser methodischen Grundlage erstellt Leibniz nun in Verbindung mit der scholastischen Metaphysik eine Substanzlehre, die sowohl frei von okkulten Eigenschaften als auch mit der Erfahrung verträglich ist. Seine Naturlehre ist fundiert auf dieser rationalen Substanzlehre und mit ihr im Einklang, wie im 3. Kapitel bereits festgestellt wurde. Aus der Perspektive der substantiellen Grundlage der Natur sind die Naturphänomene nichts anderes als Ausdruck der substantiellen Aktivitäten. Aus der Perspektive der Naturphänomene ist die substantielle Grundlage der Natur eine notwendige, absolute Basis, die man rational durch die Phänomene als einen empirischen Zugang erreichen kann und vorausgesetzt werden muss.[2] Die auf diese Weise begriffene Naturlehre ist nicht ideal oder formal, sondern sie stützt sich auf einen als real konstruierten metaphysischen Grund. Dabei ist die physikalische Kraft bei Leibniz kein logisch-mathematischer idealer Begriff, um die Entstehung der Bewegung auf abstrakte Weise zu erklären, sondern eine ontologische reale Grundlage, aus welcher die Naturphänomene als bestimmte Ausdrücke aus den substantiellen Tätigkeiten resultieren. Wenn man nun den Kraftbegriff auf Cartesische Weise begreift, kann man den Zugang zum wahren, metaphysischen Wesen der Natur nicht finden. Man verliert sich vielmehr in der idealen Welt der Geometrie. Das Wesen der Natur wird nicht „ausgefaltet", sondern es wird im Inneren der vielfältigen Naturerscheinungen verdeckt.[3] Daher besitzt die Dynamik für Leibniz eine so große Bedeutung, dass er gegen die Vorherrschaft des Cartesischen Kraftbegriffs unermüdlich kämpft. Die Dynamik und die Metaphysik der Natur sind bei Leibniz so eng miteinander verknüpft, dass sie ineinander übergehen.

Nun wollen wir uns wieder der Kontroverse über das Kraftmaß zuwenden. Es soll sich zeigen, ob die verschiedenen Kraftkonzepte die Uneinigkeit bewirkt haben, die sich in der Kontroverse manifestierte. Im Folgenden wird aus drei verschiedenen, aber miteinander zusammenhängenden Perspektiven der Zusammenhang zwischen dem Kraftbegriff und der Kontroverse um die Kraftmessung thematisiert.

---

[2] Vgl. Brief an De Volder vom 1. September 1699 in GP, II, 195: „[...] semper tamen mihi visum est hanc esse portam, per quam transire e re sit ad Metaphysicam veram." Leibniz ist der Meinung, dass die Dynamik als der Zugang zur wahren Metaphysik notwendig in die Wissenschaft eingeführt werden muss. Denn sie ist eine Vorbereitung auf eine höhere Wahrheit über die Substanz und die Körper, von deren „übermäßigem Licht" ein unvorbereiteter Geist geblendet werden kann. „Quodsi non praeparata mens in adyta illa ducatur, ubi inde ab originibus substantiae et corporis inexpectata plane natura prospici potest, verendum est ne caligo offundatur a nimia luce" (ebd.).

[3] Vgl. Brief an Bierling vom 12. August 1711 in GP, VII, 500 f.

4.1. Die Kraft aus der Bewegung vs. die Kraft aus dem Drang zur Bewegung

Leibniz bestimmt also den Kraftbegriff als etwas Reales und widerspricht damit der Cartesischen Vorstellung, wonach die Kraft als etwas Ideales aufgefasst wird. Vor diesem Hintergrund kann man nun die im 1. Kapitel bereits im Zusammenhang mit der Kontroverse mit Abbé Catelan gestellte Frage besser beantworten, nämlich warum nach Leibniz die vektorielle Bewegungsgröße $m\vec{v}$ nicht die Kraft des bewegten Körpers sein kann, obwohl sie sich sowohl beim elastischen als auch beim unelastischen Stoß erhält. Der Grund liegt darin, dass der Vektor als eine von der Richtung abhängige Größe keine reale Basis oder Ursache der Bewegung sein kann.[4] Leibniz will aber eine reale Ursache in der Natur finden, damit die Bewegung als eine reale Wirkung erklärt werden kann. Der Vektor ist nur eine ideale mathematische Operation. Sie verändert sich nach dem Bezugspunkt der Bewegung, welcher in einem Bewegungssystem beliebig auszuwählen ist. Die vektorielle Bewegungsgröße bezeugt durch ihre Erhaltung beim Stoß allein eine Gesetzmäßigkeit in der Natur. Anders als für Descartes kann eine solche Gesetzmäßigkeit für Leibniz keine Ursache der Naturphänomene sein, da die Natur nach Leibniz, in Abweichung zu Descartes, nicht durch die Geometrie idealisiert werden darf. Die Gesetzmäßigkeit hat zwar eine gewisse Realität bzw. Sachhaltigkeit an sich, wenn diese Realität oder Sachhaltigkeit auch nur durch Zeichen im erkennenden Geist erfasst werden kann. Sie zeigt aber lediglich, dass in der Natur selbst eine bestimmte Ordnung herrscht. Leibniz ist überzeugt, dass es in der Natur einen realen Grund als Ursache der Phänomene gibt, der in der Modifikation der Aktivitäten der substantiellen Monaden zu finden ist. „Man braucht keinen anderen Begriff für Vermögen oder Kraft zu suchen als den des Attributs, aus welchem die Veränderung folgt und dessen Subjekt die Substanz selbst ist.“[5] Auf diese Weise rationalisiert er die Natur, statt sie wie Descartes zu idealisieren. Diese Rationalisierung wollte er vor allem durch die Vermittlung des Ausdrucks „Kraft“ erreichen.

Den idealen Charakter der Bewegungsgröße von Descartes kann man wie folgt aus der mathematischen Rechnung ersehen. Allein aus der mathematischen Rechnung ist das Leibniz'sche Kraftmaß mv^2, ungeachtet des Proportionalitätsfaktors „1/2“, genau das Integral der Cartesischen Bewegungsgröße, mv, über die Geschwindigkeit, worauf wir zuvor bereits hingewiesen haben:

$$\int mv\,(dv) = \frac{1}{2}\,mv^2.$$

[4] Vgl. S. 27.

[5] Brief an De Volder vom 24. März/3. April 1699 in GP, II, 170: „nec potentiae vel vis aliam notionem quaerendam quam ut sit attributum ex quo sequitur mutatio, cujus subjectum ipsa est substantia.“

Zu beachten ist hier, dass das Differential, dv, die Veränderung der Geschwindigkeit nämlich, eine tragende Rolle für das Integral mv^2 in der Gleichung spielt. Wenn keine minimale Veränderung der Geschwindigkeit stattfindet, d. h. dv = 0, können wir das Integral mv^2 nicht erhalten, ungeachtet dessen, wie groß die Geschwindigkeit sein mag. Dies ist ähnlich wie bei der Newton'schen Formel der mechanischen Kraft, $m\frac{dv}{dt}$, wo das Differential dv auch der entscheidende Faktor für die Kraftgröße ist.

In der obigen Gleichung wird außerdem eine metaphysische Besonderheit des Kraftbegriffs sichtbar, nämlich dass die Bewegungsgröße, wie Descartes sie sich intuitiv vorgestellt hat, im Vergleich zu der lebendigen Kraft mv^2 eine momentane Größe ist. Denn die Geschwindigkeit eines Körpers zu einer gegebenen Zeit ist an sich eine momentane Größe. Die Cartesische Bewegungsgröße, aus dem Lateinischen *quantitas motus*, sollte damit nach Leibniz in „Quantität der Momentanbewegung" (*quantitas motionis*)[6] umbenannt werden, um die Momentaneität der Bewegungsgröße von der Dauerhaftigkeit der gesamten Bewegung zu unterscheiden. Die lebendige Kraft mv^2 ist dagegen ein mathematischer Ausdruck, resultierend aus der kontinuierlichen Ansammlung der Bewegungsgröße mv, während die Geschwindigkeit sich verändert, wie z. B. beim Fallen oder Steigen eines schweren Körpers im Gravitationsfeld oder beim Drücken einer Feder. Hieraus ist zu ersehen, dass die Kraft der Bewegung, die der metaphysischen Vorstellung von Leibniz entspricht, kein momentaner Ausdruck des Körpers ist, sondern eine Äußerung des sich kontinuierlich verändernden Körpers, genauso wie Leibniz es durch die Elastizität des Körpers aufgezeigt hat.

Obwohl die obige Gleichung eine solche Beziehung zwischen der momentanen und der angesammelten Größe impliziert, weist Leibniz zugleich darauf hin, dass auch die Bewegungsgröße mv als eine Ansammlung begriffen werden kann. Die Bewegungsgröße, nach Leibniz auch der „Antrieb" (*impetus*), „entsteht wiederum (auch wenn er eine momentane Sache ist) aus unendlich vielen, demselben Beweglichen nacheinander eingeprägten Schritten und hat ein gewisses Element, woraus er nur dann entstehen kann, wenn es unendlich oft wiederholt wird"[7]. Dies wird durch die folgende Gleichung deutlich:

$$\int m\,(dv) = mv.$$

Obwohl der Antrieb mathematisch durch die Integration der Masse mittels der infinitesimalen Geschwindigkeit erhalten werden kann, ist Leibniz der Meinung, dass sowohl dem Antrieb mv als auch dem unendlich kleinen Drang zur Bewe-

---

[6] Vgl. SD, I, in GM, VI, 237. „ita possemus praesentaneum seu instantaneum motus elementum ab ipso motu per temporis tractum diffuso discernere et appellare Motionem; atque ita quantitas motionis [sic!] discetur, quae vulgo motui tribuitur."

[7] Ebd., 238: „ita vicissim impetus ipse, (etsi res momentanea) fit ex infinitis gradibus successive eidem mobili impressis; habetque elementum quoddam, quo non nisi infinities replicato nasci potest."

gung, m(dv), den Leibniz mit dem lateinischen Ausdruck „*solicitatio*" bezeichnet, nur mathematische Wesenheiten (*entia mathematica*) zugesprochen werden können. Die „mathematischen Wesenheiten" sind aber für die ontologische Realität belanglos. „Doch möchte ich deswegen nicht behaupten, dass diese mathematischen Wesenheiten tatsächlich so in der Natur gefunden werden, sondern lediglich, dass sie zur Anstellung genauer Berechnung durch Abstraktion des Geistes nützlich sind."[8] Hier ist zu beachten, dass Leibniz die mathematischen Entitäten sorgfältig von den real existierenden Entitäten unterscheidet. Die mathematischen Entitäten existieren nicht in der Natur, sondern sie sind gewisse Abstraktionen des Geistes, die aus der Beobachtung der natürlichen Phänomene resultieren.[9] Der Antrieb und die *solicitatio* existieren deswegen nicht real in der Natur, weil sie keine vollen Ursachen einer bestimmten, realen Wirkung sind, sondern stellen nur bestimmte mathematische Elemente der Kraftrechnung dar. Doch selbst wenn sie nur der mathematischen Abstraktion zugeordnet werden und in der Natur nicht als solche existieren können, zeigt das mathematische Verhältnis deutlich, dass die Neigung zur Bewegung als ein unentbehrlicher konstitutiver Faktor zur lebendigen Kraft gehört, die Leibniz für eine reale Entität im Körper hält. Die Formel der lebendigen Kraft mv^2 hat eine gewisse Abhängigkeit von der *solicitatio*, m(dv), oder genauer gesagt, sie fungiert als die doppelte Integration der *solicitatio*, wie es oben bereits in Kap. 3.5.4 gezeigt worden ist.

Aus diesem mathematischen Verhältnis der Bewegungsgröße zu der lebendigen Kraft können wir auch das Zusammentreffen („*contingere*"[10]) der beiden Kraftberechnungen bei der gebräuchlichen Mechanik, das Leibniz in seinem 1686 erschienenen Artikel *Brevis demonstratio* am Rande erwähnt hat, besser erklären. Damit rekurrieren wir auf jene Streitschrift über die Kraftberechnung, auf die im 1. Kapitel bereits hingewiesen wurde. Leibniz schreibt Folgendes in der *Brevis demonstratio*:

> Allerdings ist es kein Wunder, dass bei den gebräuchlichen Maschinen, dem Hebel, dem Schwungrad, der Winde, dem Keil, der Schraube und ähnlichen ein Gleichgewicht besteht, sofern die Größe des einen Körpers die Geschwindigkeit des anderen, die man entsprechend der Konstruktion der Maschine erhalten würde, aufwiegt – sei es, weil ihre Größen (die Gleichartigkeit der Körper angenommen) und Geschwindigkeit reziprok sind, sei es, weil auf beiden Seiten dieselbe Bewegungsgröße erscheint. Hier nämlich ergibt sich, dass auch die Größe der Wirkung oder die Höhe des Ab- oder Aufstiegs auf beiden Seiten dieselbe ist, nach welcher Seite des Gleichgewichts auch die Bewegung erfolgen mag. Es ergibt sich daher hier nur zufällig (*per accidens ibi contingit*), dass die Kraft sich nach der Bewe-

---

[8] Ebd.: „Quanquam non ideo velim haec Entia Mathematica reapse sic reperiri in natura, sed tantum ad accuratas aestimationes abstractione animi faciendas prodesse." Vgl. GM, IV, 110,

[9] Daher müssen die mathematischen Entitäten, insofern sie nur ideale Abstraktionen sind, wie z. B. die natürlichen Zahlen, dem Prinzip der Kontinuität nicht unterstellt werden. Hingegen müssen die realen Entitäten in der Natur jenes Prinzip beachten.

[10] GM, VI, 119.

gungsgröße berechnen lässt. In anderen Fällen als diesen, wie wir oben angeführt haben, fällt beides nicht zusammen.[11]

Hinsichtlich der Problematik der Kraftberechnung durch Beispiele aus der damals gebräuchlichen Mechanik hat Hans Stammel bereits darauf verwiesen, dass Leibniz' Vergleich der gebräuchlichen Mechanik mit der Cartesischen Kraftberechnung eine Konfusion der mechanischen Statik mit der Kinematik des Stoßphänomens sei. Die „virtuelle" Geschwindigkeit bei den fünf gebräuchlichen Maschinen in der Statik sollte nicht mit der Geschwindigkeit in der Kinematik verwechselt werden.[12] Dies kann anhand einer Hebelmechanik wie folgt verdeutlicht werden:

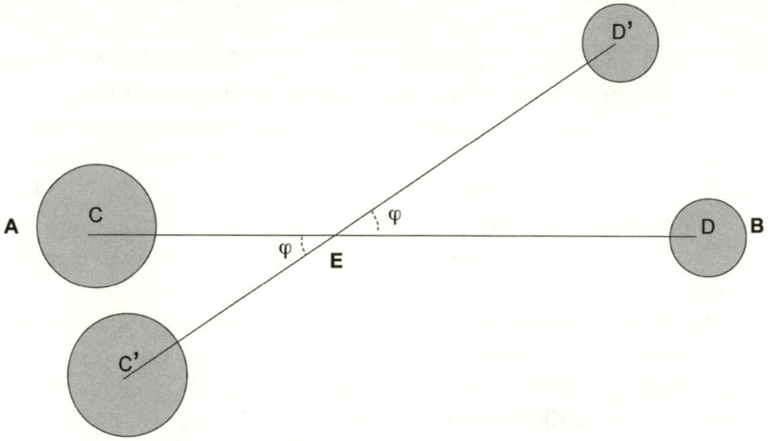

Wenn Körper A und B an den beiden Enden (Punkt C, D) eines Hebels angebracht sind, der im Punkt E befestigt ist, dann gilt die Gleichung: $M_A(CE)= M_B(ED)$, wenn der Hebel sich im Gleichgewicht befindet, wobei M_A und M_B die Massen des Körpers A und B sind. Dieses Hebelgesetz ist seit der Antike bekannt.

Sind nun Körper A und B im Zustand des Gleichgewichts aus den Punkten C, D in die Punkte C' und D' leicht um einen minimalen Drehwinkel ϕ verschoben, erhalten wir aus dem obigen Hebelgesetz durch die Hinzufügung der Winkelgeschwindigkeit $\frac{d\varphi}{dt}$ die folgende Gleichung:

[11] GM, VI, 118 f. „Nemo vero miretur in vulgaribus machinis, vecte, axe in peritrochio, trochlea, cuneo, cochlea et similibus aequilibrium esse, cum magnitudo unius corporis celeritate alterius, quae ex dispositione machinae oritura esset, compensatur, seu cum magnitudines (posita eadem corporum specie) sunt reciproce ut celeritates, seu cum eadem alterutro modo prodiret quantitas motus. Ibi enim evenit etiam eandem utrobique futuram esse quantitatem effectus seu altitudinem descensus aut ascensus, in quodcunque aequilibrii latus motum fieri velis. Itaque per accidens ibi contingit, ut vis a motus quantitate possit aestimari. Alii vero casus dantur, qualis is est, quem supra attulimus, ubi non coincidunt."

[12] Vgl. Stammel, *Kraftbegriff*, 123; Iltis, „D'Alembert", 137, 142; Carolyn Iltis, „Leibniz and the Vis Viva Controversy", *Isis* 62/1 (1971), 21–35, hier 25 f.

$$M_A(CE)\,\frac{d\varphi}{dt} = M_B(ED)\,\frac{d\varphi}{dt}.$$

Da nun (CE)ϕ und (ED)ϕ Bahnkurven von CC'und DD' sind, so sind $(CE)\frac{d\varphi}{dt} = \frac{d(CC')}{dt} = V_A$ und $(ED)\frac{d\varphi}{dt} = \frac{d(DD')}{dt} = V_B$, wobei V_A, V_B die Geschwindigkeiten der Körper A und B sind. Damit erhalten wir die Gleichung $M_AV_A = M_BV_B$, in welcher die balancierten Kräfte durch die Bewegungsgröße vermeintlich berechnet werden könnten. Denn die derartige wird nur als „virtuelle" Geschwindigkeit angenommen, weil das Gleichgewicht durch eine „virtuelle" Verrückung der beiden Körper nicht verloren gegangen ist. Mit anderen Worten ist die Formel $M_AV_A = M_BV_B$ nicht die entsprechende Berechnung für die Gleichgewichte des Hebels, sondern die Formel $M_A(dV_A) = M_B(dV_B)$, denn die Geschwindigkeit hier ist allein ein minimaler Drang zur Bewegung.

Der offenen Kritik von Stammel, dass Leibniz die Gleichung des Hebelgesetzes in der Statik als einen angeblichen Beweis für die Erhaltung der Cartesischen Bewegungsgröße nutzte, da er nicht bemerkt habe, dass die Geschwindigkeit eines bewegten Körpers von ganz anderer Art als jene virtuelle Geschwindigkeit in der Statik sei, können wir nicht beipflichten. Die Verwechslung der virtuellen Geschwindigkeit mit der realen stammt vielmehr von den Cartesianern selbst. Leibniz unterscheidet später im *Specimen dynamicum* sehr wohl eine statische Kraft, die er „tote Kraft" nennt, von der bewegenden Kraft mit einer realen Geschwindigkeit. „Daher ist auch die Kraft zweifach: die eine elementar, die ich auch tot nenne, denn in ihr existiert noch keine Bewegung, sondern lediglich die Anregung zur Bewegung (*solicitatio ad motum*), [...] die andere aber ist die gewöhnliche Kraft, mit wirklicher Bewegung verbunden, die ich lebendig nenne."[13] Die tote Kraft entsteht also aus der Anregung (*solicitatio*) zur Bewegung. Sie wird, wie oben bereits erklärt, durch die mathematische Formel m(dv) bezeichnet, welche die virtuelle oder infinitesimale Geschwindigkeit in ihrer Formel enthält. Auf diese Weise kalkuliert Leibniz die virtuelle Geschwindigkeit bei der statischen Mechanik wohl richtig durch den Ausdruck „tote Kraft". Außerdem muss zugleich angemerkt werden, dass es in der Leibniz'schen Streitschrift *Brevis demonstratio* allein darum geht, die Berechnungsgröße des physikalischen Kraftbegriffs festzulegen. Wenn das Vermögen in jener gebräuchlichen Mechanik als physikalische Kraft des Körpers bezeichnet werden kann, muss man es auch bei der Bildung der richtigen Berechnungsgröße des physikalischen Kraftbegriffs mit berücksichtigen. Wichtig

[13] SD, I, in GM, VI, 238: „Hinc Vis quoque duplex: alia elementaris, quam et mortuam appello, quia in ea nondum existit motus, sed tantum solicitatio ad motum, [...] alia vero vis ordinaria est, cum motu actuali conjuncta, quam voco vivam." Vgl. Brief an De l'Hospital vom 4./14. Dezember 1696 in GM, II, 320: „Les Forces mortes [...] ne consistent pas dans une vistesse assignable, mais seulement dans une vistesse infiniment petite que j'appelle solicitation, et ne sont qu'un embryon de la force vive que la continuation des solicitations fait enfanter."

ist allein, jene Kraft in der Statik von der Kraft eines frei bewegten Körpers in der Dynamik zu unterscheiden. Dies versucht Leibniz hier zu erreichen, ohne es jedoch, wie Stammel meint, durch den Verweis auf ein anderes Gebiet der Physik auszuschließen, sondern indem er die Anwendbarkeit der Cartesischen Kraftberechnung in der Statik durch ein zufälliges Zusammenfallen mit seiner eigenen Kraftberechnung erklärt. Jenes Zusammentreffen wird durch die angeführten Gleichungen bereits angedeutet. Die tote Kraft in der gebräuchlichen Mechanik entspricht der mathematischen Formel m(dv), die nur ein anfängliches infinitesimales Element der in der Bewegung und damit auch der in der Zeit angesammelten lebendigen Kraft ist.[14] Eine reale Bewegung ist auf dem Gebiet der Statik noch nicht entstanden. Was als Kraft zur Bewegung in der Statik bereits erfasst wurde, ist der anfängliche Drang zur Bewegung. Da man hier die Bewegung im Sinne einer Wirkung der bewegenden Kraft noch nicht erkannt hat, ist die tote Kraft für die Kraftberechnung gemäß der Wirkung aus der Bewegung belanglos.[15] Das Differential dv ist an sich keine festlegbare Größe, sondern vom Wesen des Infinitesimalen her kleiner als jede festlegbare Größe, obwohl es nicht gleich null ist und eine kalkulierbare Proportionalität aufweisen kann.[16] Daher ist die virtuelle Geschwindigkeit bzw. die *solicitatio* von ihrem mathematischen Wesen her streng genommen ein Intelligibles, nicht ein Reales.[17] Ihr wird also eine gewisse Kraft von Leibniz zugesprochen, wenn auch nur eine tote, da sie doch durch den anfänglichen Drang zur Bewegung eine gewisse Wirkung hat, wenn auch nicht in Form einer Bewegung, d. h., die Wirkung der toten Kraft ist keine dynamische Wirkung. Wenn man beispielsweise eine schwere Last trägt, ist eine gewisse Kraft oder Tätigkeit nötig, auch wenn man sie nicht bewegt. Diese Kraft oder Tätigkeit will Leibniz nicht vernachlässigen. Als tote Kraft steht sie sowohl mit seiner Kraftberechnung der bewegenden Kraft als auch mit der Cartesischen Bewegungsgröße in einer integralen Beziehung. Die Cartesianer haben insofern Recht, als die bewegende Kraft durch die Bewegungsgröße berechnet werden kann, weil die tote Kraft mit der Bewegungsgröße durch die mathematische Beziehung, $\int m(dv) = mv$, zusammentrifft. Bei der statischen Mechanik wird die Kraft durch die tote Kraft,

---

[14] Vgl. der von Costabel genannte *Essay de dynamique*: „Or au commencement de la descente lorsque le mouvement est infiniment petit, les vitesses ou plutôt les éléments des vitesses sont comme les descentes, au lieu qu'après l'élévation, lorsque la force est devenue vive, les descentes sont comme les carrés des vitesses" (Costabel, *Leibniz*, 104).

[15] Vgl. Brief an De l'Hospital vom 15./25. März 1697 in GM, II, 326 f.: „Les changemens momentanées dans les actions mutuelles des corps observent tousjours les loix de la force morte ou de l'equilibre, mais les resultats observent tousjours les loix de la force vive, c'est à dire de celle dont la quantité se conserve."

[16] Dies hat Leibniz durch das Beispiel eines algebraischen Kalküls zutreffend erläutert. Vgl. GM, IV, 104–106.

[17] Leibniz bezeichnet das Differential allgemein als „choses ideales" oder „fictions bien fondées" (GM, IV, 110).

m(dv), berechnet, unter der Bedingung, dass die Bewegung hier nur noch ein Drang derselben ist. Nur in der Statik hat die Bewegungsgröße eine scheinbare Legitimität, die Kraft zu messen, indem die Bewegungsgröße und die tote Kraft einander berühren („*contingere*"). Die Kraftberechnung durch die Bewegungsgröße anhand der Beispiele aus der Statik ist jedoch ein Spezialfall. Damit ist die Cartesische Bewegungsgröße nur *per accidens* zur Kraftberechnung zugelassen. Ist die Bewegung entstanden, entwickelt die tote Kraft ihren Drang durch die doppelte Integration zur lebendigen Kraft. Der einfache Drang wird nun eine Kraft, die sich während der gesamten Dauer der Bewegung akkumuliert. Sie steht dann im proportionalen Verhältnis zum Quadrat der Geschwindigkeit der Bewegung.[18] Anders als bei der heutigen Formel der physikalischen Kraft, dem Produkt aus Masse und Beschleunigung in einer von der Bewegungsrichtung abhängigen vektoriellen Größe, sehen wir hier also eine gewisse Fundiertheit der Leibniz'schen Kraftberechnung. Sie wird nicht nur theoretisch durch metaphysische Überlegungen begründet, sondern auch durch Leibniz' eigene Erfindung der Infinitesimalrechnung methodisch belegt. Im folgenden Abschnitt wird ein anderes Leibniz'sches Erklärungsmodell der Kraftberechnung durch die Trägheit dargestellt. Dies lässt erneut eine gewaltige Differenz zwischen der Leibniz'schen und der Cartesischen Vorstellung des Kraftbegriffs offenkundig werden.

4.2. Die Kontroverse um das Wesen der Trägheit

Es wurde bereits gezeigt, dass die Cartesische Kraftmessung im Gegensatz zu der von Leibniz scheitert, indem die Kraftberechnung nicht auf einer realen Basis begründet wird. Leibniz erklärt dies in *Specimen dynamicum* nicht nur dadurch, dass er den Fehler in der Cartesischen Kraftmessung auf die Verwechslung der idealen und der momentanen mathematischen bzw. geometrischen Größe mit der realen Ursache der Wirkung zurückführt, wie im vorigen Abschnitt gezeigt wurde, sondern auch dadurch, dass der Ursprung dieses Fehlers darin liege, dass die Cartesianer bei der Kraftberechnung nur die Modalität des Körpers, die Geschwindigkeit nämlich, als Maßstab der Kraftmessung gelten ließen, ohne das „reale" Ding selbst mit zu berücksichtigen.

---

[18] Leibniz hat dies im *Essay de dynamique* (1692) auch ähnlich erklärt. Vgl. GM, VI, 218: „Et il arrive seulement dans le cas de l'Equilibre ou de la Force morte, que les hauteurs sont comme les vistesses, et qu'ainsi les produits des poids par les vistesses sont comme les produits des poids par les hauteurs. Cela dis-je arrive seulement dans le cas de la Force morte, ou du Mouvement infiniment petit, que j'ay coustumé d'appeler Solicitation, qui a lieu lorsqu'un corps pesant tache à commencer le mouvement, et n'a pas encor conçû aucune impetuosité; et cela arrive justement quand les corps sont dans l'Equilibre, et tachant de descendre s'empechent mutuellement."

Als ich also verschiedene oder mit verschiedenen Geschwindigkeiten ausgestattete Körper vergleichen wollte, sah ich dann leicht, dass, wenn Körper A einfach, B doppelt und die Geschwindigkeit von jedem der beiden gleich ist, dann auch die Kraft von jenem einfach und von diesem doppelt ist, da genau das, was in jenem einmal gesetzt, in diesem zweimal gesetzt wird; denn in B ist zweimal ein dem A gleicher und gleich schneller Körper und nichts mehr. Aber wenn die Körper A und C gleich sind, die Geschwindigkeit in A jedoch einfach und in C doppelt, sah ich, dass nicht genau das, was in A ist, in C verdoppelt wird, da zwar die Geschwindigkeit verdoppelt wird, nicht aber der Körper. Und ich sah, dass hier ein Fehler durch jene begangen wurde, die glaubten, dass durch jene bloße Verdoppelung der Modalität die Kraft selbst verdoppelt werde: So wie ich schon einmal beobachtet und darauf aufmerksam gemacht habe, dass die wahre und bislang [...] nicht überlieferte Kunst der Berechnung darin besteht, dass man schließlich zu etwas Homogenem, das heißt zu einer genauen und vollständigen Verdoppelung nicht nur der Modi, sondern auch der Dinge gelangt.[19]

Mit „zu etwas Homogenem gelangt“ meint Leibniz im Kontext beispielsweise die Hubhöhe, die ein Körper mit einer gewissen Geschwindigkeit im Gravitationsfeld erreichen kann. Die Hubhöhe ist ein homogener Maßstab der Kraftmessung, insofern allgemein anerkannt wird, dass die benötigte Kraft proportional zu der erreichten Höhe ist. Je größer die Höhe, zu der ein Körper steigen kann, desto mehr Kraft hat er. Die Hubhöhe hat also ein einfaches Verhältnis zur Kraft. Daher besitzt sie Homogenität hinsichtlich der Kraftmessung. Dies hat Leibniz in der *Brevis demonstratio* und auch im Zuge der Kontroverse mit Abbé Catelan und Denis Papin wiederholt betont.[20] Mit „Homogenem“ könnte aber auch gemeint sein, dass die Kraft, da sie wesenhaft in der Substanz selbst ist, nur mit dem Ding selbst in einem homogenen Verhältnis steht und nicht mit den wechselhaften Modifikationen eines bestimmten Dinges. Daher kann die Geschwindigkeit als ein Modus eines bewegten Körpers nicht das Maß der Kraftberechnung sein. Weiter vertritt Leibniz die Meinung, dass durch die Verdoppelung der Geschwindigkeit „nicht nur“ der Modus eines Körpers verdoppelt werde, sondern auch etwas von dem Ding selbst, daher sei der Effekt vervierfacht. Dies wäre die

---

[19] SD, I in GM, VI, 244: „Cum igitur comparare vellem corpora diversa aut diversis celeritatibus praedita, equidem facile vidi, si corpus A sit simplum, et B sit duplum, utriusque autem celeritas aequalis; illius quoque vim esse simplam, hujus duplam, cum praecise quicquid in illo ponitur semel, in hoc ponatur bis; nam in B est bis corpus ipsi A aequale et aequivelox, nec quicquam ultra. Sed si corpora A et C sint aequalia, celeritas autem in A sit simpla et in C dupla, videbam, non praecise quod in A est, duplari in C, cum dupletur quidem celeritas, non tamen et corpus. Et peccatum hic fuisse vidi ab iis, qui sola ista reduplicatione modalitatis vim ipsam duplicari credidere; quemadmodum jam olim observavi admonuique, veram neque hactenus [...] traditam aestimandi artem in eo consistere, ut denique ad homogeneum aliquid, id est accuratam et omnimodem non modorum tantum, sed et rerum reduplicationem perveniatur.“

[20] Vgl. Leibniz' Brief an De Volder vom 27. Dezember 1698 in GP, II, 157. Hier hat Leibniz dargestellt, dass die Kraft, die man benötigt, um einen Körper auf die Höhe 4 hochzuheben, gleich ist der Kraft, die man benötigt, um den gleichen Körper vier Mal auf die Höhe 1 hochzuheben. Daher verhält sich die Hubhöhe homogen zur Kraft.

„genaue und vollständige Verdoppelung" im Zitat. Was ist nun aber außer dem Modus ein Etwas des Dings, das selbst verdoppelt wird? Woher kommt die Vervierfachung oder Verneunfachung, während die Geschwindigkeit sich verdoppelt oder verdreifacht? Auf welcher Basis steht die quadratische Homogenität? Wenn wir dies erklären können, wird der Beweis der Kraftberechnung bei Leibniz anhand des empirischen Galileischen Fallgesetzes bekräftigt. Ein Hinweis von Leibniz ist in seinem Brief an De Volder drei Jahre später zu finden.

Burchard de Volder, damals Professor der Mathematik, Physik und Philosophie an der Universität Leiden, vertrat eine Naturphilosophie, die, ähnlich wie bei anderen Gelehrten der Zeit, wesentlich von der Cartesischen Philosophie geprägt war. Sein langjähriger Briefwechsel mit Leibniz, der vom Winter 1698/99 bis 1706 geführt wurde, ist später ein wichtiges Dokument für die reifen philosophischen Gedanken von Leibniz geworden, da Leibniz selbst nach seiner Veröffentlichung des Systems der prästabilierten Harmonie 1695 im *Journal des sçavans* seine philosophischen Gedanken kaum noch systematisch veröffentlicht hat. Der Briefwechsel mit De Volder fing mit dem Problem der Kraftmessung an und behandelte im Weiteren die Substanzlehre der Monaden.

Im ersten Schreiben, das Leibniz an De Volder richtet, wiederholt er die im *Specimen dynamicum* dargestellte Aussage, dass die Veränderung der Geschwindigkeit eine modale Veränderung sei. Sie darf nicht allein als die Grundlage der Kraftberechnung gelten. „Wenn ein neuer Grad der Geschwindigkeit dem [...] Körper bloß gegeben wird, ist die Wiederholung nicht von einem kompletten Ding, sondern von etwas Modalem, woraus die Berechnung nicht sicher angenommen werden kann."[21] Die Kraftgröße ist nach der Berechnung von Leibniz größer als das Verhältnis der Geschwindigkeit. Der Grund liegt, so glaubt Leibniz, in der „natürlichen Trägheit der Materie, gemäß welcher [ein Körper] der Bewegung zu widerstehen scheint"[22].

Wie die Trägheit das Kraftmaß des bewegten Körpers erzeugen kann, zeigt Leibniz durch die folgende Darstellung.

Angenommen, dass es ein Körper L mit der Größe (*mole*) 1 und Geschwindigkeit 1, ein Körper M mit der Größe 3 und Geschwindigkeit 1, und ein Körper N mit der Größe 1 und Geschwindigkeit 3 sind. Es steht fest, dass sich das Vermögen von M mit dem Vermögen von L wie 3 zu 1 verhält, denn das, was in L ist, wird in M genau dreimal wiederholt. Aber das Vermögen von N scheint sich mit dem Vermögen von M ebenfalls wie 3 zu 1 zu

---

[21] Brief an De Volder vom 17./27. Dezember 1698 in GP, II, 157: „si corpori [...] novus tantum detur celeritatis gradus, est repetitio non completae rei, sed modalis cujusdam, ex qua aestimatio tuto sumi non potest."

[22] Brief an De Volder vom 17./27. Dezember 1698 in *The Leibniz – De Volder Correspondence*, hrsg. v. Paul Lodge (in Vorbereitung; Entwurf auf der Webseite: http://users.ox.ac.uk/~mans1095/devolder.htm), 290: „Cujus rei causa est naturalis inertia materiae, qua sit ut motui repugnet." Nach Lodge ist der obige Satz von Gerhardt irrtümlicherweise in seinen *Philosophischen Schriften* von Leibniz nicht ediert. Hiermit bedanke ich mich bei Prof. Lodge für die Erlaubnis der Benutzung seiner unveröffentlichten Materialien.

verhalten, denn das Hindernis, d.h. der Widerstand in N (wegen der kleineren Größe in ihrer Trägheit der widerstehenden Materie nämlich) ist ein Drittel des Widerstands von M. Daher ist N neunfach mächtiger als L, aus zwei Quellen nämlich, nicht nur weil es eine größere Geschwindigkeit hat, sondern auch, weil es im Verhältnis zur Geschwindigkeit weniger Widerstand leistet.[23]

Vergleichen wir diese Erklärung mit der vorherigen Stelle im *Specimen dynamicum*, scheint die Trägheit genau dem zu entsprechen, was nicht den Modi der Dinge, sondern dem Ding selbst gehört. Bei der Verdreifachung der Geschwindigkeit wird das Vermögen bzw. die Kraft des Körpers nicht nur wegen der Veränderung in der Geschwindigkeit, also durch eine Modifikation des körperlichen Zustands, verdreifacht, sondern das, was substantiell im Körper selbst ist, wird auch verändert, nämlich die Trägheit. Der Widerstand des Körpers zur Bewegung beträgt im Verhältnis zur Geschwindigkeit nur noch ein Drittel. Hiermit erklärt Leibniz die Verneunfachung der Kraft nach seiner Kraftberechnung. Die Trägheit bzw. der Widerstand zur Bewegung ist aber ihm zufolge eine substantielle Eigenschaft des Körpers, worauf oben bereits hingewiesen wurde. Sie ist keine Modifikation eines bewegten Körpers. Leibniz identifiziert sie als einen Ausdruck der ursprünglichen leidenden Kraft der körperlichen Substanz.[24] Sein Verständnis der Trägheit ist, ähnlich wie bei Newton, untrennbar mit der trägen Masse verbunden.[25] Dies wird jedoch nicht an allen Stellen von Leibniz selbst deutlich formuliert. Hier lässt er beispielsweise die Trägheit von der *„moles“* (Größe) und ihrem Verhältnis zur Geschwindigkeit abhängig sein, ohne jedoch dem Begriff *„moles“* eine weitere Erklärung hinzuzufügen, die anders als räumliche Größe zu verstehen wäre, sodass De Volder die *moles* ohne Weiteres als extensionale Ausdehnung begriffen hat. Um die feinen Unterschiede zwischen den verschiedenen Vorstellungen der Trägheit zu vergleichen, beziehen wir uns auf folgende Stelle in den *Philosophiae naturalis principia mathematica* von Newton. Dieses berühmte Werk Newtons erschien im Jahr 1687. Sowohl De Volder als auch Leibniz kannten diese Abhandlung recht gut.[26]

Die der Materie eingepflanzte Kraft ist die Fähigkeit, Widerstand zu leisten, durch die jeder Körper von sich aus in seinem Zustand der Ruhe oder in dem der gleichförmig-geradlinigen Bewegung verharrt. Diese Kraft ist immer dem jeweiligen Körper proportional und

---

[23] Brief an De Volder vom 17./27. Dezember 1698 in GP, II, 157 f.: „Sint corpora *L* mole 1 celeritate 1, et *M* mole 3 celeritate 1, et *N* mole 1 celeritate 3, constat potentiam ipsius *M* esse ad potentiam ipsius *L* ut 3 ad 1, quia in *M* ter praecise repetitur quod est in *L*. Sed porro potentia ipsius *N* videtur esse ad potentiam ipsius *M* ut 3 ad 1, quia impedimentum seu resistentia in *N* (ob molem scilicet materiae inertia sua resistentis minorem) est subtripla resistentiae in *M*. Unde *N* est noncuplo potentius quam *L*, ex duplici scilicet capite, tum scilicet quod plus habet celeritatis, tum etiam quod pro ratione celeritatis minus habet resistentiae.“

[24] Vgl. SD, I, in GM, VI, 237.

[25] Vgl. Cassirer, *Leibniz' System*, 515.

[26] Vgl. Gerhard Wiesenfeldt, *Leerer Raum in Minervas Haus. Experimentelle Naturlehre an der Universität Leiden, 1675–1715*, Amsterdam 2002, 5; Leibniz' *Marginalia in Newtoni Principia Mathematica (1687)*, hrsg. v. Emil Alfred Fellmann, Paris 1973.

unterscheidet sich von der Trägheit der Masse nur durch die Art der Betrachtung. Durch die Trägheit der Materie wird bewirkt, dass jeder Körper sich nur schwer von seinem Zustand, sei es der Ruhe, sei es der Bewegung, aufstören lässt. Deshalb kann die eingepflanzte Kraft sehr bezeichnend die Kraft der Trägheit genannt werden. Tatsächlich übt aber der Körper diese Kraft ausschließlich bei der Veränderung seines Zustands durch eine andere Kraft aus, die von außen auf ihn eingedrückt hat, und diese Ausübung ist von verschiedenen Standpunkten aus sowohl der Widerstand als auch der Antrieb.[27]

Die Trägheit ist also nach Newton eine der Materie eingepflanzte Kraft, durch die jeder Körper in seinem Ruhezustand verharrt oder seine Bewegung gleichförmig und geradlinig fortsetzt. Sie steht zur Masse, d.h. der *quantitas materiae* eines Körpers[28], die eine eigene Eigenschaft darstellt und anders als die Ausdehnung oder das Gewicht eines Körpers ist[29], in einem proportionalen Verhältnis. Dem könnte Leibniz wohl ohne Schwierigkeiten zustimmen. Aber das ist auch schon die ganze Gemeinsamkeit hinsichtlich des Trägheitsbegriffs zwischen Leibniz und Newton. Anders als bei Leibniz' Trägheitsbegriff wird die eingepflanzte Kraft der Trägheit nach Newton nur unter der Bedingung der äußerlichen Kraft zum Ausdruck gebracht. In Leibniz' Erklärung über den Ursprung des Kraftmaßes, an De Volder gerichtet, widersteht hingegen die Trägheit eindeutig nicht einer äußerlichen Kraft, sondern der eigenen Bewegung. Besonders mit dieser Behauptung hat De Volder Verständnisprobleme. Ähnlich wie bei Newton, der die Trägheit von der Masse nur durch die Art der Betrachtung unterscheidet, ist die Trägheit für De Volder nicht von der Ausdehnung zu trennen, vorausgesetzt, dass für die Cartesianer kein Unterschied zwischen der Ausdehnung und der Masse besteht, weil durch ihre Geometrisierung der Natur das Wesen eines idealen Körpers nur von der Ausdehnung ausgemacht wird. Daher antwortete De Volder auf Leibniz' Schreiben über die Trägheit wie folgt: „Jedes Ding hat aus seiner Natur die Kraft, um seinen Zustand zu erhalten. Diese Kraft unterscheidet sich nicht von der eigentlichen Natur des Dinges, und bei jenem Beispiel der Ausdehnung ist sie die Trägheit.[30]“

---

[27] Newton, *Principia mathematica*, 2: „Materiae vis insita est potentia resistendi, qua corpus unumquodque, quantum in se est, perseverat in statu suo vel quiescendi vel movendi uniformiter in directum. Haec semper proportionalis est suo corpori, neque differt quicquam ab inertia massae, nisi in modo concipiendi. Per inertiam materiae, fit ut corpus omne de statu suo vel quiescendi vel movendi difficulter deturbetur. Unde etiam vis insita nomine significantissimo vis Inertiae dici possit. Exercet vero corpus hanc vim solummodo in mutatione status sui per vim aliam in se impressam facta; estque exercitium illud sub diverso respectu & Resistentia & Impetus.“

[28] Vgl. Newton, *Principia mathematica*, 1.

[29] Vgl. I. Bernhard Cohen, „Newton's Concepts of Force and Mass, with Notes on the Laws of Motion“, in: I. Bernhard Cohen/George Edwin Smith (eds.), *The Cambridge Companion to Newton*, Cambridge 2002, 57–84, hier 59 f.

[30] De Volders Brief an Leibniz vom 18. Februar 1699 in GP, II, 166: „Omnis enim res habet ex sua natura vim permanendi in suo statu, quae vis ab ipsa rei natura non differt, et in hoc exemplo extensionis ipsa inertia est.“ Als ein Freund von Spinoza und sogar ein möglicher „Krypto-Spinozist“ kannte De Volder Spinozas *Ethica* wahrscheinlich sehr gut. Seine Mei-

Die Trägheit versteht De Volder also, ähnlich wie Newton, als die Natur des Körpers, gemäß derer er seinen Zustand erhält. Daher kann die Trägheit nicht für die Hemmung der eigenen Bewegung verantwortlich sein, sondern lediglich für die Fortsetzung der Ruhe oder der Bewegung. Leibniz hat erkannt, dass De Volder Schwierigkeiten hatte, seine Vorstellung der Trägheit zu verstehen. Er versuchte daher, De Volder die Trägheit dadurch zu erläutern, dass sie, obwohl sie mit der Ausdehnung in einem Verhältnis stehe, nicht durch die Ausdehnung selbst erklärt werden könne. Der Begriff der Ausdehnung reiche nicht aus, um die Trägheit zu erklären, denn die Trägheit ist Leibniz zufolge keine ideale Eigenschaft des Körpers, die nur durch die Eindringung einer anderen Kraft wirkt oder aus dem geometrischen Begriff der Ausdehnung ableitbar ist. Sie ist nach Leibniz eine reale, immanente Eigenschaft des Körpers, deren Widerstandstätigkeit die gegnerische Kraft abschwächt, ob sie die einwirkende fremde Kraft ist oder die eigene bewegende Kraft, die der Modifikation der Entelechie entspringt.

Da also die Materie der Bewegung durch eine allgemeine passive Kraft des Widerstands an und für sich (*per se*) widersteht und durch eine besondere Kraft der Tätigkeit oder der Entelechie zur Bewegung getrieben wird, so folgt, dass die Trägheit, sogar während der ganzen Dauer der Bewegung, der Entelechie oder der bewegenden Kraft unaufhörlich Widerstand leistet.[31]

Demnach wird die Bewegung allein von der aktiven immanenten Kraft der Entelechie angetrieben, zugleich wird sie durch eine widerstehende Kraft der Trägheit, die der Natur der Materie immanent ist, beständig gehemmt. Dass ein Körper seinen ursprünglichen Zustand erhält, was De Volder wohl unter dem Begriff *„inertia"* versteht, begreift Leibniz nicht als ein Kraftphänomen, weil die Kraft ihm zufolge immer auf eine Neigung zur Veränderung hinweist, sondern als eine metaphysische Notwendigkeit. Er führt, um dies zu belegen, den Satz des Grundes an: Nichts kann ohne Grund geschehen. Alle Veränderungen müssen eine Ursache haben.

Ich gestehe, dass ein jedes in seinem Zustand verbleibt, bis es einen Grund zur Veränderung gibt, was ein Prinzip metaphysischer Notwendigkeit ist. Es ist aber etwas anderes, den Zustand beizubehalten, bis etwas ihn verändern lässt, was auch bei Indifferenz beider Zustände geschieht, als, was viel mehr beinhaltet, dass eine Sache nicht indifferent ist, sondern die Kraft und gleichsam die Neigung hat, den Zustand beizubehalten, und dazu noch dem die Änderung Bewirkenden Widerstand leistet.[32]

---

nung über die Trägheit scheint verwandt mit der Beschreibung über die Trägheit in der *Ethica* von Spinoza zu sein. Vgl. Steven Nadler, *Spinoza. A Life*, Cambridge 1999, 195, 375; Spinozas *Ethica*, Buch III, Prop. VII.

[31] Brief an De Volder vom 24. März/3. April 1699 in GP, II, 171: „Cum igitur materia motui per se repugnet vi generali passiva resistentiae, at vi speciali actionis seu entelechiae in motum feratur, sequitur ut etiam inertia durante motu Entelechiae seu vi motrici perpetuo resistat."

[32] Ebd. in GP, II, 170: „Fateor unumquodque manere in statu suo, donec ratio sit mutationis, quod est metaphysicae necessitatis principium; sed aliud est statum retinere donec sit quod mutet, quod etiam facit per se indifferens ad utrumque, aliud est multoque plus conti-

Die Trägheit ist insofern mit dem Ausdruck „Kraft" zu bezeichnen, als sie Widerstand leistet, nicht indem sie einen Zustand beibehält. Auf diese Weise impliziert Trägheit nach Leibniz, anders als im heutigen Verständnis des Begriffs, eine Tätigkeit, weil sie eine Kraft zur Veränderung ist, obwohl sie an sich als passiv bezeichnet werden muss. Leibniz sah diese Erklärung des Kraftmaßes durch die Trägheit als „eleganter"[33] an als seinen Beweis in der *Brevis demonstratio*, zu dem er das Galileische Fallgesetz heranzog, denn diese Erklärung war auf eine metaphysische Basis gegründet, ohne sich auf das empirische Fallgesetz zu beziehen. Trotzdem weist Leibniz zugleich auf die Unsicherheit des Beweises für das Kraftmaß durch den Trägheitsbegriff hin, obwohl das Resultat mit dem Beweis des Kraftmaßes in der *Brevis demonstratio* übereinstimmt. Denn hier wird immer noch die modale Bestimmung der Bewegung, d. h. die Geschwindigkeit, als ein konstruktives und zugleich intuitives Element der Kraftberechnung in die Erwägung miteinbezogen. Daher weist Leibniz De Volder später auf einen anderen apriorischen Beweis seines Kraftmaßes hin, bei dem nur das Wesen der körperlichen Tätigkeit berücksichtigt wird.[34] Mit diesem apriorischen Beweis wollen wir uns im nächsten Abschnitt beschäftigen. Die Diskussion über das Messen der Kraft vermittels der Trägheit endet in der begrifflichen Klärung jenes Ausdrucks. De Volder konnte aber die Leibniz'sche Vorstellung der Trägheit nicht annehmen. Der Meinungsaustausch zwischen Leibniz und De Volder richtete sich weiter auf die dynamische Natur des Körpers.[35]

Zusammenfassend ist festzuhalten, dass die Trägheit in Leibniz' Brief an De Volder in der dargestellten Erklärung über den Ursprung des Leibniz'schen Kraftmaßes ein zur Geschwindigkeit hinzukommender, konstruktiver Faktor der Kraftberechnung ist. Sie gehört zur immanenten, dynamischen Natur eines materiellen Körpers, welcher der Bewegung, oder vielmehr allgemein der Veränderung des körperlichen Zustands, widersteht. Damit will Leibniz hinsichtlich der körperlichen Bewegung immer zwei dynamische Faktoren erkennen, die dem Körper immanent sind, einen aktiven aus der Entelechie, der die Bewegung forttreibt, und einen passiven aus dem materiellen Körper, der die

---

net rem non esse indifferentem sed vim habere et velut inclinationem ad statum retinendum atque adeo resistere mutanti." Anzumerken ist, dass Leibniz im *Specimen dynamicum* (1695) bei beiden Stellen des Ausdrucks „Trägheit" ursprünglich allgemein auf Latein „*inertia*" geschrieben hat, ihn später aber bei der Veröffentlichung durch „*ignavia*" ersetzt hat (vgl. SD, I, in: *Specimen Dynamicum*, hrsg. v. H. G. Dosch et al., 8, 20). Der mögliche Grund für die Umbenennung könnte darin liegen, dass Leibniz durch jenen Austausch eine Unterscheidung von der Newton'schen Verwendung der *inertia* vollziehen wollte, worauf er hier im Brief an De Volder hingewiesen hat. Später scheint er jedoch mit dem Ausdruck *ignavia* auch nicht zufrieden gewesen zu sein. Er kehrt zurück zum Ausdruck *inertia*, wie oben im Brief an De Volder, und betont zugleich, dass dieser Terminus „*inertia*" nicht auf Newton, sondern auf die Verwendung von Kepler zurückzuführen ist (vgl. GM, IV, 510).

[33] Vgl. GP, II, 171.

[34] Vgl. Brief an De Volder vom 17./27. Dezember 1698 in GP, II, 158.

[35] Vgl. De Volders Brief an Leibniz vom 13. Mai 1699 in GP, II, 179.

Bewegung zurückhält. Dies steht nicht nur im Widerspruch zur Cartesischen Sichtweise der Natur, sondern auch zur modernen Vorstellung der Trägheit, deren maßgebliche Definition von Newton gegeben wurde und die in jedem Lehrbuch der elementaren Physik zu finden ist.

Neben dem Meinungsunterschied über die Auffassung der Trägheit als einer immanenten Kraft, die der eigenen Bewegung widersteht, erscheint Leibniz' Auffassung der aktiven Kraft sowohl den Cartesianern als auch den Anhängern von Newton ebenfalls als abwegig. Denn Leibniz betrachtet die Fortsetzung einer freien (inertialen) Bewegung unter einer bestimmten Kraftwirkung, was oben bereits erwähnt wurde. Dagegen ist die Trägheitsbewegung nach der von Newton bestimmten modernen Auffassung deswegen frei, weil sie frei von fremdem Krafteinfluss ist. Außerdem wird die Leibniz'sche Kraftgröße bei der Trägheitsbewegung nicht gebraucht, da sowohl die Masse als auch die Geschwindigkeit unverändert bleiben. Daher muss die folgende Frage noch beantwortet werden: Wie soll man verstehen, dass die Trägheitsbewegung als eine bestimmte Wirkung erzeugt wird, ohne die bewegende Kraft als Ursache zu gebrauchen? Denn Leibniz selbst fordert, dass die gesamte Wirkung aus der vollständigen Ursache begründet werden müsse, anderenfalls wäre ein *mobile perpetuum* möglich, das seiner Meinung nach absurd ist. Diese Frage beantwortete Leibniz selbst in einem anderen Brief an De Volder, indem er die Unterscheidung zwischen der modalen und der realen Wirkung vollzieht.[36] Die freie Fortsetzung der Bewegung gehört zur modalen Wirkung, weil die Veränderung nur ein Ortswechsel ist und damit dem Wesen nach nur eine Veränderung der Relation, die an sich nicht real und absolut ist, wie es z. B. beim Eindrücken einer Feder der Fall ist. Da nun die Wirkung nicht real ist, wird die vorhandene bewegende Kraft nicht gebraucht, sondern bleibt während der Bewegung erhalten. Wir können diesen Unterschied zwischen modaler und realer Wirkung auch anhand der *solicitatio*, m(dv), erklären. Bei der modalen Wirkung ist die *solicitatio* nicht vorhanden, also dv = 0, daher nimmt die bewegende Kraft als Ansammlung der *solicitatio* weder zu noch ab. Mit anderen Worten, die bewegende Kraft bleibt erhalten, sie wird nicht verbraucht. Bei einer realen Wirkung wird dagegen der Zustand des Körpers durch die äußeren Umstände verändert, sei es beim freien Fallen oder Steigen im Gravitationsfeld, sei es beim Zusammendrücken einer Feder. In diesem Fall ist die *solicitatio* kontinuierlich vorhanden, daher wirkt die Kraft als die Ansammlung der *solicitatio* real. Sie kann verbraucht werden und erzeugt zugleich eine reale Wirkung. Auf jene Unterscheidung der realen und der modalen Wirkung werden wir im nächsten Abschnitt noch näher eingehen. Leibniz glaubte allerdings, dass die freie Fortsetzung der Bewegung

[36] Vgl. Brief an De Volder vom 1. September 1699 in GP, II, 190. Die modale Wirkung wurde bereits 1695 im *Specimen dynamicum* von Leibniz als „unschädliche Wirkung" (*effectus innocuus*) bezeichnet (SD, I, in GM, VI, 243).

durch eine Analogie auch als eine reale Wirkung interpretiert werden könne, jedoch nur unter der Bedingung, dass die freie Fortsetzung der Bewegung nicht als ein Ortswechsel, nämlich nicht als eine bloße Modifikation der Relation zu betrachten sei, sondern als eine Tätigkeit bezogen auf sich selbst:

> Doch bei der freien oder formalen Tätigkeit des Bewegten können wir auch eine gewisse reale Wirkung durch die Analogie konzipieren, wenn sie als eine Tätigkeit auf sich selbst vorgestellt wird. Jene Wirkung wäre kein Ortswechsel (welchen ich für etwas Modales halte), sondern, indem das Bewegte mit einer gegebenen Geschwindigkeit in den folgenden Augenblick fortschreitet, hat es sich aus dem vorausgegangenen Augenblick aus sich selbst erhoben und schreitet mit der gleichen Geschwindigkeit fort.[37]

Die aktive Kraft aus der Modifikation der Entelechie wirkt auf diese Weise an sich selbst, sodass der bewegte Körper in jedem Moment seine Kraft gebraucht, um im nächsten Moment die gleiche Kraft mit der gleichen Geschwindigkeit der Bewegung hervorzubringen. Die volle Ursache, die bewegende Kraft nämlich, bringt die gesamte Wirkung, d.h. die Fortsetzung der freien Bewegung, hervor. „In diesem Sinne ist das Axiom der Gleichheit der vollen Ursache und der gesamten Wirkung auch bei der formalen oder freien Tätigkeit verifiziert."[38]

Diese auf sich selbst wirkende Kraft bzw. die Kraft, die aus der Entelechie entsteht und auf den eigenen Körper wirkt, stimmt mit der Leibniz'schen Vorstellung der Natur überein, die einem von der Cartesischen Naturphilosophie geprägten Gelehrten sehr fremd ist. Denn aus der Sichtweise der Cartesischen Naturphilosophie handelt es sich bei der Fortsetzung der Bewegung (und damit auch beim Phänomen der von den Cartesianern begriffenen Trägheit), wie sie Descartes selbst in seinen *Principia* dargestellt hat, keineswegs um einen dynamischen Vorgang. Sie ist vielmehr ein Naturgesetz, gemäß dem ein Körper, der auf die geometrische Ausdehnung zurückzuführen ist, seinen Zustand beibehält. Das Trägheitsphänomen ist kräftefrei. Die Zustandserhaltung kann nach Descartes streng genommen keine Natur des Körpers sein, sondern sie gehört zu einer universellen Ordnung, welche jenseits des materiellen Körpers besteht und auf Gottes Beständigkeit zurückzuführen ist. Dieser wesentliche Unterschied in der Sichtweise der Trägheit scheint der Grund zu sein, warum die Darstellung des Leibniz'schen Kraftmaßes durch die Trägheit, von welcher Leibniz glaubt, dass er sie „elegant" ausgelegt hat, von De Volder überhaupt nicht angenommen werden konnte.

---

[37] Ebd. in GP, II, 191: „Interim in ipsa quoque Actione libera vel formali ipsius Mobilis, dum concipitur ut agens in se ipsum, possumus analogice quendam concipere Effectum realem, qui non erit loci mutatio (quam tantum ut aliquid modale considero), sed ipsum mobile velocitate data processurum momento sequenti, ortum ex se ipso eadem velocitate procedente momento antecedenti."

[38] Ebd.: „Et hoc sensu etiam in actione formali seu libera verificatur axioma de causa plena et effectu integro aequalibus."

4.3. Der Leibniz'sche apriorische Beweis der Kraftmessung durch den Begriff *„actio“*

Um seinem Kraftmaß ein solides Fundament zu verleihen, hat Leibniz spätestens um 1690 einen apriorischen Beweis seines Kraftmaßes entworfen[39], obwohl er ihn zu seinen Lebzeiten nicht veröffentlicht hat. Dieser Beweis ist in Leibniz' Brief an Johann Bernoulli von 1696 zu lesen:

(1) Eine Tätigkeit, die eine doppelte Wirkung in einer Zeiteinheit herbeiführt, ist (virtuell) zweimal größer als die Tätigkeit, die die gleiche doppelte Wirkung in doppelten Zeiteinheiten herbeiführt, d. h., das Durchlaufen von zwei Meilen innerhalb einer Stunde ist (virtuell) doppelt so groß wie das Durchlaufen von zwei Meilen innerhalb von zwei Stunden.

(2) Eine Tätigkeit, die eine doppelte Wirkung in doppelten Zeiteinheiten herbeiführt, ist (formal) zweimal größer als die Tätigkeit, die die einfache Wirkung in einer Zeiteinheit herbeiführt; d. h., das Durchlaufen von zwei Meilen innerhalb zwei Stunden ist (formal) doppelt so groß wie das Durchlaufen von einer Meile innerhalb einer Stunde.

(3) Daher ist die Tätigkeit, die eine doppelte Wirkung in einer einfachen Zeiteinheit herbeiführt, vierfach größer als die Tätigkeit, die eine einfache Wirkung in einer einfachen Zeiteinheit herbeiführt; d. h., das Durchlaufen von zwei Meilen innerhalb einer Stunde ist viermal so groß wie das Durchlaufen von einer Meile innerhalb einer Stunde.

(4) Wenn wir die doppelte Wirkung durch die dreifache, vierfache, fünffache usw. ersetzen, tritt eine neunfache, sechzehnfache, 25-fache Tätigkeit hervor; es ist allgemein offenkundig, dass die Tätigkeiten von der gleichmäßigen Bewegung in der gleichen Zeit sich wie die Quadrate der Geschwindigkeiten verhält, oder was dasselbe ist, dass die Kräfte in demselben oder dem gleichen Körper im verdoppelten Verhältnis zu Geschwindigkeiten sind; w. z. b. w.[40]

Im ersten Beweisschritt haben wir also zwei Tätigkeiten a_1 und a_2 zu vergleichen. Mit Wirkungen meint Leibniz hier nichts anderes als die Wege, die die beiden Tätigkeiten durchlaufen. Sie haben bei den beiden Tätigkeiten den Faktor 2: $s_1 = s_2 = 2$. Die jeweils benötigte Zeitdauer ist $t_1 = 1$ und $t_2 = 2$. Die Tätig-

[39] Vgl. GM, VI, 195. Seit 1690 hat Leibniz öfter seinen apriorischen Beweis der Kraftberechnung angekündigt. Eine weitere öffentliche Ankündigung jenes apriorischen Beweises ist in *Specimen dynamicum*, I, in GM, VI, 243, zu lesen.

[40] Brief an Johann Bernoulli vom 28. Januar/7. Februar 1696 in A, III,6, 648: „1. Actio faciens duplum, tempore simplo est dupla (virtualiter) actionis facientis idem duplum tempore duplo, seu percursio duorum milliarium intra horam est dupla (virtualiter) percursionis duorum milliarium intra duas horas. 2. Actio faciens duplum tempore duplo est dupla (formaliter) Actionis facientis simplum tempore simplo. Seu percursio duorum milliarium intra duas horas est dupla (formaliter) percursionis unius milliaris intra unam horam. 3. Ergo Actio faciens duplum tempore simplo est quadrupla Actionis facientis simplum tempore simplo, seu percursio duorum milliarium intra unam horam est quadrupla percursionis unius milliaris intra unam horam. 4. Si pro duplo substituissemus triplum, quadruplum, quintuplum etc. prodiisset actio noncupla, sedecupla, 25^{pla}. Et generaliter patet Actiones motrices aequabiles aequitemporaneas aequalium mobilium esse ut quadrata celeritatum vel quod idem est in eodem vel aequali corpore vires esse in duplicata ratione celeritatum. Q. E. D.“

keiten verhalten sich zueinander also wie 2 zu 1, $a_1:a_2 = 2:1$, weil sie bei den gleichen Laufwegen nach der Schnelligkeit, d.h. $v_1:v_2 = (s_1/t_1):(s_2/t_2) = 2:1$, berechnet werden müssen. Beim nächsten Schritt vergleicht er a_2 mit einer anderen Tätigkeit a_3, welche einen Weg $s_3 = 1$ in der Zeit $t_3 = 1$ durchläuft. Da nun die beiden Geschwindigkeiten gleich sind, $v_2:v_3 = (s_2/t_2):(s_3/t_3) = 1:1$, werden die Tätigkeiten nach den durchlaufenen Wegen gemessen. Damit ergeben sich die folgenden Gleichungen: $a_2:a_3 = s_2:s_3 = 2:1$. Die Tätigkeit a_2 verhält sich zur Tätigkeit a_3 wie 2 zu 1. Im dritten Schritt vergleicht Leibniz a_1 und a_3 durch die Vermittlung a_2, so ergibt sich $a_1:a_2:a_3 = 4:2:1$. Damit schließt er auf die Konklusion im letzten Schritt, dass die Tätigkeiten bei der gleichen Zeitdauer ($t_1 = t_3 = 1$), welche die bewegende Kraft per Definition ist ($F = a/t$), sich nach den Quadraten der Geschwindigkeit verhalten (im obigen Beispiel, $v_1^2:v_3^2 = 2^2:1^2 = 4:1$).

Leibniz' Beweisführung scheint vernünftig zu sein. Die Frage ist nun: Wie würde ein Cartesianischer Gegner auf diesen Beweis antworten? An welcher Stelle würde er mit Kritik entgegnen? Eine mögliche Antwort können wir wieder in der Korrespondenz von Leibniz und De Volder finden. Hier ist nämlich zu beobachten, wie De Volder, der einen Cartesischen Standpunkt vertrat, sich anfangs durch Leibniz' Beweis irritiert fühlte, bis er nach etwa einem Jahr schließlich durch mehrmaligen Briefaustausch mit Leibniz Konsens gefunden hat. Im Folgenden möchten wir zunächst einen kurzen Überblick über die Kontroverse hinsichtlich des apriorischen Beweises der Leibniz'schen Kraftmessung geben. Danach wird versucht, die Ursache der anfänglichen Uneinigkeit zu analysieren. Damit sollte das hintergründige Verständnis des Kraftbegriffs der beiden Antagonisten ersichtlich werden.

Nachdem De Volder 1699 Leibniz' apriorischen Beweis über die Kraftberechnung kennengelernt hat[41], erwiderte er zunächst, dass die Tätigkeit nicht, wie Leibniz meint, nach dem Produkt der Geschwindigkeit und der durchlaufenen Strecke gemessen werden dürfe, sondern sie müsse allein nach dem Produkt der Geschwindigkeit und der Zeitdauer berechnet werden. Auf diese Weise wären die Tätigkeiten in Leibniz' erstem Beweisschritt nach De Volders Rechnung gleich. Denn obwohl die Geschwindigkeiten sich dort wie zwei zu eins verhalten, verhält sich die Zeit umgekehrt. Damit sollte die Tätigkeit seiner Meinung nach allein nach der Wirkung, d.h. nach dem durchlaufenen Weg, gemessen werden, ungeachtet der Zeitdauer, die immer durch die Geschwindigkeit kompensiert wird.[42] Leibniz beharrt dagegen auf seiner Meinung, dass die Tätigkeit sowohl vom durchlaufenen Weg als auch von der Geschwindigkeit abhängig ist. „Die Tätigkeiten, welche zugleich von der Wirkung und der Geschwindigkeit verschieden sind, sind berechnet durch die Zusammensetzung der Wirkungen

[41] Vgl. Bernoullis Brief an Leibniz vom 7. Januar 1699 in GM, III, 561.

[42] Vgl. De Volders Brief an Leibniz vom 13. Mai 1699 in GP, II, 180: „actiones solo effectuum respectu inter se comparandas esse, nec ullam temporis."

und der Geschwindigkeiten."[43] Über De Volders Verständnis der Tätigkeit war Leibniz verwundert. Denn dass eine schnell erreichte Wirkung eine größere Tätigkeit erfordert als eine langsam erreichte Wirkung, ist nach Leibniz durch die Vernunft selbst einleuchtend. Wenn De Volder dies bestreiten wollte, gäbe es keine gemeinsame Basis, mit ihm weiter über den apriorischen Beweis der wahren Kraftmessung zu diskutieren. Leibniz hoffte also, dass De Volder durch weitere Überlegung seiner Definition der Tätigkeit zustimmen könne.[44] Doch blieb De Volder zunächst seiner eigenen Vorstellung der Tätigkeit treu. Er erwähnte Leibniz' Kontroverse mit Abbé Catelan, bei welchem Leibniz die Wirkung allein nach dem durchlaufenen Weg berechnet hatte, ohne dass die Zeit mit berücksichtigt wurde.[45] Das zwang Leibniz, den Begriff der Wirkung (*effectus*) deutlicher zu fassen. Er unterscheidet, wie oben bereits erwähnt, zwei verschiedenartige Wirkungen: die gewaltsame bzw. reale Wirkung und die modale oder formale Wirkung.[46] Die gewaltsame Wirkung ist diejenige, bei der die Kraft durch ein Hindernis verbraucht wird. Dagegen wird bei der modalen Wirkung die bewegende Kraft nicht verbraucht. Der Körper bewegt sich mit der ursprünglichen Kraft weiter.[47] Nur bei der gewaltsamen Wirkung ist die Zeit irrelevant bei der Kraftmessung, denn allein entscheidend sind die realen Wirkungen, die ein realer Körper unter Berücksichtigung des Hindernisses erbringen kann, wie z. B. die Höhe, auf die ein schwerer Körper im Gravitationsfeld mit einer bestimmten Kraft hochsteigen kann, oder die Länge einer Feder, die er mit seiner bewegenden Kraft eindrücken kann. Eine solche Wirkung ist deswegen „real, weil sie wieder Ursache einer anderen Wirkung sein kann"[48]. Dagegen kann die modale Wirkung an sich nicht wieder die Ursache einer anderen Wirkung sein, denn die gleiche Kraft wird für eine mögliche „gewaltsame" Wirkung als Reserve beibehalten. Ungeachtet der Länge des Weges, welche ein frei bewegter Körper bei der Trägheitsbewegung zurücklegt, kann er immer nur die gleiche Wirkung mit der gleichen erhalten gebliebenen Kraft hervorbringen. Bei der realen Wirkung verändert die gebrauchte Zeit die Wirkung selbst nicht, daher wird sie auch nicht bei der Kraftmessung erfasst. Dagegen ist die Zeit bei der modalen Wirkung ein entscheidender Faktor. Denn dort, wo die bewegende Kraft allein den „formalen" Ortswechsel produziert, ist die Zeit, die ein bewegter Körper gebraucht hat, die einzige Grundlage für die Kraftberechnung, wenn

---

[43] Leibniz' Brief an De Volder vom 24. März/3. April 1699 in GP, II, 174: „actiones simul effectu et velocitate differentes sunt in ratione composita effectuum et velocitatum."

[44] Vgl. Leibniz' Brief an Johann Bernoulli vom 26. Juni 1699 in GM, III, 592.

[45] Vgl. De Volders Brief an Leibniz vom 1. August 1699 in GP, II, 188. Über die Kontroverse mit Abbé Catelan siehe 1.2.1.

[46] Vgl. Leibniz' Brief an De Volder vom 1. September 1699 in GP, II, 190 f.

[47] Vgl. Leibniz' Brief an De Volder vom 1. September 1699 in GP, II, 190: „multumque interest inter exercitium quod potentiam conservat quodque ex ea sponte profluit, et inter usum qui consistit in abusu seu destructione ob conflictum cum externo."

[48] Ebd., 191: „realis qui scilicet rursus alicujus effectus causa esse possit".

die anderen Faktoren gleich geblieben sind.[49] Wenn nämlich die zurückgelegten Wege gleich sind, wie Leibniz in seinem ersten Beweisschritt zeigt, ist die Zeit der einzig entscheidende Faktor für die Berechnung der Tätigkeitsgröße. Auf diese Erklärung von Leibniz antwortete De Volder, dass er die Unterscheidung der verschiedenartigen Wirkungen verstehe. Er kehrte aber zugleich zurück zu der Kraftberechnung und der Bestimmung der Tätigkeit und präzisierte seinen Zweifel an Leibniz' Bestimmung der Tätigkeit weiter. Er behauptete nun, dass die Tätigkeit aus dem Produkt einer gewissen Verrichtung (*praestantia*), die ihm zufolge nur von der Schnelligkeit (*promptitudo*) abhängig ist, und der Zeit, während der die Bewegung sich vollzogen hat, resultiert. Allein auf diese Weise sollte die Zeit bei der Formulierung der Tätigkeit berücksichtigt werden. Da die bewegende Kraft per Definition der Tätigkeit innerhalb einer Zeiteinheit gleich ist, verhält sich die Kraft nach seiner Einschätzung entsprechend der Verrichtung der Bewegung, d.h. allein nach der Geschwindigkeit und nicht nach dem Quadrat derselben. Im ersten Schritt des Leibniz'schen apriorischen Beweises, wo die Tätigkeit sich nach Leibniz wie 2 zu 1 verhält, kann De Volder nur zustimmen, wenn Leibniz mit der Tätigkeit die Verrichtung der Tätigkeit meint, denn die Verrichtung, d.h. die Geschwindigkeit, verhält sich wie 2 zu 1. Der gesamte Wert der Tätigkeit ist nach De Volder aber gleich für beide, da die Zeitdauer die Differenz wieder kompensiert.[50] Diese Erklärung von De Volder ließ Leibniz deutlich werden, dass De Volders Überzeugung von der Cartesischen Kraftmessung, die Kraft und Geschwindigkeit gleichsetzt, über den Begriff der „Verrichtung" unausgesprochen in die Definition der Tätigkeit eingegangen ist, obwohl Leibniz genau dies durch seinen Beweis widerlegen wollte. Dies versuchte Leibniz zunächst aufzuzeigen, indem er De Volders Denkweise folgte. Erstens bekennt er, dass er De Volders Errechnung der Tätigkeit aus dem Produkt der Verrichtung und der Zeit zustimme. Jedoch fasst er dies allgemeiner, damit die Kraft nicht ohne Weiteres mit der Geschwindigkeit zusammengedacht werden muss. Die Tätigkeit soll ihm zufolge aus dem Produkt einer Spannung (*intensio*) und einer Ausdehnung (*extensio*) bzw. Verbreitung (*diffusio*) errechnet werden.[51] Die Art und Weise, wie man die Spannung und Ausdehnung physikalisch bestimmt, kann aber unterschiedlich sein. Man kann die Spannung und Ausdehnung als Kraft und Zeitdauer begreifen, damit erhält man die Tätigkeit aus dem Produkt der Kraft (f) und der Zeit (t). Man kann aber die Spannung und Ausdehnung auch als Geschwindigkeit (v) und den durch-

[49] Vgl. ebd., 190: „[...] qualis est cum sine obstaculo movetur ac vim suam libere exercet, ubi caeteris paribus unica ratio eam aestimandi est tempus, quo id quod agit absolvi."

[50] Vgl. De Volders Brief an Leibniz vom 12. November 1699 in GP, II, 196f.

[51] Die Komplementarität von *intensio* und *extensio* wird von Leibniz auch bei der Definition der Masse angewendet. „Moles mobilium, vel ipsa mobilia, sunt in ratione composita voluminum et densitatem, seu extensionum et intensionum materiae" (*Dynamica*, I,2, prop. 3 in GM, VI, 298).

laufenen Weg (s) begreifen. Somit kann man Leibniz' Verständnis der Tätigkeit (a) mathematisch wie folgt darstellen: $a = ft = mvs$. Da nun der zurückgelegte Weg gleich dem Produkt der Geschwindigkeit und der Zeit ist ($s = vt$), ergibt sich die Gleichung $a = ft = mvs = mv^2t$. Die Kraft wird also nach dem Quadrat der Geschwindigkeit berechnet. Dagegen hat De Volder die Formel: $a = ft = mvt = ms$. Die Kraft wird von De Volder nach der Geschwindigkeit, die Tätigkeit allein nach dem zurückgelegten Weg berechnet. Leibniz ist der Meinung, dass De Volders Bestimmung der Tätigkeit nur die Zeit als die Tätigkeitsausdehnung berücksichtigt hat, ohne den durchlaufenen Weg auf ähnliche Weise wie die Tätigkeitsausdehnung zu beachten. Damit werde eine Kalkulation der Tätigkeit ohne Grund vor einer anderen bevorzugt. Die Gleichsetzung der Kraft mit der Geschwindigkeit hat also keine rationale Basis.[52] So glaubt Leibniz, dass sowohl durch seinen aposteriorischen als auch durch den apriorischen Beweis die Kraftmessung des bewegten Körpers nach dem Quadrat der Geschwindigkeit rational begründet wird. Nach dieser Erklärung von Leibniz zeigte De Volder endlich in seinem nächsten Brief Verständnis für den Leibniz'schen Beweis, obwohl er die Cartesische Errechnung der Kraft als eine Hypothese nicht gänzlich verwirft. „Daraus schloss ich nun ohne Schwierigkeit weiter, dass bei gleichen oder vergleichbaren Körpern weder die Kraft allein nach der Geschwindigkeit noch die Tätigkeit allein nach der Geschwindigkeit und Zeit gemessen werden soll, sodass Du recht hast, den durchlaufenen Raum mit der Geschwindigkeit anzunehmen. Dies vorausgesetzt, folgt Deine Berechnung der Kräfte."[53]

Zusammenfassend lässt sich sagen, dass Leibniz durchaus seinen apriorischen Beweis der Kraftberechnung verständlich aufgebaut hat. Wichtig ist hier, dass das einfache Verhältnis der Geschwindigkeit nicht wie bei De Volder von Anfang an mit der Kraft zusammengedacht werden darf. Die Geschwindigkeit eines bewegten Körpers gehört im obigen Beispiel des apriorischen Beweises zur Wirkung einer Kraft ausübenden Tätigkeit. Sie kann nicht mit der Kraft gleichgesetzt werden. Denn wenn wir die Krafterhaltung voraussetzen, die sowohl Descartes als auch Leibniz anerkennen, dann muss das Prinzip der Äquivalenz der gesamten Wirkung mit der vollen Ursache beachtet werden. Die Geschwindigkeit gehört aber zusammen mit der durchlaufenen Strecke zur Wirkung einer Tätigkeit. Daher muss nach Leibniz die gesamte Wirkung einer Kraft durch das Quadrat der Geschwindigkeit berechnet werden, da die Kraft per Definition die Tätigkeit in einer Zeiteinheit ist. Daher kann die Geschwindigkeit nicht mit der Kraft als Ursache der Bewegung schlechthin gleichgesetzt werden. Obwohl De Volder am Ende diesen Leibniz'schen apriorischen Beweis

---

[52] Vgl. Leibniz' Brief an De Volder vom 9./20. Januar 1700 in GP, II, 201–205.

[53] De Volders Brief an Leibniz vom 5. April 1700 in GP, II, 209: „Ex quo jam porro non difficulter deducebam, nec potentiam in iisdem aut aequalibus corporibus sola velocitate, nec actionem sola velocitate et tempore mensurandam, adeoque recte te sumere spatium hac velocitate transactum. Quo posito sequitur tua virium aestimatio."

der Kraftberechnung akzeptieren kann, scheint zugleich die Uneinigkeit zwischen ihnen schwer überbrückbar zu sein. Woran liegt aber dieses Unvermögen?

Aus der Diskussion mit De Volder ist vor allem zu sehen, dass dieser mit dem Verständnis des Ausdrucks „Tätigkeit" Schwierigkeiten hatte. Die Tätigkeit (*actio*) ist ein Begriff, den Descartes aus seiner Bewegungslehre des Körpers ausdrücklich ausschließen und unbestimmt lassen wollte. Sie findet nach Descartes' Auffassung nicht beim bewegten Körper statt, weil der Körper allein aus der geometrischen Ausdehnung rein passiv von ihm begriffen wird.[54] Der Begriff Tätigkeit impliziert einen Täter außerhalb des bewegten Körpers, der die Bewegung veranlasst. Dieser Täter kann nach Descartes letztendlich nur Gott sein. Leibniz scheint die Unbestimmtheit oder vielmehr die Undeutlichkeit der Begriffe „Tätigkeit" und „Kraft"[55] in der Cartesischen Physik bemerkt zu haben. Er wollte die Begriffe in der Physik nicht nur durch eine freie Definition, sondern auch durch eine wohl überlegte, rationale Begründung erklären.[56] Bereits 1692 versuchte Leibniz, die Antriebstätigkeit durch die körperliche Anstrengung, die ein Mensch beim Transport eines schweren Körpers verspürt, zu definieren.

> Nun wäre es leichter zu verstehen, was die Antriebstätigkeit ist: Es ist nötig, sie also nicht nur durch ihren formalen Effekt, den sie produziert, sondern auch durch die Heftigkeit oder die Geschwindigkeit, mit welcher sie ihn produziert, zu berechnen. Man will 100 Pfund eine Meile von hier transportieren; das ist der formale Effekt, den man verlangt. Einer will es innerhalb einer Stunde tun, ein anderer in zwei Stunden; ich behaupte, dass die Tätigkeit des Ersten doppelt so viel wie die des Zweiten ist, da sie mit dem gleichen Effekt doppelt so schnell ist.[57]

Der Begriff der Tätigkeit fußt bei Leibniz, wie vorher gezeigt wurde, zumindest implizit auf der subjektiven menschlichen Erfahrung. Genau das ist es, was Descartes aus seiner Naturphilosophie heraushalten wollte. Denn er war

---

[54] Vgl. PP, II, §§ 24–27 in AT, VIII-1, 53–55.

[55] „actio sive vis" oder „l'action ou la force" – dies sind wiederkehrende Redewendungen in Descartes' Schriften. Vgl. PP, II, §§ 25, 26, 29 in AT, VIII-1, 54 f.; AT, XI, 49. Trotz dieses Zusammenhangs zwischen Tätigkeit und Kraft bezeichnet Descartes gelegentlich auch die Bewegung selbst als eine Tätigkeit. Vgl. Westfall, *Force*, 62 f.

[56] Für Leibniz' Erneuerung des Kraftbegriffs in der Physik kann ich zustimmend auf Richard S. Westfall verweisen: „The unique achievement of Leibniz lay in his utilisation of free fall to dissolve the ambiguity surrounding the concept of force and to correct the measure of force conceived on the model of impact" (Westfall, *Force*, 296).

[57] GM, VI, 221: „Maintenant il sera plus aisé d'entendre ce que c'est que l'action motrice: il faut donc l'estimer non seulement par son Effect formel qu'elle produit, mais encor par la vigueur ou velocité avec laquelle elle le produit. On veut faire transporter 100 livres à une lieue d'icy; c'est là l'effect formel qu'on demande. L'un le veut faire dans une heure, l'autre dans deux heures; je dis que l'action du premier est double de celle du second, estant doublement promte sur un effect egal." Dieser Textabschnitt aus der Handschrift von Leibniz wurde von Gerhardt als *Essay de Dynamique* bezeichnet. Ihre Entstehungszeit dürfte Ende 1692 sein (vgl. A, III,5, XXXIV).

der Meinung, dass wir keine klare Vorstellung von der Tätigkeit hätten, weil wir uns aufgrund derartiger subjektiver Empfindungen nur Vorurteile bilden könnten, die keine sichere Basis für die Wissenschaft anböten, worauf bereits im 2. Kapitel hingewiesen wurde. Damit haben wir hier wieder zwei unterschiedliche naturphilosophische Systeme, welche die Materie aus verschiedenen metaphysischen Grundlagen heraus begreifen. Für Descartes kann der Körper samt seiner Bewegung nur deutlich erkannt werden, wenn er durch die Abstraktion der Geometrie ausgedrückt wird. Er ist passiv im Gegensatz zu der geistigen Substanz, die aktiv agieren kann. Für Leibniz besteht der Körper aber aus unendlich vielen lebendigen Einheiten. Die Tätigkeit bzw. die Lebendigkeit gehört zur wesentlichen Eigenschaft des Körpers. Am deutlichsten ist sie im eigenen Körper und aus eigener Erfahrung festzustellen. Die Wissenschaft schließt die subjektive Erfahrung nicht aus, sondern sie wird durch die Erfahrung als wahr bestätigt. Dies ist eine der Grundlagen seiner Philosophie überhaupt. Das metaphysische System der Monaden wird nicht nur rational konstruiert, sondern auch durch die subjektive Erfahrung des „*ego*" bestätigt. Indem Leibniz bei allen Körpern eine Tätigkeit voraussetzt, ist bei der Definition der körperlichen Tätigkeit der Vergleich mit der menschlichen Erfahrung legitim. Die Tätigkeit ist auf diese Weise durch die rationale Begründung real berechenbar. Damit ist die subjektive Empfindung als der empirische Prüfstein für die Wissenschaft bei Leibniz nicht nur zugelassen, sondern auch unentbehrlich. Die Wissenschaft wird nicht ideal konstruiert und völlig von der Erfahrung entfernt, ohne selbst diese Entfernung rational erklären zu können.

Schlussbetrachtung

Im 2. und 3. Kapitel wurde bereits eine dreistufige Struktur erstellt, anhand derer wir aus den metaphysischen, phänomenalen und mathematischen Perspektiven den Cartesischen und den Leibniz'schen Kraftbegriff erklärt haben. Diese Analyse hilft uns, angesichts der Uneinigkeit, die zwischen Leibniz und Descartes hinsichtlich der Kraftmessung besteht, ein klares Bild zu gewinnen. Was die metaphysische Perspektive anbelangt, wurde bereits darauf hingewiesen, dass die Unstimmigkeit über den Kraftbegriff enorm groß ist. Die Kraft ist bei Leibniz das Wesen der Natur. Sie liegt real in der Substanz selbst. Sie ist ein notwendiges Requisit in der Substanz, um die zu ihrem Wesen gehörigen Tätigkeiten hervorzubringen, d.h. das ganze Universum aus ihrer eigenen Perspektive zu perzipieren, obwohl diese Perzeption sehr undeutlich oder dem Perzipierenden selbst unmerklich sein kann. Sie wird also unmittelbar aus der Substanz selbst heraus und auf sich selbst bezogen ausgeübt. Die Tätigkeit und ebenfalls das Leiden der Substanz werden einerseits von uns in uns selbst erfahren, andererseits durch unsere Sinne an den körperlichen Phänomenen als Kraftwirkungen wahrgenommen. Die Kraft bzw. die mit ihr zusammenhängenden Tätigkeiten sind hingegen bei Descartes nicht real in der Natur selbst. Aus seiner Geometrisierung der Natur kann der eigentliche Verursacher der natürlichen Phänomene nur Gott selbst sein. Die Cartesische Naturphilosophie baut sich einerseits auf der Beständigkeit Gottes auf, andererseits auf der deutlich fassbaren Geometrie. Der immanente Kraftbegriff in der Natur, die Dynamik der Natur selbst nämlich, kann nicht von seiner Naturmetaphysik abgeleitet werden. Außerdem wurde darauf hingewiesen, dass die verschiedenen Verstehensweisen des Kraftbegriffs in Bezug auf die sinnlichen Phänomene, wie z.B. die Trägheit oder die Anwendung des Gesetzes von der Statik auf den Bereich der Bewegung, ebenfalls nicht zu vernachlässigen sind. Die Leibniz'sche lebendige Kraft entsteht kontinuierlich akkumuliert aus dem infinitesimalen Drang, welchen er als „tote Kraft" bezeichnet. Bei sinnlichen Phänomenen sind ihm zufolge das Gesetz der Kontinuität und die Äquivalenz der vollen Ursache mit der gesamten Wirkung, die aber auf den Satz des Grundes zurückzuführen ist, maßgebende Prinzipien. Dagegen ist die Cartesische Kraft auf der phänomenalen Ebene eine bloße Idee für die Ursache der körperlichen Phänomene. Der Kraftbegriff hat in der Cartesischen Physik nur eine erklärende Funktion. Er ist nichts anderes als ein Hilfsmittel für seine Naturtheorie. Als eine fingierte Idee der wirkenden Ursache fungiert die Cartesische Kraft momentan, in jedem Augenblick der Bewegung. Sie bleibt unberührt von der anscheinenden Sukzessivität und Kontinuität der Bewegung und wird mathematisch eher intuitiv formuliert. Die Berechtigung ihrer mathematischen Größenberechnung basiert allein auf dem Hebelgesetz in der Statik, was Leibniz zu Recht mit einer begrifflichen Unterscheidung von der „toten Kraft“ oder „*solicitatio*“ kritisiert hat.

Zusammenfassend ist die Widersprüchlichkeit in der begrifflichen Struktur hinsichtlich des Kraftbegriffs bei Descartes auf folgende Weise deutlich zu bemerken. Auf der einen Seite behauptet er aus metaphysischen Gründen, dass die gesamten Kräfte in der Natur sich erhielten. Auf der anderen Seite kann er durch seine mathematische Formulierung der Kraftgröße den Kraftgewinn oder -verlust nicht vermeiden. Einerseits will er durch die Metaphysik ein Fundament für seine Naturlehre begründen, andererseits basiert einer der wichtigsten Begriffe in seiner Physik, der Kraftbegriff nämlich, nicht auf einer metaphysischen Grundlage. Gottes Beständigkeit begründet die Kraft in der Natur nicht, sondern hält sie nur in einer bestimmten Summe. Die gedankliche Struktur hinsichtlich des Kraftbegriffs ist bei Descartes zwischen der metaphysischen und der phänomenalen Ebene bruchstückhaft. Der Kraftbegriff und das Kraftmaß wurzeln nicht in einem metaphysischen Fundament. Die Idee der Kraft ist bei Descartes auf der metaphysischen, phänomenalen und mathematischen Ebene parallel entwickelt. Die solchermaßen konzipierten Kraftbegriffe, die unabhängig voneinander entstanden sind, harmonieren nicht miteinander. Dagegen wird der Kraftbegriff in Leibniz’ Metaphysik und Physik durchdacht. Die lebendige Kraft leitet sich aus der substantiellen Tätigkeit ab. Durch die Vermittlung der elastischen Kraft jedes Körpers stammt die bewegende Kraft aus jedem tätigen Körper selbst. Die Leibniz’sche Kraftmessung folgt außerdem den metaphysischen Prinzipien – dem Prinzip der Kontinuität und dem Satz des Grundes. Damit unterstützen die Kraftbegriffe aus den verschiedenen Perspektiven einander bei Leibniz. Sie sind miteinander harmonisiert.

Wenn man die obigen, tieferen Ebenen der begrifflichen Struktur des Kraftbegriffs ignoriert, bleibt nur die oberflächliche Stufe der mathematischen Ausdrücke in der begrifflichen Struktur übrig. Die lang dauernde Kontroverse um die lebendige Kraft scheint deshalb schwer zu lösen, weil die Kontrahenten nicht auf der gesamten Struktur des Kraftbegriffs bzw. auf dem tiefen metaphysischen Hintergrund der begrifflichen Struktur kommunizieren können. Sie sprechen die gleiche Sprache, meinen aber etwas anderes mit ihren hintergründig genug auf unterschiedliche Weise verfassten Naturphilosophien. Einerseits halten sie alle die Mathematik für ein sicheres, universelles Instrument der Vernunft. Damit ist sie die gemeinsame Sprache, auf deren Basis sie miteinander kommunizieren. Andererseits lassen sie bei der lang dauernden *Vis-viva*-Kontroverse die metaphysische Erklärung zum großen Teil unberührt (selbstverständlich mit Ausnahme von Leibniz selbst), wie bei Abbé Catelan, Denis Papin und schließlich auch bei De Volder zum Teil zu sehen ist. Die Kontrahenten jener Kontroverse scheinen sich oft nicht genug bemüht zu haben, auf der metaphysischen Ebene eine rationale Basis der Natur zu konstruieren, sondern sie versuchen, die Lösung allein auf der physischen und mathematischen Ebene zu suchen, was allerdings eine Zeitlang ohne Erfolg geblieben ist. Die Kontroverse erscheint deswegen als Wortstreit. Die historische Entwicklung der *Vis-viva*-Kontroverse zeigt jedoch schließlich, dass die beiden Systeme – das Cartesische und das Leibniz'sche – auf der physikalischen Ebene doch nicht so völlig inkommensurabel sind, dass die beiden überhaupt keine Gemeinsamkeit hätten. Denn die beiden Systeme haben einige gemeinsame Fundamente, wie z.B. die Anerkennung des Trägheitsphänomens, die Krafterhaltung des gesamten Universums und die mechanische Erklärung der das gesamte Universum umfassenden Natur, sodass sie in das Newton'sche Naturbild fusioniert werden können. Aus der Cartesischen Bewegungsgröße mit der Veränderung vom Skalar zum Vektor entsteht später die Bezeichnung des Impulses, aus der Leibniz'schen lebendigen Kraft wird die Bezeichnung der kinetischen Energie geprägt. Sowohl die Cartesische Bewegungsgröße als auch die Leibniz'sche lebendige Kraft werden auf diese Weise in die von Newton maßgeblich beeinflusste klassische Mechanik integriert. Die Uneinigkeit des Kraftbegriffs wird im Rahmen der Newton'schen Mechanik aufgelöst, ohne dass man zwischen den metaphysischen Systemen wählen müsste.

Will man fragen: Wie ist die Lösung des Konflikts zwischen dem Cartesischen und Leibniz'schen Natursystem in der Newton'schen Mechanik möglich? So liegt einer der Gründe sicherlich darin, dass die Naturmetaphysik bei der Newton'schen Mechanik gänzlich außer Acht gelassen werden kann. Der Newton'sche Kraftbegriff ist ein rein funktionaler Begriff, ohne irgendwelche Ansätze, ihn zugleich auf der metaphysischen Ebene durch eine rationale Erklärung zu begründen. Der Newton'sche Körper ist im Grunde genommen wie bei Descartes an sich kraftlose Masse, welche sich auf die anderen Massen in einem bestimmten mathematischen Verhältnis bezieht. In der Newton'schen Mechanik wird die Dynamik allein als ein Teilgebiet in der Physik etabliert, die durch den Kraftbegriff als ein zwischen Körpern festgelegtes Verhältnis gekennzeichnet ist. Damit „erklärt" der Newton'sche Kraftbegriff allein die Naturphänomene, ohne jedoch sie selbst rational zu begründen. Nach dem Erfolg der Newton'schen Mechanik verschwindet die hintergründige Konkurrenz der Naturmetaphysik innerhalb der Physik als einer Erfahrungswissenschaft. Die so genannten logischen Positivisten im 20. Jahrhundert gingen so weit zu behaupten, dass die philosophische Aufgabe im Bereich der Natur allein als eine rechte Prüfung der Begriffe, Methode und sprachlichen Struktur, die in der Naturwissenschaft verwendet werden, bleiben sollte. Statt der apriorischen Naturmetaphysik werde also die philosophische Aufgabe im Bereich der Natur die Wissenschaftstheorie. Der Einfluss der Metaphysik, aus der eine quantitative Physik aufgebaut werden sollte, bzw. der enge Zusammenhang zwischen der hintergründigen Metaphysik und der phänomenal erklärenden und quantitativ exakt zu formulierenden Physik, war allein das zentrale Thema bei Descartes und Leibniz im 17. Jahrhundert. Das war also die Zeit, in der die mannigfaltigen physikalischen Phänomene noch nicht unter der Newton'schen Mechanik vereinigt werden konnten. Nach dem Erfolg der Newton'schen Mechanik sind die Entdeckungen in der Physik von der Konkurrenz der metaphysischen Ideen losgelöst. Die Physik ist zu einer Wissenschaft geworden, die die Naturphänomene durch die Entdeckung der Naturgesetze erklärt und prognostiziert. In der obigen Studie wird aber durch die Kontroverse um die lebendige Kraft aufgezeigt, dass die uns heute selbstverständlich erscheinende Trennung zwischen Physik und Metaphysik noch nicht im 17. Jahrhundert stattgefunden hat. Damit sind der heutige Erfolg und zugleich auch die Krise der modernen Wissenschaften mit ihrer Wertvorstellung die Folge der lebendigen und hintergründigen Auseinandersetzung der verschiedenen Ansichten der Naturmetaphysik. Deshalb dürfen wir uns für die Fruchtbarkeit unserer Zukunft zusammen mit den Wissenschaften überlegen, ob für die Fortdauer des Erfolgs und die Überwindung der Krise der Wissenschaften nicht gerade eine neu formulierte Metaphysik, d. h. ein neuer Verständnishorizont, nützlich sein kann. Dies scheint es zu sein, was wir von der alten Kontroverse um die lebendige Kraft lernen können.

Siglen

Werke von René Descartes und Werkausgaben

Med *Meditationes de prima philosophia*, 1641
PA *Passions de l'Ame*, 1649
PP *Principia philosophiae*, 1644

AT *Œuvres de Descartes*, hrsg. v. Charles Adam/Paul Tannery

Werke von Gottfried Wilhelm Leibniz und Werkausgaben

DM *Discours de Métaphysique*, 1686
Mo *Monadologie*, 1714
NE *Nouveaux Essais sur l'Entendement Humain*, 1704
PNG *Principes de la Nature et de la Grace, fondés en Raison*, 1714
SD *Specimen dynamicum*, 1695
T *Essais de Théodicée*, 1710

A *Sämtliche Schriften und Briefe* (Akademie-Ausgabe)
C Louis Couturat (ed.), *Opuscules et fragments inédits de Leibniz*
D Louis Dutens (ed.), *Leibnitii opera omnia nunc primum collecta*
GM Carl Immanuel Gerhardt (ed.), *G. W. Leibniz. Mathematische Schriften*
GP Carl Immanuel Gerhardt (ed.), *Die philosophischen Schriften von Gottfried Wilhelm Leibniz*
LW Carl Immanuel Gerhardt (ed.), *Briefwechsel zwischen Leibniz und Christian Wolff*

Literaturverzeichnis

Quellen

1. Ausgaben

René Descartes

Œuvres de Descartes, hrsg. v. Charles Adam/Paul Tannery, 11 Bde., Paris 1982–1991.

Bd. I:	*Correspondance Avril 1632 – Février 1638*;
Bd. II:	*Correspondance Mars 1638 – Décembre 1639*;
Bd. III:	*Correspondance Janvier 1640 – Juin 1643*;
Bd. IV:	*Correspondance Juillet 1643 – Avril 1647*;
Bd. V:	*Correspondance Mai 1647 – Février 1650*;
Bd. VI:	*Discours de la méthode & essais*;
Bd. VII:	*Meditationes de prima philosophia*;
Bd. VIII-1:	*Principia philosophiae*;
Bd. VIII-2:	*Epistola ad G. Voetium, Lettre apologétique, Notae in programma*;
Bd. IX-1:	*Meditations* (traduction française);
Bd. IX-2:	*Principes de la Philosophie* (traduction française);
Bd. X:	*Physico-mathematica, Compendium musicae, Regulae ad directionem ingenii, Recherche de la verité, Supplément à la correspondance*;
Bd. XI:	*Le Monde, Description du corps humain, Passions de l'ame, Anatomica varia.*

Gottfried Wilhelm Leibniz

Sämtliche Schriften und Briefe, hrsg. v. der preußischen (nunmehr deutschen) Akademie der Wissenschaften zu Berlin, Darmstadt, später Leipzig, zuletzt Berlin 1923–.

Couturat, Louis (ed.), *Opuscules et fragments inédits de Leibniz*, Paris 1903 (Nachdruck Hildesheim 1966).

Dutens, Louis (ed.), *Leibnitii opera omnia nunc primum collecta etc.*, 6 Bände, Genf 1789.

Erdmann, Johann Eduard (ed.), *God. Guil. Leibnitii Opera Philosophica quae exstant latina gallica germanica omnia*, Berlin 1840.

Fellmann, Emil Alfred (ed.), *Marginalia in Newtoni Principia Mathematica (1687)*, Paris 1973.

Gerhardt, Carl Immanuel (ed.), *Die philosophischen Schriften von Gottfried Wilhelm Leibniz*, 7 Bde., Berlin 1875–1890 (Nachdruck Hildesheim/New York 1978).

– (ed.), *G. W. Leibniz. Mathematische Schriften*, 7 Bde., Berlin, später Halle 1849–1863 (Nachdruck Hildesheim/New York 1971).

– (ed.), *Briefwechsel zwischen Leibniz und Christian Wolff*, Halle 1860 (Nachdruck Hildesheim 1963).

Robinet, André, *Malebranche et Leibniz. Relations personelles*, Paris 1955.

Weitere Quellentexte und zeitgenössische Schriften

D'Alembert, Jean, *Traité de dynamique*, Paris 1743.
Hobbes, Thomas, *Opera philosophica quae latine scripsit omnia*, hrsg. v. William Molesworth, 5 Bde., London 1839–1845 (Nachdruck Aalen 1966) (= *Opera philosophica*), Bd. III: *Leviathan sive de materia, forma et potestata civitatis ecclesiasticae et civilis.*
Kant, Immanuel, *Kant's gesammelte Schriften*, hrsg. v. der preußischen Akademie der Wissenschaften, Berlin 1900 ff.
Newton, Isaac, *Opera quae exstant omnia*, Faksimile-Neudruck der Ausgabe von Samuel Horsley, London 1779–1785 in fünf Bänden, Stuttgart-Cannstatt 1964, Bd. II: *Philosophiae naturalis principia mathematica* (= *Principia mathematica*).
Papin, Denis, „De gravitatis causa et proprietatibus observationes", in: *Acta eruditorum*, April 1689.
–, „Mechanicorum de viribus motricibus sententia, asserta a D. Papino adversus Cl. G. G. L. objectiones", in: *Acta eruditorum*, Januar 1691.
Spinoza, Baruch, *Ethica ordine geometrico demonstrata*, in: ders., *Opera*, hrsg. v. Carl Gebhardt, Bd. II, Heidelberg 1925.

2. Übersetzungen

René Descartes

Briefe 1629–1650, hrsg. v. Max Bense, übersetzt von Fritz Baumgart, Köln/Krefeld 1949.
Descartes, Dioptrik, übersetzt und hrsg. v. Gertrud Leisegang, Meisenheim am Glan 1954.
Discours de la Méthode, übersetzt und hrsg. v. Christian Wohlers, Hamburg 2011.
Meditationen über die Grundlagen der Philosophie mit den sämtlichen Einwänden und Erwiderungen, übersetzt und hrsg. v. Artur Buchenau, Hamburg 1965.
Meditationen, hrsg. v. Andreas Schmidt, Göttingen 2004.
Le Monde ou Traité de la Lumière. Die Welt oder Abhandlung über das Licht, übersetzt und mit einem Nachwort versehen von G. Matthias Tripp, Weinheim 1989.
Philosophische Schriften in einem Band, mit einer Einführung von Rainer Specht und „Descartes' Wahrheitsbegriff" von Ernst Cassirer, Hamburg 1996.
Die Prinzipien der Philosophie, übersetzt und mit Anmerkungen versehen von Artur Buchenau, Hamburg ^{8}1992.
Die Prinzipien der Philosophie, übersetzt und hrsg. v. Christian Wohlers, Hamburg 2005.
Regulae ad directionem ingenii, Regeln zur Ausrichtung der Erkenntniskraft, kritisch revidiert, übersetzt und hrsg. v. Heinrich Springmeyer/Lüdger Gäbe/Hans Günter Zekl, Hamburg 1973.
Regulae ad directionem ingenii, Cogitationes privatae, übersetzt und hrsg. v. Christian Wohlers, Hamburg 2011.

Gottfried Wilhelm Leibniz

Der Briefwechsel mit Bartholomäus Des Bosses, hrsg. und übersetzt von Cornelius Zehetner, Hamburg 2007.
Hauptschriften zur Grundlegung der Philosophie, übersetzt von Artur Buchenau, mit Einleitung und Anmerkungen hrsg. v. Ernst Cassirer, 2 Bde., Hamburg 1904 (Neuausgabe 1996).

The Labyrinth of Continuum. Writings on the Continuum Problem, 1672–1686, translated and edited and with an introduction by Richard T. W. Arthur, New Haven/London 2001.
The Leibniz-Des Bosses Correspondence, translated, edited with an introduction by Bandom C. Look/Donald Rutherford, New Haven/London 2007 (= *The Leibniz-Des Bosses Correspondence*).
The Leibniz – De Volder Correspondence, hrsg. v. Paul Lodge (in Vorbereitung; Entwurf auf der Webseite: http://users.ox.ac.uk/~mans1095/devolder.htm, letzter Zugriff am 5.10.2011).
Monadologie, hrsg. und übersetzt von Hartmut Hecht, Stuttgart 1998.
Neue Abhandlungen über den menschlichen Verstand, übersetzt, eingeleitet und erläutert von Ernst Cassirer, Hamburg 1915 (Neuausgabe 1996).
Philosophische Schriften, Bd. III: *Neue Abhandlungen über den menschlichen Verstand*, hrsg. und übersetzt von Wolf von Engelhardt/Hans Heinz Holz, Darmstadt 1959.
Philosophische Schriften, Bd. IV: *Schriften zur Logik und zur philosophischen Grundlegung von Mathematik und Naturwissenschaft*, hrsg. und übersetzt von Herbert Herring, Darmstadt 1992.
Philosophische Schriften, Bd. V: *Briefe von besonderem philosophischen Interesse*, Zweite Hälfte: *Die Briefe der zweiten Schaffensperiode*, hrsg. und übersetzt von Werner Wiater, Darmstadt 1989.
Philosophical Papers and Letters, hrsg. und übersetzt von Leroy E. Loemker, Dordrecht u.a. ^{2}1989.
Specimen Dynamicum, hrsg. und übersetzt von Hans Günter Dosch/Glenn W. Most/ Enno Rudolph, Hamburg 1982 (= *Specimen Dynamicum*, hrsg. v. H. G. Dosch et al.,).

Immanuel Kant

Kritik der reinen Vernunft, nach der 1. und 2. Originalausgabe hrsg. v. Jens Timmermann, Hamburg 1998.

Sekundärliteratur

Adams, Robert Merrihew, „Phenomenalism and Corporeal Substance in Leibniz“, *Midwest Studies in Philosophy* III (1983), 217–258 (= „Phenomenalism“).
–, *Leibniz. Determinist, Theist, Idealist*, New York 1994 (= *Leibniz*).
Baxter, Donald L. M., „Corporeal Substances and True Unities“, *Studia Leibnitiana* XXVII/2 (1995), 157–184.
Bergmann, Markus, *Unendlicher Panpsychismus. Kraft und Substanz in der Philosophie des Individuums von Leibniz*, Dissertation Mainz, Johannes Gutenberg-Universität, 2002.
Bernstein, Howard, „Conatus, Hobbes and the Young Leibniz“, *Studies in History and Philosophy of Science* 11/1 (1980), 25–37 (= „Conatus“).
Blank, Andreas, *Der logische Aufbau von Leibniz' Metaphysik*, Berlin/New York 2001 (= *Aufbau*).
–, *Leibniz. Metaphilosophy and Metaphysics 1666–1686*, München 2005.
Bohlmann, Carolin, Thomas Fink und Philipp Weiss (eds.), *Lichtgefüge des 17. Jahrhunderts. Rembrandt und Vermeer – Spinoza und Leibniz*, München 2008.

Breger, Herbert, „Elastizität als Strukturprinzip der Materie bei Leibniz“, in: Albert Heinekamp (ed.), *Leibniz' Dynamica* (Studia Leibnitiana, Sonderheft 13), Stuttgart 1984, 112–121.

Broad, Charlie Dunbar, *Leibniz. An Introduction*, London 1975.

Brown, Stuart, *Leibniz*, Brighton 1984.

Buchheim, Thomas, „Zum Verhältnis von Existenz und Freiheit in Leibniz' Metaphysik“, *Zeitschrift für philosophische Forschung* 50 (1996), 386–409.

–, „Vernunft und Freiheit“ (Kap. 82–83), in: Hubertus Busche (ed.), *Leibniz. Monadologie* (Klassiker auslegen 34), Berlin 2009, 223–244.

Busche, Hubertus, *Leibniz' Weg ins perspektivische Universum. Eine Harmonie im Zeitalter der Berechnung*, Hamburg 1997 (= *Leibniz' Weg*).

–, „Monade und Licht. Die geheime Verbindung von Physik und Metaphysik bei Leibniz“, in: Carolin Bohlmann/Thomas Fink/Philipp Weiss (eds.), *Lichtgefüge des 17. Jahrhunderts. Rembrandt und Vermeer – Spinoza und Leibniz*, München 2008, 125–163.

– (ed.), *Leibniz. Monadologie* (Klassiker auslegen 34), Berlin 2009.

Carnap, Rudolf, *Einführung in die Philosophie der Naturwissenschaft*, München 1969.

Carrara, Massimiliano/Antonio-Maria Nunziante/Gabriele Tomasi (eds.), *Individuals, Minds and Bodies. Themes from Leibniz*, Stuttgart 2004.

Cassirer, Ernst, *Leibniz' System in seinen wissenschaftlichen Grundlagen*, Darmstadt [2]1962 (Nachdruck der ersten Auflage Marburg an der Lahn 1902) (= *Leibniz' System*).

Cohen, I. Bernhard, „Newton's Concepts of Force and Mass, with Notes on the Laws of Motion“, in: Cohen, I. Bernhard/George Edwin Smith (eds.), *The Cambridge Companion to Newton*, Cambridge 2002, 57–84.

Cohen, I. Bernhard/George Edwin Smith (eds.), *The Cambridge Companion to Newton*, Cambridge 2002.

Costabel, Pierre, *Leibniz et la Dynamique*, Paris 1960 (= *Leibniz*).

Drake, Stillman, „Free Fall from Albert of Saxony to Honoré Fabri“, *Studies in History and Philosophy of Science* 5/4 (1975), 347–366.

Fischer, Kuno, *Geschichte der neuern Philosophie*, Bd. 3: *Gottfried Wilhelm Leibniz. Leben, Werke und Lehre*, Heidelberg [4]1902.

Gabbey, Alan, „Force and Inertia in the Seventeenth Century. Descartes and Newton“, in: Stephen Gaukroger (ed.), *Descartes. Philosophy, Mathematics and Physics*, Sussex 1980, 230–320 (= „Force and Inertia“).

Gale, George, „The Physical Theory of Leibniz“, *Studia Leibnitiana* II/2 (1970), 114–127.

Garber, Daniel, „Motion and Metaphysics in the Young Leibniz“, in: Roger S. Woolhouse (ed.), *Leibniz. Critical Assessments*, New York 1994, 148–176 (= „Motion and Metaphysics“).

–, „Mind, Body and the Laws of Nature in Descartes and Leibniz“, *Midwest Studies in Philosophy* III (1983), 105–133 (= „Mind, Body and the Laws of Nature“).

–, „Leibniz and the Foundations of Physics. The Middle Years“, in: Kathleen Okruhlik/James Robert Brown (eds.), *The Natural Philosophy of Leibniz*, Dordrecht 1985, 27–130 (= „Leibniz and the Foundations of Physics“).

–, *Descartes' Metaphysical Physics*, Chicago/London 1992 (= *Physics*).

–, „A Different Descartes. Descartes and the Programme for a Mathematical Physics in his Correspondence“, in: Stephen Gaukroger (ed.), *Descartes' Natural Philosophy*, London/New York 2000, 113–130 (= „A Different Descartes“).

–, *Leibniz. Body, Substance, Monad*, New York 2009 (= *Leibniz*).

Gaukroger, Stephen (ed.), *Descartes. Philosophy, Mathematics and Physics*, Sussex 1980.

– (ed.), *Descartes' Natural Philosophy*, London/New York 2000.
Guéroult, Martial, *Dynamique et métaphysique leibniziennes*, Paris 1934.
–, „The Metaphysics and Physics of Force in Descartes", in: Stephen Gaukroger (ed.), *Descartes. Philosophy, Mathematics and Physics*, Sussex 1980, 196–229 (englische Übersetzung des ersten Teils von : „Métaphysique et Physique de la Force chez Descartes et chez Malebranche", in *Revue de Métaphysique et de Morale* LIX [1954], 1–37, 113–134 (= „Metaphysics and Physics of Force").
Gurwitsch, Aron, *Leibniz. Philosophie des Panlogismus*, Berlin/New York 1974 (= *Leibniz*).
Hankins, Thomas L., „Eighteenth-Century Attempts to Resolve the Vis viva Controversy", *Isis* 56/3 (1965), 281–297.
Hartz, Glenn A., „Why Corporeal Substances Keep Popping up in Leibniz's Later Philosophy?", *British Journal of the History of Philosophy* 6/2 (1988), 193–207.
– (2002): „Inconsistency in Leibniz's Metaphysics of Body Is Consistent with His Strategy", in: Hans Poser (ed.), *Nihil sine ratione. VII. Internationaler Leibniz-Kongreß, Berlin 10.–14. September 2001*, Hannover 2002, 470–477.
–, *Leibniz's Final System. Monads, Matter and Animals*, London/New York 2007.
Hatfield, Gary Carl, „Force (God) in Descartes' Physics", *Studies in History and Philosophy of Science* 10/2 (1979), 113–140 (= „Force").
Hecht, Hartmut, *Gottfried Wilhelm Leibniz. Mathematik und Naturwissenschaften im Paradigma der Metaphysik*, Stuttgart/Leipzig 1992.
Heinekamp, Albert (ed.), *Leibniz' Dynamica* (Studia Leibnitiana, Sonderheft 13), Stuttgart 1984.
Hermanni, Friedrich/Herbert Breger (eds.), *Leibniz und die Gegenwart*, München 2002.
Iltis, Carolyn, „D'Alembert and the Vis viva Controversy", *Studies in History and Philosophy of Science* 1/2 (1970), 135–144.
–, „Leibniz and the Vis Viva Controversy", *Isis* 62/1 (1971), 21–35.
–, „Leibniz' Concept of Force. Physics and Metaphysics", in: Kurt Müller/Heinrich Schepers/Wilhelm Totok (eds.), *Akten des II. Internationalen Leibniz-Kongresses Hannover, 17.–22. Juli 1972*, Bd. II: *Wissenschaftstheorie und Wissenschaftsgeschichte* (Studia Leibnitiana Supplementa XIII), Wiesbaden 1974, 143–149.
Jammer, Max, *Concepts of Force. A Study in the Foundation of Dynamics*, New York 1999 (ursprünglich veröffentlicht von Harvard University Press, 1957) (= *Concepts of Force*).
–, *Concepts of Mass in Classical and Modern Physics*, New York 1997 (ursprünglich veröffentlicht von Harvard University Press, 1961) (= *Concepts of Mass*).
Jaspers, Karl, *Descartes und die Philosophie*, Berlin [3]1956.
Jolley, Nicolas (ed.), *The Cambridge Companion to Leibniz*, Cambridge 1995.
Kaehler, Klaus Erich, „Subjekt und Welt – das Problem der Monade", in: Friedrich Hermanni/Herbert Breger (eds.), *Leibniz und die Gegenwart*, München 2002, 1–11.
Kim, Kuch-Tae, *Der dynamische Begriff der Materie bei Leibniz und Kant*, Konstanz 1989.
Koyre, Alexander, *Descartes und die Scholastik*, Darmstadt 1971 (Nachdruck der Ausgabe Bonn 1893).
Kuhn, Thomas S., *The Structure of Scientific Revolutions*, Chicago 1962.
Lamarra, Antonio (ed.), *Das Unendliche bei Leibniz. Problem und Terminologie*, Rom 1990.
Laudan, Larry, „The Vis viva Controversy, a Post-Mortem", *Isis* 59/2 (1968), 131–143 (= „Vis viva Controversy").

Lee, Sung Myung, *Die Metaphysik des Körpers bei G. W. Leibniz. Zur Konzeption der körperlichen Substanz*, Berlin 2008.

Levey, Samuel, „On Unity and Simple Substance in Leibniz“, *The Leibniz Review* 17 (2007), 61–106.

Look, Brandon, *Leibniz and the „Vinculum Substantiale“* (Studia Leibnitiana, Sonderheft 30), Stuttgart 1999.

MacDonald Ross, George, „Are There Real Infinitesimals in Leibniz's Metaphysics?“, in: Antonio Lamarra (ed.), *Das Unendliche bei Leibniz. Problem und Terminologie*, Rom 1990, 125–141.

Mach, Ernst, *Die Mechanik*, Darmstadt 1963.

Maier, Anneliese, *Zwei Grundprobleme der scholastischen Naturphilosophie*, Rom ^{2}1951.

–, *An der Grenze von Scholastik und Naturwissenschaft*, Rom ^{2}1952 (= *Grenze*).

Marschall, David J. Jr., *Prinzipien der Descartes-Exegese*, Freiburg 1979.

McLaughlin, Peter, „Force, Determination and Impact“, in: Stephen Gaukroger (ed.), *Descartes' Natural Philosophy*, London/New York 2000, 81–112.

Mercer, Christia, und Robert C. Sleigh Jr., „Metaphysics. The Early Period to the Discourse on Metaphysics“, in: Nicolas Jolley (ed.), *The Cambridge Companion to Leibniz*, Cambridge 1995, 67–123.

Müller, Kurt/Heinrich Schepers/Wilhelm Totok (eds.), *Akten des II. Internationalen Leibniz-Kongresses Hannover, 17.–22. Juli 1972*, Bd. II: *Wissenschaftstheorie und Wissenschaftsgeschichte* (Studia Leibnitiana Supplementa XIII), Wiesbaden 1974.

Nadler, Steven, *Spinoza. A Life*, Cambridge 1999.

Okruhlik, Kathleen/James Robert Brown (eds.), *The Natural Philosophy of Leibniz*, Dordrecht 1985.

Papineau, David, „The Vis Viva Controversy“, in: Roger S. Woolhouse (ed.), *Leibniz. Metaphysics and Philosophy of Science*, Oxford 1981, 139–156.

Perler, Dominik, *René Descartes*, München 1998 (= *Descartes*).

Poser, Hans, „Die Idee des Unendlichen und die Dinge. Infinitum und immensum bei Leibniz“, in: Antonio Lamarra (ed.), *Das Unendliche bei Leibniz. Problem und Terminologie*, Rom 1990, 225–233.

– (ed.), *Nihil sine ratione. VII. Internationaler Leibniz-Kongreß, Berlin 10.–14. September 2001*, Hannover 2002.

–, *René Descartes. Eine Einführung*, Stuttgart 2003 (= *René Descartes*).

–, „Monads, Corporeal Substances, and the Mind-Body Problem. Old Answers to New Questions“, in: Massimiliano Carrara/Antonio-Maria Nunziante/Gabriele Tomasi (eds.), *Individuals, Minds and Bodies. Themes from Leibniz*, Stuttgart 2004, 283–296.

Robinet, André, *Le Sera. Existiturientia, G. W. Leibniz*, Paris 2004.

Röd, Wolfgang, *Descartes. Die Genese des Cartesianischen Rationalismus.* Zweite, völlig überarbeitete und erweiterte Auflage, München ^{2}1982.

Russell, Bertrand, *A Critical Exposition of the Philosophy of Leibniz*, London ^{2}1937 (= *Philosophy of Leibniz*).

Rutherford, Donald P., „Phenomenalism and the Reality of Body in Leibniz's Later Philosophy“, *Studia Leibnitiana* XXII/1 (1990), 11–28 (= „Phenomenalism“).

–, „Leibniz's ‚Analysis of Multitude and Phenomena into Unities and Reality‘“, *Journal of the History of Philosophy* 28/4 (1990), 525–552.

–, *Leibniz and the Rational Order of Nature*, Cambridge 1995 (= *Rational Order*).

–, „Simple Substances and Composite Bodies (§§ 1–5)“, in: Hubertus Busche (ed.), *Leibniz. Monadologie* (Klassiker auslegen 34), Berlin 2009, 35–48.

Sakellariadis, Spyros, „Descartes' Experimental Proof of the Infinite Velocity of Light and Huygen's Rejoinder", *Archive for History of the Exact Sciences* 26 (1982), 1–12.

Schirra, Norbert, *Die Entwicklung des Energiebegriffs und seines Erhaltungskonzepts*, Frankfurt am Main 1991 (= *Entwicklung des Energiebegriffs*).

Schmaltz, Tad M., *Descartes on Causation*, Oxford 2008.

Spaemann, Robert, *Reflexion und Spontaneität. Studien über Fénelon*, Stuttgart 1990.

Specht, Rainer, *Commercium mentis et corporis. Über Kausalvorstellungen im Cartesianismus*, Stuttgart-Bad Cannstatt 1966.

Spector, Marshall, „Leibniz vs. the Cartesians on Motion and Force", *Studia Leibnitiana* VII/1 (1975), 135–144.

Stammel, Hans, *Der Kraftbegriff in Leibniz' Physik*, Mannheim 1982 (= *Kraftbegriff*).

Strombach, Werner, „Der Kraftbegriff. Seine Bedeutung von der Antike bis zum Ausgang des 17. Jahrhunderts", *Philosophia naturalis* VIII/3 (1964), 307–347 (= „Kraftbegriff").

Szabó, István, *Geschichte der mechanischen Prinzipien und ihrer wichtigen Anwendungen*. Zweite, neubearbeitete und erweiterte Auflage, Basel ²1979 (= *Geschichte der mechanischen Prinzipien*).

Utermöhlen, Gerda, „Leibniz' Antwort auf Christian Thomasius' Frage *Quid sit substantia?*", *Studia Leibnitiana* XI/1 (1979), 82–91.

Wein, Hermann, „Der wahre cartesische Dualismus", *Zeitschrift für philosophische Forschung* 10/1 (1956), 3–29.

Westfall, Richard Samuel, *Force in* Newton's *Physics. The Science of Dynamics in the Seventeenth Century*, London/New York 1971 (= *Force*).

–, „The Problem of Force. Huygens, Newton, Leibniz", in: Albert Heinekamp (ed.), *Leibniz' Dynamica* (Studia Leibnitiana, Sonderheft 13), Stuttgart 1984, 71–84.

Wiesenfeldt, Gerhard, *Leerer Raum in Minervas Haus. Experimentelle Naturlehre an der Universität Leiden, 1675–1715*, Amsterdam 2002.

Wilson, Catherine, *Leibniz's Metaphysics. A Historical and Comparative Study*, Manchester 1989 (= *Leibniz's Metaphysics*).

Wohlers, Christian, *Wie unnütz ist Descartes? Zur Frage metaphysischer Wurzeln der Physik*, Würzburg 2002 (= *Wie unnütz ist Descartes?*).

Woolhouse, Roger S. (ed.), *Leibniz. Metaphysics and Philosophy of Science*, Oxford 1981.

– (ed.), *Leibniz. Critical Assessments*, New York 1994.

Zwerger, Max, *Die lebendige Kraft und ihr Maß*, München 1985 (= *Die lebendige Kraft*).

Personen- und Sachverzeichnis

Collegium Metaphysicum

Herausgegeben von
Thomas Buchheim, Friedrich Hermanni,
Axel Hutter und Christoph Schwöbel

Metaphysik ist der Versuch, letzte Fragen mit Hilfe der Vernunft zu beantworten. Solche Fragen betreffen die Welt als ganze, den Grund der Welt und die Stellung des Menschen in der Welt. Sie drängen sich unvermeidlich auf, können aber durch die Einzelwissenschaften nicht beantwortet werden. Gewiss halten die Antworten, die die Metaphysik gegeben hat, in vielen Fällen einer kritischen Prüfung nicht stand. Ebenso wenig können aber ältere und neuere Programme überzeugen, die die Metaphysik grundsätzlich verabschieden wollen. Denn sie beruhen stets auf Voraussetzungen, die ihrerseits von metaphysischer Art sind. Daher stellt sich der Vernunft am Ende nicht die Frage, ob sie überhaupt eine Metaphysik vertreten will, sondern in welcher Weise. In diesem Sinn versammelt die Reihe herausragende Untersuchungen, die sich in historischer und systematischer Absicht der Metaphysik verpflichtet fühlen.

Lieferbare Bände:

1 *Hermanni, Friedrich:* Metaphysik. Versuche über letzte Fragen. 2011. VI, 251 Seiten. Leinen.

2 *Nols, Carmen:* Zeichenhafte Wirklichkeit. Realität als Ausdruck der kommunikativen Präsenz Gottes in der Theologie George Berkeleys. 2011. IX, 305 Seiten. Leinen.

3 *Einheit und Vielheit als metaphysisches Problem.* Herausgegeben von *Johannes Brachtendorf* und *Stephan Herzberg.* 2011. VI, 243 Seiten. Fadengeheftete Broschur.

4 *Gottesbeweise als Herausforderung für die moderne Vernunft.* Herausgegeben von *Thomas Buchheim, Friedrich Hermanni, Axel Hutter* und *Christoph Schwöbel.* 2012. IX, 631 Seiten. Leinen.

5 *Martin, Christian Georg:* Ontologie der Selbstbestimmung. Eine operationale Rekonstruktion von Hegels „Wissenschaft der Logik". 2012. XIII, 692 Seiten. Leinen.

6 *Nonnenmacher, Burkhard:* Hegels Philosophie des Absoluten. Eine Untersuchung zu Hegels „Wissenschaft der Logik" und reifem System. 2013. XI, 165 Seiten. Fadengeheftete Broschur.

7 *Wendte, Martin:* Die Gabe und das Gestell. Luthers Metaphysik des Abendmahls im technischen Zeitalter. 2013. XVI, 516 Seiten. Fadengeheftete Broschur.

8 *Tegtmeyer, Henning:* Gott, Geist, Vernunft. Prinzipien und Probleme der Natürlichen Theologie. 2013. XIII, 391 Seiten. Leinen.

9 *Liu, Chun-Fa:* Die metaphysische Grundlage der Kontroverse um den Kraftbegriff zwischen Descartes und Leibniz. 2014. VIII, 178 Seiten. Fadengeheftete Broschur.

Mohr Siebeck, Postfach 2040, D–72010 Tübingen.
Aktuelle Informationen im Internet unter www.mohr.de